模型检测量子系统

原理与算法

应明生 冯元 著

李绿周 李冠中 何键浩 译

Model Checking Quantum Systems

Principles and Algorithms

机械工业出版社
CHINA MACHINE PRESS

图书在版编目（CIP）数据

模型检测量子系统：原理与算法 / 应明生，冯元著；李绿周，李冠中，何键浩译．—北京：机械工业出版社，2023.3

（计算机科学丛书）

书名原文：Model Checking Quantum Systems: Principles and Algorithms

ISBN 978-7-111-72794-1

I. ①模…　II. ①应… ②冯… ③李… ④李… ⑤何…
III. ①量子 - 自动检测系统　IV. ① O413 ② TP273

中国国家版本馆 CIP 数据核字（2023）第 047815 号

机械工业出版社（北京市百万庄大街 22 号　邮政编码：100037）

策划编辑：曲　熠　　责任编辑：曲　熠

责任校对：张亚楠　卢志坚　　责任印制：单爱军

北京联兴盛业印刷股份有限公司印刷

2023 年 6 月第 1 版第 1 次印刷

185mm × 260mm · 14.25 印张 · 279 千字

标准书号：ISBN 978-7-111-72794-1

定价：99.00 元

电话服务	网络服务
客服电话：010-88361066	机　工　官　网：www.cmpbook.com
010-88379833	机　工　官　博：weibo.com/cmp1952
010-68326294	金　　书　　网：www.golden-book.com
封底无防伪标均为盗版	机工教育服务网：www.cmpedu.com

译者序

下笔为这本书写译者序的时候，蓦然回首，发现自己进入量子计算领域已经快20年了。我在2004年读研究生时才知道“量子计算”这个词，之前闻所未闻。坦白地说，那时不太相信量子计算在未来能有很大发展前景，自然更想不到量子计算如今会成为世界各主要国家的科技战略竞争点以及学界与业界的关注热点。

随着量子计算研究的快速发展，更多学科需要参与其中，这必然也离不开计算机学科的参与。事实上，计算机科学领域发展起来的一些概念、理论与方法对于量子计算的研究有很好的借鉴与启发意义。例如，关于量子系统的属性验证与检测就可以借鉴计算机科学领域的模型检测理论与方法，不过由于量子系统与经典系统有着本质的不同，因此需要建立和发展适用于量子系统的模型检测理论，这正是本书所关心的问题。

2020年底收到机械工业出版社关于翻译*Model Checking Quantum Systems: Principles and Algorithms*一书的邮件时，我们是有些犹豫的，主要是觉得做学术专著的翻译工作有点吃力不讨好，做得不好既影响原著的传播效果，还可能损害自己的学术声誉，做得好也缺少成就感，毕竟那不是自己原创的东西。后来让我们下定决心接下这份翻译工作的原因有两方面。第一，希望为传播量子计算知识做点贡献，让量子计算能引起更多人、更多领域的关注。第二，希望借此系统学习一下相关知识。作者应明生教授和冯元教授一直是我很敬佩的老师，2012年我在悉尼科技大学访问的时候就在两位老师的指导下读过书中涉及的部分内容，并且还做过一点关于量子模型检测的粗浅工作。

忐忑之中接下这个任务后，我们便组织团队认真翻译并校对多遍，但是由于能力所限，难免还存在一些错误或者翻译不够准确的地方，敬请读者批评指正，唯愿不要因为我们的翻译影响了原著的学术价值。

幸运的是，在翻译的过程中我们得到了很多富有价值的帮助。感谢两位作者应明生教授和冯元教授，他们的指导与帮助大大减少了我们的工作量。感谢中科院软件所的应圣刚老师和陈佳怡，他们的助力使得本书的翻译水平得到了有效提升。感谢机械工业出版社的编辑团队，感谢中山大学计算机学院量子计算实验室的同事与学生。

李绿周

2023年2月于中山大学

模型检测是一种主要用于验证有限状态系统的动态性质的算法技术。经过35年以上的发展，已经成为一种重要的硬件和软件系统验证技术，并在信息与通信技术（ICT）行业中得到了许多成功的应用。模型检测的特殊吸引力主要得益于以下两个特征：

- 完全自动的；
- 当性质不满足时提供反例，因此在调试中作用显著。

由于计算和通信系统中存在各种随机现象，模型检测已被系统地扩展用于验证概率系统，例如马尔可夫链和马尔可夫决策过程。

随着量子计算和量子通信的出现，特别是其在过去几年的快速发展，人们自然期望进一步扩展模型检测技术以验证量子系统。事实上，从将概率模型检测直接应用于量子系统（特别是量子通信协议）开始，对模型检测量子系统的研究已经进行了10多年。在处理越来越一般的量子系统时，人们逐渐认识到，模型检测量子系统需要某些与经典系统（包括概率系统）从根本上不同的原理。在近期的研究中，模型检测量子系统的一些基本原理得到了发展，但相关研究成果分散在各种会议和期刊论文中。

本书试图系统地阐述到写作时间为止提出的模型检测量子系统的原理以及基于这些原理的算法。本书末尾简要讨论了一些潜在的应用和未来研究的主题。希望本书可以作为研究人员踏入这一新领域时的入门指南，并为该领域的进一步发展奠定基础。

本书还计划作为研究生的教学用书，因此其内容组织基于一定的教学目标。鉴于量子计算和信息的学习者可能具备计算机科学或物理学背景，在章节的安排上，第2章和第3章为预备章节，其中第2章为物理学背景的学生简要介绍模型检测，第3章为计算机科学背景的学生简要介绍量子理论。之后，从简单的模型和检测性质到更复杂的模型和检测性质，逐步介绍量子系统的模型检测技术。

致谢

本书的材料主要来自作者及合作者的一系列论文。在此感谢俞能昆博士、李杨佳博士、应圣钢博士和官极博士，与他们的合作愉快且富有成效。没有他们的贡献，这本书是不可能完成的。

本书中的工作得到了中国国家重点研发计划（批准号：2018YFA0306701）、澳大利亚研究委员会（批准号：DP160101652 和 DP180100691）、中国国家自然科学基金（批准号：61832015）和中国科学院前沿科学重点研究计划的支持。谨此致谢。

第1章

引　言

1.1　第二次量子革命需要新的验证技术

目前，世界正处于第二次量子革命阶段：从量子理论到量子工程的转变[41]。量子理论的目标在于发现支配自然界中已存在物理系统的基本规则。相反，量子工程则旨在设计和实现以前不存在的新系统（机器、设备等），以基于量子理论完成一些理想的任务。量子工程的几个活跃领域包括量子计算、量子密码学、量子通信、量子传感、量子模拟、量子计量学和量子成像。

时至今日，工程经验表明，人类设计师并不能保证完全理解其所设计系统的行为，设计中的任一错误都可能会导致一些严重的问题，甚至灾难性后果。因此，复杂工程系统的正确性、安全性和可靠性引起了广泛的关注，并在各个工程领域都得到了系统性的研究。特别是在过去的四十年中，计算机科学家开发了各种验证技术，用于确保硬件和软件的正确性以及通信协议的安全性。

众所周知，比起量子世界，人类的直觉更适应经典世界。这意味着人类工程师在设计和实现复杂的量子系统（例如量子计算机硬件和软件以及量子通信协议）时会犯更多错误。因此，相较于现今的工程而言，正确性、安全性和可靠性问题在量子工程中更为关键。但是，由于经典世界和量子世界之间存在本质差异，为经典工程系统开发的验证技术不能直接用于量子系统。对于即将到来的量子工程和量子技术时代，新的验证技术不可或缺[32]。

1.2　经典系统的模型检测技术

模型检测是一种有效的自动化技术，可用于检测系统（例如计算或通信系统）是否满足所需的性质。检测的性质通常用逻辑来描述，特别是时序逻辑，典型的性质包括无死锁、不变性、安全性、请求-响应性质。待检测的系统在数学上被建模为（有限状态）自动机、迁移系统、马尔可夫链和马尔可夫决策过程[7,35]。

模型检测在问世三十年后已成为验证计算机（硬件和软件）系统的主要技术之一。许多工业级系统已通过采用模型检测技术得到验证。最近也成功地应用于系统生物学，例如，参见[68]。

随着量子工程和量子技术的出现，自然而然产生一个问题：*是否有可能以及如何使用模型检测技术来验证量子工程系统的正确性和安全性？*

1.3 模型检测量子系统的困难

不幸的是，由于经典世界和量子世界之间存在一些本质差异，目前的模型检测技术似乎无法直接应用于量子系统。为了开发量子系统的模型检测技术，必须系统地解决以下三个问题：

- **系统建模和性质描述**。经典系统建模方法不能用于描述量子系统的行为，经典描述语言也不适合形式化表示待检验量子系统的性质。因此，需要仔细而清晰地定义一个概念框架，在该框架中可以正确地分析量子系统，包括量子系统的形式模型和量子系统的时序性质的形式描述。
- **量子测量**。模型检测通常用于检查系统的长期行为。但要检测一个量子系统在某个时间点是否满足某个性质，就必须对系统进行量子测量，而系统状态则会因此发生改变。与经典系统相比，这无疑增加了量子系统长期行为研究的难度[22,23,60]。
- **算法**。模型检测算法通常可应用于有限或可数无限状态空间的经典系统。然而，即使是在有限维的情况下，量子系统的状态空间本质上也是连续的。为了开发用于模型检测量子系统的算法，必须利用系统的一些深层数学特性，以便检测有限数量（或最多可数无限多个）的代表性元素，例如状态空间的标准正交基中的元素。此外，线性代数结构始终存在于量子系统的状态空间中。因此，应该仔细开发检测量子系统的算法，以便较好地保留和充分利用线性代数结构。

1.4 模型检测量子系统的研究现状

尽管研究过程存在以上困难，在过去十年中，依然有相当数量的量子系统模型检测技术问世。最早的工作主要针对检测量子通信协议：

- 考虑到量子测量产生的概率，[54] 使用概率模型检测器 PRISM[75] 来验证量子协议的正确性，包括超密编码、量子隐形传态和量子纠错。
- 外生的量子命题逻辑[88] 的分支时间时序扩展（称为量子计算树逻辑，QCTL）被引入，随后在[8, 9] 中研究了该逻辑的模型检测问题，并作为应用验证了量子密钥分发 BB84 协议[15] 的正确性。
- 随后外生的量子命题逻辑的线性时序扩展（QLTL）在[88] 中被定义，并在[87] 中研究了相应的模型检测问题。
- [38, 39] 中开发了用于在过程代数 CQP（通信量子过程）[56] 中建模量子通信协议的模型检测技术。检测的性质由[8]中定义的 QCTL 描述。

- 在[55, 57, 96]中还开发了量子通信协议的模型检测器，其中检测的性质也由 QCTL[8] 描述，但只考虑了可以建模为稳定子形式可表达的量子电路的协议[59]。在[5, 6]中，该技术扩展到稳定子状态之外，并用于检测量子协议的等效性。

作者及其合作者从事的研究方向是开发模型检测技术，该技术不仅可用于量子通信协议，也可用于量子计算硬件、软件以及其他量子工程系统：

- 回顾以往的研究，我们对模型检测量子系统的研究源于对量子程序的终止性分析。以酉变换为循环体（在有限维状态希尔伯特空间中）的量子循环程序的终止问题首先在[118]中进行了研究。此类量子程序的语义可以通过量子自动机建模。[118]的主要结果在[123]中通过引入量子马尔可夫链作为其语义模型，推广到以一般量子操作（或超算子）作为循环体的量子循环。这些研究自然地促使我们研究模型检测量子系统，因为终止可以被视为一种可达性，而这是模型检测算法的核心。
- 量子自动机的模型检测问题在[119]中首次被提及，其中状态希尔伯特空间的闭子空间被用作关于系统行为的原子命题，这遵循了 Birkhoff - von Neumann 量子逻辑的基本思想，且所检测的线性时间性质被定义为原子命题集的无限序列。此外，量子自动机的几个可达性问题（最终可达、全局可达、最终永远可达和无限经常可达）的可判定性或不可判定性在[82]中得到了证明。
- 量子马尔可夫链的可达性问题首先在[123]中得到研究，文中提出了一种计算量子马尔可夫链可达空间的算法，并将其应用于并发量子程序的终止分析。在[120]中通过在希尔伯特空间中开发新的图论从而在这个方向上进行了更系统的研究，特别是，基于量子马尔可夫链的状态希尔伯特空间的 BSCC（底部强连通分量）分解，提出了计算量子马尔可夫链的几种可达性概率的算法，并证明了其他一些可达性问题的不可判定性。在[121]中，量子马尔可夫决策过程的相同问题也得到了研究。
- 超算子值马尔可夫链的概念在[51]中作为量子程序和量子密码协议的高级模型被引入，其中量子程序的（经典）控制流被描述为（经典）有向图，但每条边都与描述量子计算一个步骤的超算子相关联。还定义了相应的 CTL（计算树逻辑），并开发了检测超算子值马尔可夫链的 CTL 性质的算法。此外，在[52]中研究了超算子值马尔可夫链的递归扩展的可达性。

1.5 本书结构

本书系统地阐述了当前用于模型检测量子系统的原理和算法。本书的其余部分分为以下几章：

- **第2~3章**：这两章是本书的预备部分。为方便读者，第2章简要回顾模型检测，从数学形式的系统模型到用于描述系统性质的时序逻辑和基本的模型检测算法。第3章回顾后续章节所需的量子理论基础知识，包括量子系统的静态和动态描述以及量子测量。
- **第4章**：本章开始将逐步开发用于模型检测量子系统的技术，从简单的量子系统模型到越来越复杂的模型。本章从定义量子系统的线性时间性质入手，重点研究了一种特殊的线性时间性质，即量子自动机的可达性，其中系统的转移被建模为一个酉变换，它是对封闭量子系统动态过程的离散时间描述。
- **第5章**：本章考虑量子马尔可夫链和量子马尔可夫决策过程的可达性问题，顾名思义，是马尔可夫链和马尔可夫决策过程的量子对应。其动态过程被描述为一个超算子，而不是酉变换。本章首先介绍一些必要的数学工具，特别是希尔伯特空间中的图论，然后介绍几种求解这些可达性问题的算法。
- **第6章**：本章首先定义超算子值马尔可夫链（SVMC）的概念以及用于描述SVMC性质的计算树逻辑（CTL）和线性时序逻辑（LTL）。本章的主要内容是一系列用于检测SVMC的CTL或LTL性质的算法。
- **第7章**：最后一章讨论本书中涉及的量子系统模型检测技术的一些可能改进和潜在应用，并指明该领域进一步发展的几个方向。
- **附录**：出于可读性考虑，第4~6章省略了一些技术引理的证明，但会在附录中给出相关证明，供感兴趣的读者参考。

第2章

模型检测基础

模型检测是一种用于验证（主要是）有限状态系统特定性质的算法技术。这类系统通常被建模为迁移系统（或有限状态自动机和带标签的图），系统的性质由时序逻辑指定。检测算法主要基于对模型的所有可达状态的系统检测。由于其完全自动化以及查找反例的能力，模型检测在 ICT 行业中得到了广泛采用。但它有一个主要缺点，即状态空间爆炸问题——状态的数量会随着变量的数量呈指数增长。目前已经引入了几种技术来弥补此缺点，包括符号模型检测、有界模型检测、抽象和偏序归约。在现实应用中，模型检测面临着所有科学分支都面临的验证问题：被检测的模型和性质是否正确且充分地描述了系统的行为？

模型检测首先用于验证经典非概率系统，然后才扩展到概率系统。本书将进一步把模型检测的技术扩展到量子系统中。作为前置知识，本章将介绍经典非概率系统和概率系统的模型检测基础知识。

本章介绍的思想和技术不能直接应用于量子系统，但是会对其提供指导，以便于开发适当的框架并在随后的章节中提出正确的问题。

2.1 系统建模

首先，需要一个形式模型来描述所考虑系统可能出现的行为。迁移系统是最常用的模型之一。

定义 2.1 一个迁移系统由一个 6 元组表示：

$$\mathcal{M}=(S,\mathrm{Act},\rightarrow,I,\mathrm{AP},L)$$

其中：

（i）S 是状态的（有限）集合；

（ii）$I\subseteq S$ 是初始状态的集合；

（iii）Act 是动作（名称）的集合；

（iv）$\rightarrow\subseteq S\times\mathrm{Act}\times S$ 是一个转移关系；

（v）AP 是原子命题的集合；

（vi）$L:S\rightarrow 2^{\mathrm{AP}}$ 是标签函数，其中 2^{AP} 代表 AP 的幂集，即 AP 所有子集的集合。

以下内容进一步解析了上述定义中的几个成分：

- $(s,\alpha,s')\in\rightarrow$，通常写作 $s\xrightarrow{\alpha}s'$，表示系统由状态 s 经动作 α 转移到 s'。
- 转移关系→可被用动作名称索引的转移关系族等价地表示：

$$\rightarrow=\{\xrightarrow{\alpha}:\alpha\in \mathrm{Act}\},$$

　其中，对每一 $\alpha\in\mathrm{Act}$，

$$\xrightarrow{\alpha}=\{(s,s'):s\xrightarrow{\alpha}s'\}\subseteq S\times S$$

　是与动作 α 有关的转移的集合。

- AP 的元素是被选作描述系统状态基本性质的原子命题。
- 对每一 $s\in S$, $L(s)$ 表示在状态 s 下成立的原子命题的集合。

对每一 $s\in S$ 和 $\alpha\in\mathrm{Act}$，令

$$\mathrm{post}(s,\alpha)=\{s'\in S:s\xrightarrow{\alpha}s'\}$$

表示 s 的 α-后继集合。记 X 的元素个数为 $|X|$。

定义 2.2　迁移系统$\mathcal{M}$被称为确定性的，当其满足：

（ⅰ）最多有一个初始状态，即 $|I|\leqslant 1$；

（ⅱ）对每一动作 α，每一状态 s 最多有一个 α-后继，即对任意 $s\in S$ 和 $\alpha\in\mathrm{Act}$，均有 $|\mathrm{post}(s,\alpha)|\leqslant 1$。

否则，该系统就是非确定性的。

定义 2.3　状态 $s\in S$ 被称为迁移系统$\mathcal{M}$的终止状态当且仅当没有后继，即对任意 $\alpha\in\mathrm{Act}$，有 $\mathrm{post}(s,\alpha)=\varnothing$。

一个迁移系统$\mathcal{M}$以如下方式运作：从某个状态 $s_0\in I$ 开始，然后根据转移关系→进行演化。正式的描述如下所示。

定义 2.4　迁移系统$\mathcal{M}$中的路径是一个（有限或无限的）状态序列 $\pi=s_0s_1\cdots s_{i-1}s_i\cdots$，满足

$$s_0\xrightarrow{\alpha_1}s_1\xrightarrow{\alpha_2}\cdots s_{i-1}\xrightarrow{\alpha_i}s_i\xrightarrow{\alpha_{i+1}}\cdots$$

其中，对于任一 $i\geqslant 1$, $s_{i-1}\xrightarrow{\alpha_i}s_i$ 是系统$\mathcal{M}$中的转移。

注意，对于非确定性迁移系统，上述定义中初始状态 s_0 和第 i 步的下一个状态 s_i 的选取可能是非确定性的。

对于路径 $\pi=s_0s_1\cdots$ 和 $i\geqslant 0$，把第 $(i+1)$ 个状态 s_i 与从 s_i 开始的 π 的后缀分别写作：

$$\pi[i]=s_i, \qquad \pi[i)=s_is_{i+1}\cdots$$

定义 2.5　状态 $s\in S$ 被称为在 $\mathcal{M}$ 中可达的，当且仅当存在 $\mathcal{M}$ 中始于初始状态 $s_0\in I$ 终于状态 $s_n=s$ 的路径 $\pi=s_0s_1\cdots s_{n-1}s_n$。

如本章开头所述，模型检测是通过检测系统的所有可达状态来完成的。因此，可达状态这一中心概念将被扩展到各种量子系统中，而计算量子系统的可达状态（的空间）将是本书所讨论的中心问题之一。

2.2　时序逻辑

我们还需要一种正式的语言来描述系统所需的性质。由于我们对系统的动态特性感兴趣，因此经常采用时序逻辑（语言）。时序逻辑是命题逻辑的扩展，带有一些可以描述随时间变化行为的运算符。在模型检测中主要使用两种类型的时序逻辑。它们是根据关于（离散）时间概念的两种不同观点得来的。

2.2.1　线性时序逻辑

线性时序逻辑（LTL）是用于描述线性时间性质的工具。线性是指：

每个时间点都有一个独特且可能的未来。

假设读者熟悉命题逻辑。线性时序逻辑语言是命题逻辑语言的扩展，其字母表包括：

- 原子命题集 AP，涉及元变量 a，a_1，a_2，…；
- 命题连接词：$\neg$(not)，$\wedge$(and)；
- 时序算子：O(next)，U(until)。

值得注意的是，原子命题集 AP 也被假定在迁移系统中（定义 2.1）。实际上，AP 是时序逻辑公式被连接到迁移系统的关键。更准确地说，迁移系统中的标签函数 $L:S\to 2^{\mathrm{AP}}$ 给出了原子命题的解释：

$$\text{原子命题 } a\in \mathrm{AP} \text{ 在状态 } s \text{ 处为 true} \Leftrightarrow a\in L(s) \tag{2.1}$$

线性时序逻辑公式是由原子命题通过有限次应用连接词¬、∧和时序算子 O、U 生成的。

定义 2.6（语法）　AP 上的线性时序逻辑公式是由如下语法定义的：

$$\varphi ::= a \mid \neg\varphi \mid \varphi_1 \wedge \varphi_2 \mid O\varphi \mid \varphi_1 U \varphi_2$$

$\neg\varphi$ 和 $\varphi_1 \wedge \varphi_2$ 表达的意思与在命题逻辑中一致。直观地，如果 φ 在下一个时间点为 true，则 $O\varphi$ 在当前时间点为 true；如果将来某个时间点 φ_2 为 true，并且 φ_1 从当前到该未来时间点为 true，则 $\varphi_1 U \varphi_2$ 在当前时间点为 true。

以下缩写通常用于简化线性时序逻辑公式的表示形式：

$$\text{true} := a \vee \neg a$$

$$\varphi_1 \vee \varphi_2 := \neg(\neg\varphi_1 \wedge \neg\varphi_2)$$

$$\Diamond\varphi := \text{true}\ U\varphi$$

$$\Box\varphi := \neg\Diamond\neg\varphi$$

同样，true 和 $\varphi_1 \vee \varphi_2$ 表达的意思与在命题逻辑中一致。此外，$\Diamond\varphi$ 表示 φ 最终将会为 true（在未来的某个时间点），$\Box\varphi$ 表示 φ 恒为 true（从现在到永远）。值得注意的是，上面介绍的派生公式不会增加线性时序逻辑的表达能力，但是使用这些缩写通常可以缩短线性时序逻辑公式。

例 2.7

（ⅰ）$\Box\Diamond\varphi$——对每个时间点 i 都存在某个 $j \geq i$，使得 φ 在时间点 j 为 true，即 φ 无限地经常成立。

（ⅱ）$\Diamond\Box\varphi$——存在一个时间点 i 使得 φ 在所有时间点 $j \geq i$ 恒为 true，即 φ 最终将永远成立。

（ⅲ）$\Box$（request→$\Diamond$response）——每个请求最终都会有一个响应。

逻辑的语义是通过将原子命题的解释（式（2.1））扩展到所有线性时序逻辑公式而获得的。

定义 2.8（语义）　令 $\mathcal{M} = (S, \text{Act}, \rightarrow, I, \text{AP}, L)$ 是迁移系统，π 是 $\mathcal{M}$ 中的路径，$s \in S$，φ 是 AP 上的线性时序逻辑公式。则

（ⅰ）可满足性 $\pi \models \varphi$ 是通过对 φ 结构的归纳来定义的，即

(a) $\varphi = a$：$\pi \models \varphi$，当且仅当 $a \in L(\pi[0])$；

(b) $\varphi=\neg\varphi'$: $\pi\models\varphi$，当且仅当 $\pi\not\models\varphi'$；

(c) $\varphi=\varphi_1\wedge\varphi_2$: $\pi\models\varphi$，当且仅当 $\pi\models\varphi_1$ 且 $\pi\models\varphi_2$；

(d) $\varphi=O\varphi'$: $\pi\models\varphi$，当且仅当 $\pi[1)\models\varphi'$；

(e) $\varphi=\varphi_1U\varphi_2$: $\pi\models\varphi$，当且仅当存在 $i\geqslant 0$ 使得 $\pi[i)\models\varphi_2$ 和 $\pi[j)\models\varphi_1$ 对任意 $0\leqslant j<i$ 成立。

(ii) $s\models\varphi$，当且仅当 $\pi\models\varphi$ 对所有从 s 开始的路径 π 成立。

(iii) $\mathcal{M}\models\varphi$，当且仅当 $s_0\models\varphi$ 对所有初始状态 $s_0\in I$ 成立。

本质上，以上定义是对定义 2.6 之后给出的线性时序逻辑公式的直观说明的形式化描述。

请注意，式（2.1）直接考虑了状态 s 是否满足原子命题 a。然而在定义 2.8 中，一个状态对一般线性时序逻辑公式的可满足性需要通过两个步骤进行形式化表示。第（i）条首先考虑线性时序逻辑公式 φ 是否由表示线性时间概念的路径满足，因为 φ 可能包含一些时序算子。然后在第（ii）条中，可以根据从状态开始的所有路径的可满足性来定义状态对线性时序逻辑公式的可满足性。

下面进一步仔细地解释第（i）条的子条目：

- 子条目（a）实际上是式（2.1）的重述，其中 s 是路径 π 的初始状态 $\pi[0]$。
- 子条目（b）和（c）中的连接词$\neg$ 和$\wedge$的解释与命题逻辑中的解释一致。
- 子条目（d）表示 $O\varphi'$由路径 π 满足，当且仅当 φ'被 π 从下一个时间点开始的尾部 $\pi[1)$满足。
- 子条目（e）表示 $\varphi_1U\varphi_2$ 被 π 满足，当且仅当 φ_2 被路径 π 上的某个时间点 i 满足，且在此之前 φ_1 都被满足。

例 2.9 考虑图 2.1 的迁移系统$\mathcal{M}=(S,\mathrm{Act},\rightarrow,I,\mathrm{AP},L)$，其中：

- $S=\{s_1,s_2,s_3\}$；
- $\mathrm{Act}=\{F,B,C\}$；
- $s_1\xrightarrow{F}s_2\xrightarrow{F}s_3, s_2\xrightarrow{B}s_1$ 且 $s_3\xrightarrow{C}s_3$；
- $I=\{s_1,s_3\}$；
- $L(s_1)=L(s_2)=\{a,b\}$ 且 $L(s_3)=\{a\}$。

则

$$\mathcal{M}\models\Box(\neg b\rightarrow\Box(a\wedge\neg b))$$
$$\mathcal{M}\not\models bU(a\wedge\neg b)$$

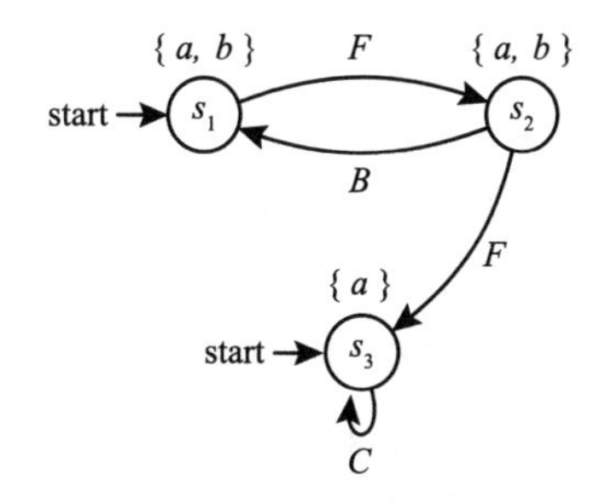

图2.1　一个迁移系统例子

两个不同的线性时序逻辑公式可能具有相同的语义，也就是说，两者可由相同的迁移系统满足。

定义2.10（等价性）　令φ与ψ是两个在AP上的线性时序逻辑公式。则φ和ψ是等价的，写作$\varphi \equiv \psi$，如果

$$\mathcal{M} \models \varphi,\text{当且仅当}\mathcal{M} \models \psi$$

对任意迁移系统，$\mathcal{M}=(S,\mathrm{Act},\rightarrow,I,\mathrm{AP},L)$成立。

练习2.1　证明扩展规则：

$$\varphi U \psi \equiv \psi \vee (\varphi \wedge O(\varphi U \psi)) \tag{2.2}$$

2.2.2　计算树逻辑

计算树逻辑（CTL）是分支时序逻辑——一种基于分支时间概念的时序逻辑：

一棵状态树，而不是一系列状态，其中每个时间点都可能分裂成多个未来。

为了描述分支时间，计算树逻辑的语法比线性时序逻辑的语法复杂一点。计算树逻辑公式分为两类：状态公式和路径公式。

定义2.11（语法）　给定原子命题集AP。计算树逻辑公式由以下语法定义：

- 状态公式：

$$\Phi ::= a \mid \exists \varphi \mid \forall \varphi \mid \neg \Phi \mid \Phi_1 \wedge \Phi_2$$

其中$a \in \mathrm{AP}$，而φ是路径公式。

- 路径公式：

$$\varphi ::= O\Phi \mid \Phi_1 U \Phi_2$$

其中 Φ，Φ_1，Φ_2 是状态公式。

路径量词∃和∀用于描述计算树的分支结构。与一阶逻辑一样，量词∃和∀分别表示“至少一个”和“所有”。但是，它们在一阶逻辑里应用于个体（例如状态），在计算树逻辑里则应用于路径，也就是说，如果 φ 对于从该状态开始的某条路径为 true，则 $\exists\varphi$ 在该状态下为 true，如果 φ 对从该状态开始的所有路径为 true，则 $\forall\varphi$ 在该状态下为 true。时序算子 O 和 U 用于描述树中单个路径的性质。它们在计算树逻辑中的解释与线性时序逻辑中的解释相似。

有时使用以下缩写：

$$\text{最终}: \exists\Diamond\Phi := \exists(\text{true}\ U\Phi)$$

$$\forall\Diamond\Phi := \forall(\text{true}\ U\Phi)$$

$$\text{总是}: \exists\Box\Phi := \neg\forall\Diamond\neg\Phi$$

$$\forall\Box\Phi := \neg\exists\Diamond\neg\Phi$$

例 2.12

（i）交通信号灯的安全性——每个红灯之前必须有一个黄灯：

$$\forall\Box(\text{yellow}\vee\forall O\neg\ \text{red})$$

（ii）每个请求最终都会得到响应：

$$\forall\Box(\text{request}\rightarrow\forall\Diamond\text{response})$$

定义 2.11 后，给出的计算树逻辑公式的直观解释可以更精确地表达为其形式语义。相应地，分别为状态公式和路径公式定义计算树逻辑的语义如下。

定义 2.13（语义）　令 $\mathcal{M}=(S,\text{Act},\rightarrow,I,\text{AP},L)$ 是迁移系统，$s\in S$，π 是 $\mathcal{M}$ 中的路径，Φ 是状态公式，φ 是 AP 上的路径公式。则：

（i）状态公式的可满足性关系 $s\models\Phi$ 是通过对 Φ 的结构进行归纳来定义的：

(a) $s\models a$，当且仅当 $a\in L(s)$；

(b) $s\models\exists\varphi$，当且仅当对某些从状态 s 开始的路径 π 有 $\pi\models\varphi$；

(c) $s\models\forall\varphi$，当且仅当对所有从状态 s 开始的路径 π 有 $\pi\models\varphi$；

(d) $s\models\neg\Phi$，当且仅当 $s\not\models\Phi$；

(e) $s\models\Phi_1\wedge\Phi_2$，当且仅当 $s\models\Phi_1$ 且 $s\models\Phi_2$。

（ii）路径公式的可满足性关系 $\pi\models\varphi$ 定义如下：

(a) $\pi \models O\Phi$，当且仅当 $\pi[1] \models \Phi$；

(b) $\pi \models \Phi_1 U \Phi_2$，当且仅当对某一 $i \geqslant 0$，有 $\pi[i] \models \Phi_2$ 且 $\pi[j] \models \Phi_1$ 对所有 $0 \leqslant j < i$ 成立。

(ⅲ) $\mathcal{M} \models \Phi$，当且仅当 $s_0 \models \Phi$ 对所有初始状态 $s_0 \in I$ 成立。

读者应该已经注意到，状态公式和路径公式的语义定义确实是交织在一起的。量词∃、∀和命题连接词¬、∧以标准方式进行解释，但同样值得注意的是，这里的量词∃和∀作用在路径上，而不是像一阶逻辑一样作用在状态上。然后以类似于线性时序逻辑公式的方式定义计算树逻辑路径公式的可满足性。

可以将等价性的概念引入计算树逻辑状态公式。

定义 2.14（等价性） 令 Φ 和 Ψ 是 AP 的两个状态公式。则 Φ 和 Ψ 是等价的，写作 $\Phi \equiv \Psi$，如果

$$\mathcal{M} \models \Phi, \text{当且仅当} \mathcal{M} \models \Psi$$

对任意迁移系统 $\mathcal{M} = (S, \mathrm{Act}, \rightarrow, I, \mathrm{AP}, L)$ 成立。

练习 2.2

(ⅰ) 证明扩展规则：

$$\exists(\Phi U \Psi) \equiv \Psi \vee (\Phi \wedge \exists O \exists(\Phi U \Psi)) \tag{2.3}$$

$$\exists \Box \Phi \equiv \Phi \wedge \exists O \exists \Box \Phi \tag{2.4}$$

(ⅱ) 找出 $\forall(\Phi U \Psi)$，$\forall \Diamond \Phi$，$\forall \Box \Phi$ 和 $\exists \Diamond \Phi$ 的扩展规则。

应该注意的是，扩展规则的左边作为子公式出现在右边。因此，扩展规则可以理解为一个方程，其中左边是一个解（不动点）。上述扩展律将作为对以计算树逻辑公式表示的性质进行模型检测的关键步骤。

模型检测计算树逻辑性质的关键思想是将每个计算树逻辑公式转换为特殊形式的公式，以便计算满足该公式且在迁移系统中可达的状态。以下给出其中一种特殊形式。

定义 2.15（存在范式） 存在范式（ENF）的状态公式由以下语法定义：

$$\Phi ::= a \mid \neg \Phi \mid \Phi_1 \wedge \Phi_2 \mid \exists O \Phi \mid \exists \Box \Phi \mid \exists(\Phi_1 U \Phi_2)$$

以下定理保证了始终可以将计算树逻辑状态公式转换为存在范式。

定理 2.16 每个状态公式都等价于存在范式中的状态公式。

证明 令 Φ 为任意状态公式。对 Φ 的结构进行归纳。

（ⅰ）$\Phi=a|\neg\Psi|\Phi_1\wedge\Phi_2|\exists\varphi$：明显成立。

（ⅱ）$\Phi=\forall\varphi$，其中 $\varphi=O\Psi|\Phi_1 U\Phi_2$。以下对偶规则能够将 Φ 转换为存在范式：

$$\forall O\Psi\equiv\neg\exists O\neg\Psi \tag{2.5}$$

$$\forall(\Phi_1 U\Phi_2)\equiv\neg\exists(\neg\Phi_2 U(\neg\Phi_1\wedge\neg\Phi_2)) \tag{2.6}$$

□

练习 2.3 证明对偶规则（2.5）与对偶规则（2.6）。

2.3 模型检测算法

在介绍了作为系统模型的迁移系统以及用于描述系统性质的线性时序逻辑和计算树逻辑公式之后，现在可以定义我们的中心问题。

模型检测问题：在同一个原子命题集 AP 上，给定（有限的）迁移系统$\mathcal{M}$和线性时序逻辑公式 φ(resp. 计算树逻辑状态公式 Φ)。问题是检测是否$\mathcal{M}\models\varphi$(resp. Φ)。

解决模型检测问题的算法需要返回答案：

- “是”，如果$\mathcal{M}\models\varphi$(resp. Φ)；
- “否”，再加上一个反例，$\mathcal{M}$中违反 φ(resp. Φ)的有限路径(resp. 状态)，如果$\mathcal{M}\not\models\varphi$(resp. Φ)；

如前所述，本质上，模型检测算法以系统的但通常是蛮力的方式详尽地检测被检测系统（模型）的所有可达状态。

本节的其余部分分为两个小节，分别介绍两种针对线性时序逻辑和计算树逻辑公式的标准模型检测算法。就像将看到的那样，线性时序逻辑和计算树逻辑模型检测在很大程度上都依赖于图论算法，尤其是用于计算图的强连通分量（SCC）的算法。

2.3.1 线性时序逻辑模型检测

本小节介绍用于检测线性时序逻辑公式的基于自动机的方法。为简单起见（但不失一般性），仅考虑没有终止状态的迁移系统。

此方法的基本思想是把模型检测问题

$$\mathcal{M}\models\varphi?$$

转换到关于（无限）词是否被某个自动机接受的问题，这在自动机理论中得到了充分的研究。这些词的字母表是 $\Sigma=2^{\mathrm{AP}}$。因此，Σ 上的一个无限词是原子命题集的一个无限序列：

$$\sigma = A_0A_1A_2\cdots \in (2^{\mathrm{AP}})^{\omega}$$

其中 $A_0, A_1, A_2, \cdots \subseteq \mathrm{AP}$。线性时序逻辑模型检测问题的解决方案包括以下三个步骤。

步骤 I：从线性时序逻辑公式构造 Büchi 自动机

首先看看线性时序逻辑公式如何描述由无限词（ω 语言）表示的线性时间性质。

定义 2.17　令 φ 是原子命题集 AP 上的线性时序逻辑公式。则由 φ 定义的 ω 语言为：

$$\mathrm{Words}(\varphi) = \{\sigma \in (2^{\mathrm{AP}})^{\omega} : \sigma \models \varphi\}$$

其中无限词 $\sigma=A_0A_1A_2\cdots$ 的可满足性 $\sigma\models\varphi$ 递归定义如下：

（i）$\sigma\models a$，当且仅当 $a\in A_0$；

（ii）$\sigma\models\neg\varphi'$，当且仅当 $\sigma\not\models\varphi'$；

（iii）$\sigma\models\varphi_1\wedge\varphi_2$，当且仅当 $\sigma\models\varphi_1$ 且 $\sigma\models\varphi_2$；

（iv）$\sigma\models O\varphi'$，当且仅当 $\sigma[1)\models\varphi'$；

（v）$\sigma\models\varphi_1 U\varphi_2$，当且仅当存在 $i\geqslant 0$ 使得 $\sigma[i)\models\varphi_2$ 且 $\sigma[j)\models\varphi_1$ 对任意 $0\leqslant j<i$ 成立。

在此，对任意 $i\geqslant 0, \sigma[i)=A_iA_{i+1}\cdots$ 是 σ 从第（$i+1$）个元素开始的尾部。

建议读者将该定义与定义 2.8 进行比较，并观察二者之间的联系。接下来，我们介绍接受 ω 语言的广义 Büchi 自动机的概念。

定义 2.18（非确定性）　广义 Büchi 自动机定义为 5 元组：

$$\mathcal{A}=(Q,\Sigma,\rightarrow,Q_0,\mathcal{F})$$

其中：

- Q 是有限的状态集合；
- Σ 是有限的符号集合，称为字母表；
- $\rightarrow\subseteq Q\times\Sigma\times Q$ 是转移关系；
- $Q_0\subseteq Q$ 是初始状态的集合；
- $\mathcal{F}\subseteq 2^{Q}$ 是接受集的集合。

特别地，如果 $\mathcal{F}$ 由单个接受集组成，则 $\mathcal{A}$ 被称为 Büchi 自动机。

读者可能已经注意到 Büchi 自动机 $\mathcal{A}$ 与迁移系统 $\mathcal{M}$ 之间的相似之处，但不要混淆：后者用于建模系统，但是前者将用于表示（即枚举）系统的性质。

把 Σ 中元素的无限序列集写作 Σ^ω。Σ^ω 中的每个元素 σ 被称为 Σ 上的（无限）词。Q 中状态的无限序列 $\pi=q_0q_1q_2\cdots$被称为$\mathcal{A}$中接受 $\sigma=\sigma_1\sigma_2\cdots$的路径，如果 $q_i\xrightarrow{\sigma_{i+1}}q_{i+1}$；也就是说，对于任意 $i\geqslant 0,(q_i,\sigma_{i+1},q_{i+1})\in\rightarrow$是$\mathcal{A}$中的转移。然后，将广义 Büchi 自动机$\mathcal{A}$接受的 ω 语言定义为：

$$\mathcal{L}_\omega(\mathcal{A})=\{\sigma\in\Sigma^\omega:\exists\text{ 路径 }\pi=q_0q_1q_2\cdots\text{ 接受 }\sigma,\text{使得}(\forall F\in\mathcal{F})(\overset{\infty}{\exists}i)q_i\in F\}$$

其中 $\overset{\infty}{\exists}i$ 代表“对于无限多个索引 i”。

本质上，构造表示线性时序逻辑公式的广义 Büchi 自动机的基本思想来自模型理论中的一种常用技术，即数学逻辑的一个分支：

从最大一致公式集（语法）构建模型（语义）。

对于每个线性时序逻辑公式 φ，其闭包定义为：

$$\text{closure}(\varphi)=\{\psi,\neg\psi:\psi\text{ 是 }\varphi\text{ 的一个子公式}\}$$

其中对每个公式 ψ，$\neg\neg\psi$ 被标识为 ψ。

定义 2.19　令 $B\subseteq\text{closure}(\varphi)$。如果

（ⅰ）B 与命题连接词和时序算子一致：对任意 φ'，φ_1，$\varphi_2\in\text{closure}(\varphi)$，

(a) $\varphi'\in B\Rightarrow\neg\varphi'\notin B$；

(b) $\varphi_1\wedge\varphi_2\in B\Leftrightarrow\varphi_1\in B$ 且 $\varphi_2\in B$；

(c) $\varphi_2\in B\Rightarrow\varphi_1 U\varphi_2\in B$；

(d) $\varphi_1 U\varphi_2\in B$ 且 $\varphi_2\notin B\Rightarrow\varphi_1\in B$；

（ⅱ）B 是最大的：对任意 $\varphi'\in\text{closure}(\varphi)$，

$$\varphi'\notin B\Rightarrow\neg\varphi'\in B$$

则 B 被称为最大一致。

上述定义中的（a）、（b）和（ii）与命题逻辑公式的最大一致集的定义相同。显然，（c）、（d）反映了算子 U 的语义。读者可能会注意到，在上面的定义中并未体现算子 O 的语义。但这将体现在接下来构造的自动机的转移关系中。

现在给出了一个在原子命题 AP 上的线性时序逻辑公式 φ。从 φ 构建字母表为 $\Sigma=2^{AP}$ 的广义 Büchi 自动机的算法如下：

$$\mathcal{A}_\varphi=(Q,2^{AP},\rightarrow,Q_0,\mathcal{F})$$

$\mathcal{A}_\varphi$的成分计算如下：

- $Q=\{$最大一致 $B\subseteq \mathrm{closure}(\varphi)\}$；
- $Q_0=\{B\in Q:\varphi\in B\}$；
- 接受集$\mathcal{F}=\{F_{\varphi_1 U\varphi_2}:\varphi_1 U\varphi_2\in \mathrm{closure}(\varphi)\}$，其中

$$F_{\varphi_1 U\varphi_2}=\{B\in Q:\varphi_1 U\varphi_2\notin B \text{ 或者 } \varphi_2\in B\} \tag{2.7}$$

- 转移关系$\rightarrow\subseteq Q\times 2^{\mathrm{AP}}\times Q$ 定义如下：

  -如果 $A\neq B\cap \mathrm{AP}$，则 $B\overset{A}{\not\rightarrow}$；

  -如果 $A=B\cap \mathrm{AP}$，则 $B\overset{A}{\rightarrow}B'$，对于满足以下两个条件的任意 $B'\in Q$：

（ⅰ）对每个 $O\varphi'\in \mathrm{closure}(\varphi)$，

$$O\varphi'\in B\Leftrightarrow\varphi'\in B' \tag{2.8}$$

（ⅱ）对每个 $\varphi_1 U\varphi_2\in \mathrm{closure}(\varphi)$，

$$\varphi_1 U\varphi_2\in B\Leftrightarrow\varphi_2\in B\vee(\varphi_1\in B\wedge\varphi_1 U\varphi_2\in B') \tag{2.9}$$

显然，式（2.7）、式（2.8）和式（2.9）反映了下一步直到算子 O 和 U 的语义。特别是式（2.9）是扩展规则（2.2）的化身。通过下一个引理的证明，可以进一步理解自动机$\mathcal{A}_\varphi$的设计思想。

下面给出了构造$\mathcal{A}_\varphi$的算法的复杂性。

练习 2.4　证明在自动机$\mathcal{A}_\varphi$中：
（ⅰ）状态的数量$|Q|$是 $O(2^{|\varphi|})$；
（ⅱ）接受集的数量$|\mathcal{F}|$是 $O(|\varphi|)$。

下面的引理表明，按预期方式，上面构造的广义 Büchi 自动机$\mathcal{A}_\varphi$确切地接受线性时序逻辑公式 φ 定义的 ω 语言。

引理 2.20　$\mathcal{L}_\omega(\mathcal{A}_\varphi)=\mathrm{Words}(\varphi)$。

证明　1）首先证明 $\mathrm{Words}(\varphi)\subseteq\mathcal{L}_\omega(\mathcal{A}_\varphi)$，令 $\sigma=A_1A_2\cdots\in \mathrm{Words}(\varphi)$。然后设置：

$$B_i=\{\psi\in \mathrm{closure}(\varphi):A_{i+1}A_{i+2}\cdots\models\psi\}$$

其中 $i=0,1,2,\cdots$。　□

断言 1：每个 $B_i\in Q$，即 B_i 是最大一致的。

断言 2：$B_0 \xrightarrow{A_1} B_1 \xrightarrow{A_2} B_2 \cdots$是$\mathcal{A}_\varphi$中的路径：

- $B_0 \in Q_0$，即 $\varphi \in B_0$；
- $A_{i+1} = B_i \cap \mathrm{AP}$ 对 $i=0$，1，2，…成立；
- 对每个 $O\varphi' \in \mathrm{closure}(\varphi)$和 $i \geqslant 0$：$O\varphi' \in B_i \Leftrightarrow \varphi' \in B_{i+1}$；
- 对每个 $\varphi_1 U \varphi_2 \in \mathrm{closure}(\varphi)$和 $i \geqslant 0$：$\varphi_1 U \varphi_2 \in B_i \Leftrightarrow \varphi_2 \in B_i \vee (\varphi_1 \in B_i \wedge \varphi_1 U \varphi_2 \in B_{i+1})$。

断言 3：对任意 $\varphi_1 U \varphi_2 \in \mathrm{closure}(\varphi)$，都有 $B_i \in F_{\varphi_1 U \varphi_2}$ 对无限多的 i 成立。

若不然，设 $i_0 = \max\{i : B_i \in F_{\varphi_1 U \varphi_2}\}$，对每一 $i > i_0$，

$$A_{i+1}A_{i+2}\cdots \models \varphi_1 U \varphi_2 \text{ 和 } A_{i+1}A_{i+2}\cdots \not\models \varphi_2$$

矛盾。

2）现在证明$\mathcal{L}_\omega(\mathcal{A}_\varphi) \subseteq \mathrm{Words}(\varphi)$，令 $\sigma = A_1A_2\cdots \in \mathcal{L}_\omega(\mathcal{A}_\varphi)$。则存在$\mathcal{A}_\varphi$中的路径 $B_0 \xrightarrow{A_1} B_1 \xrightarrow{A_2} B_2 \cdots$使得 $B_0 \in Q_0$，即 $\varphi \in B_0$，且对每个 $F \in \mathcal{F}$，有 $B_i \in F$ 对无限多的 i 成立。实际上，通过对 ψ 的长度进行归纳，可以证明：

断言 4：如果 Q 中的 $B_0, B_1, B_2, \cdots$满足：

- $B_0 \xrightarrow{A_1} B_1 \xrightarrow{A_2} B_2 \cdots$在$\mathcal{A}_\varphi$中；
- 对所有 $F \in \mathcal{F}, B_i \in F$ 对无限多的 i 成立。

则对所有 $\psi \in \mathrm{closure}(\varphi)$，

$$\psi \in B_0 \Leftrightarrow A_1A_2\cdots \models \psi$$

然后立即得出 $\sigma = A_1A_2\cdots \models \varphi$ 且 $\sigma \in \mathrm{Words}(\varphi)$。 □

练习 2.5 通过验证断言 1、断言 2 和断言 4 来完成以上证明。

步骤 II：将线性时序逻辑模型检测转换为交集空问题

在定义 2.17 中定义了线性时序逻辑公式 φ 所描述的 2^{AP} 上的无限词。现在，定义 2^{AP} 上的无限词，这些词表征迁移系统$\mathcal{M}$的线性时间性质。可以预料到，一个线性时序逻辑公式 φ 和一个迁移系统$\mathcal{M}$可以通过这些词相互连接。

定义 2.21 令$\mathcal{M} = (S, \mathrm{Act}, \rightarrow, I, \mathrm{AP}, L)$是一个迁移系统。

（i）$\mathcal{M}$中路径 $\pi = s_0s_1s_2\cdots$的迹是原子命题 AP 的子集的序列：

$$\mathrm{trace}(\pi) = L(s_0)L(s_1)L(s_2)\cdots \in (2^{\mathrm{AP}})^\omega$$

（ii）$\mathcal{M}$的迹的集合为

$$\text{Traces}(\mathcal{M}) = \{\text{trace}(\pi): \pi \text{ 是从初态 } s_0 \in I \text{ 开始的路径}\}$$

以下引理在自动机理论中建立了线性时序逻辑模型检测问题和交集空问题之间的联系。

引理 2.22　对于相同原子命题上的任意迁移系统$\mathcal{M}$和线性时序逻辑公式 φ，有：

$$\mathcal{M} \models \varphi \Leftrightarrow \text{Traces}(\mathcal{M}) \cap \text{Words}(\neg \varphi) = \emptyset \tag{2.10}$$

证明　首先，从定义 2.8 和定义 2.17 观察到，对于$\mathcal{M}$中的任意路径 π，有

$$\pi \models \varphi \Leftrightarrow \text{trace}(\pi) \models \varphi \tag{2.11}$$

然后得出：

$$\begin{aligned}\mathcal{M} \models \varphi &\Leftrightarrow \pi \models \varphi \text{ 对从 } I \text{ 中某个初态开始的所有路径 } \pi \text{ 成立} \\ &\Leftrightarrow \text{trace}(\pi) \models \varphi \text{ 对从 } I \text{ 中某个初态开始的所有路径 } \pi \text{ 成立} \\ &\Leftrightarrow \text{Traces}(\mathcal{M}) \subseteq \text{Words}(\varphi) \\ &\Leftrightarrow \text{Traces}(\mathcal{M}) \cap \text{Words}(\neg \varphi) = \emptyset\end{aligned}$$

□

练习 2.6　通过对 π 长度的归纳来证明式（2.11）。

步骤 III：求解交集空问题

现在可以综合上面开发的技术来解决线性时序逻辑模型检测问题。在相同的原子命题 AP 上，给定迁移系统$\mathcal{M}$和线性时序逻辑公式 φ。使用步骤 I 中开发的技术，可以构造广义的 Büchi 自动机$\mathcal{A}_{\neg\varphi}$使得$\mathcal{L}_\omega(\mathcal{A}_{\neg\varphi})=\text{Words}(\neg\varphi)$，结合步骤 II 中的式（2.10）可得：

$$\mathcal{M} \models \varphi \Leftrightarrow \text{Traces}(\mathcal{M}) \cap \mathcal{L}_\omega(\mathcal{A}_{\neg\varphi}) = \emptyset$$

因此，检测是否$\mathcal{M} \models \varphi$ 可被归约如下。

交集空问题：给定迁移系统$\mathcal{M}=(S,\text{Act},\rightarrow,I,\text{AP},L)$和广义 Büchi 自动机$\mathcal{A}=(Q,\Sigma,\rightarrow,Q_0,\mathcal{F})$，其中 $\Sigma=2^{\text{AP}}$，确定是否有 $\text{Traces}(\mathcal{M}) \cap \mathcal{L}_\omega(\mathcal{A})=\emptyset$。

有限状态自动机的交集空问题有一个标准的解决方案。基于以下事实：两个有限状态自动机的乘积所接受的语言是这两个自动机所接受的语言的交集。希望这个结果对于 Büchi 自动机也是正确的，首先从迁移系统$\mathcal{M}$和广义 Büchi 自动机$\mathcal{A}$构造一个广义 Büchi 自动机——$\mathcal{M}$与$\mathcal{A}$的乘积：

$$\mathcal{M} \times \mathcal{A} = (S \times Q, \Sigma, \rightarrow, I \times Q_0, \mathcal{G})$$

其中：

- $(s,q)\xrightarrow{A}(s',q')$，如果：

  (i) $s\xrightarrow{\alpha}s'$在$\mathcal{M}$里对某个$\alpha\in \mathrm{Act}$成立，

  (ii) $L(s)=A$，

  (iii) $q\xrightarrow{A}q'$；

- $\mathcal{G}=\{S\times F: F\in\mathcal{F}\}$。

以下引理表明$\mathcal{M}$和$\mathcal{A}$的乘积接受的语言实际上是$\mathcal{M}$和$\mathcal{A}$接受的语言的交集。

引理 2.23 $\mathcal{L}_\omega(\mathcal{M}\times\mathcal{A})=\mathrm{Traces}(\mathcal{M})\cap\mathcal{L}_\omega(\mathcal{A})$。

练习 2.7 证明以上引理。

接下来证明每个广义 Büchi 自动机可以被一个普通 Büchi 自动机模拟。

引理 2.24 对任意广义 Büchi 自动机$\mathcal{A}$，都存在 Büchi 自动机$\mathcal{A}'$使得$\mathcal{L}_\omega(\mathcal{A}')=\mathcal{L}_\omega(\mathcal{A})$。

证明 假设广义 Büchi 自动机$\mathcal{A}=(Q,\Sigma,\rightarrow,Q_0,\mathcal{F})$且$\mathcal{F}=\{F_0,\cdots,F_{k-1}\}$。然后定义 Büchi 自动机 $A'=(Q',\Sigma,\rightarrow,Q_0',F')$，其中

- $Q'=Q\times\{0,\cdots,k-1\},Q_0'=Q_0\times\{0\},F'=F_1\times\{0\}$；
- 转移关系：

$$(q,i)\xrightarrow{\sigma}(q',i),\text{如果 } q\xrightarrow{\sigma}q' \text{ 且 } q\notin F_i,$$

$$(q,i)\xrightarrow{\sigma}(q',i\oplus 1),\text{如果 } q\xrightarrow{\sigma}q' \text{ 且 } q\in F_i,$$

其中$\oplus$代表模 k 加。则容易验证$\mathcal{L}_\omega(\mathcal{A}')=\mathcal{L}_\omega(\mathcal{A})$。 □

通过联合引理 2.23 和引理 2.24，交集空问题被归约如下。

空问题：给定 Büchi 自动机$\mathcal{A}=(Q,\Sigma,\rightarrow,Q_0,F)$，确定是否有$\mathcal{L}_\omega(\mathcal{A})=\emptyset$。解决空问题的关键观察如下。

引理 2.25 对任意 Büchi 自动机$\mathcal{A}$，以下两种表述是等价的：

(i) $\mathcal{L}_\omega(\mathcal{A})\neq\emptyset$；

(ii) 存在状态 $q\in Q$，满足：

(a) q 是可达的，即 $q_0\xrightarrow{\sigma_1}q_1\cdots\xrightarrow{\sigma_{n-1}}q_{n-1}\xrightarrow{\sigma_n}q$ 对某些 $q_0\in Q_0,n\geqslant 0,q_1,\cdots,q_{n-1}\in Q$

和 $\sigma_1, \cdots, \sigma_n \in \Sigma$ 成立;

(b) q 是被接受的，即 $q \in F$;

(c) q 属于$\mathcal{A}$中的环，即 $q \xrightarrow{\sigma_1} q_1 \cdots \xrightarrow{\sigma_{n-1}} q_{n-1} \xrightarrow{\sigma_n} q$ 对某个 $n \geqslant 1, q_1, \cdots, q_{n-1} \in Q$ 和 $\sigma_1, \cdots, \sigma_n \in \Sigma$ 成立。

练习 2.8 证明以上引理。

上面的引理使得我们可以通过标准的图论算法——计算图的强连通分量(SCC)——来解决空问题。

定义 2.26 令 G 为一个（有向）图。则

(i) 如果 G 的一个子图 H 中的任何两个点都通过 H 中的路径连接，则 H 被称为强连通的；特别地，如果 H 只有一个点，则这个点必须有自环。

(ii) G 的每个最大强连通子图被称为强连通分量。

最后，Büchi 自动机$\mathcal{A}=(Q,\Sigma,\rightarrow,Q_0,F)$的空问题可在 $O(|Q|+|\rightarrow|)$时间内解决如下:

- 计算$\mathcal{A}$的基础图的强连通分量，即以 Q 的元素为顶点且以→的元素为边的图。读者可以从任何有关算法的教科书中找到解决此问题的算法，例如文献[2];
- 检测是否有非平凡的强连通分量可达并包含接受状态。

2.3.2 计算树逻辑模型检测

本小节提出一个算法以解决计算树逻辑模型检测问题:

$$\mathcal{M} \models \Phi ?$$

其中$\mathcal{M}$是迁移系统，Φ 是计算树逻辑状态公式。该算法基于以下定义的可满足集的概念。

定义 2.27 令$\mathcal{M}=(S,\mathrm{Act},\rightarrow,I,\mathrm{AP},L)$是一个迁移系统，$\Phi$ 是 AP 上的计算树逻辑状态公式。则$\mathcal{M}$里 Φ 的可满足集是:

$$\mathrm{Sat}(\Phi) := \{s \in S : s \models \Phi\}$$

明显地，$\mathcal{M} \models \Phi$，当且仅当 $I \subseteq \mathrm{Sat}(\Phi)$。因此，检测$\mathcal{M} \models \Phi$ 的必要部分是计算可满

足集 Sat（Φ），可以通过对 Φ 的结构进行归纳来完成：

$$\begin{cases} \mathrm{Sat}(a) & = \{s : a \in L(s)\}\text{，对任意 } a \in \mathrm{AP} \\ \mathrm{Sat}(\neg \Phi) & = S \backslash \mathrm{Sat}(\Phi) \\ \mathrm{Sat}(\Phi_1 \wedge \Phi_2) & = \mathrm{Sat}(\Phi_1) \cap \mathrm{Sat}(\Phi_2) \\ \mathrm{Sat}(\exists O\Phi) & = \mathrm{Pre}(\mathrm{Sat}(\Phi)) \\ \mathrm{Sat}(\exists \Box \Phi) & = \nu T.[T = \mathrm{Sat}(\Phi) \cap \mathrm{Pre}(T)]\text{（不动点）} \\ & = \cup \{T \subseteq \mathrm{Sat}(\Phi) : T \subseteq \mathrm{Pre}(T)\} \\ \mathrm{Sat}(\exists(\Phi_1 U \Phi_2)) & = \mu T.[T = \mathrm{Sat}(\Phi_2) \cup (\mathrm{Sat}(\Phi_1) \cap \mathrm{Pre}(T))]\text{（不动点）} \\ & = \cap \{T \supseteq \mathrm{Sat}(\Phi_2) : \mathrm{Sat}(\Phi_1) \cap \mathrm{Pre}(T) \subseteq T\} \end{cases} \tag{2.12}$$

其中 Pre（T）是 $T \subseteq S$ 前趋的集合：

$$\mathrm{Pre}(T) = \{s' \in S : s' \xrightarrow{\alpha} s \text{ 对某些 } s \in T \text{ 和 } \alpha \in \mathrm{Act}\}$$

练习 2.9 证明以上计算 Sat(·)的式子［提示：对 $\exists \Box \Phi$ 和 $\exists(\Phi_1 U \Phi_2)$ 使用扩展规则（2.3）和规则（2.4）］.

从式（2.12）可以容易地看出，计算可满足集的难点是计算 $\mathrm{Sat}(\exists \Box \Phi)$ 和 $\mathrm{Sat}(\exists(\Phi_1 U \Phi_2))$，这需要计算最大和最小不动点。

情况 I：计算 $\mathrm{Sat}(\exists(\Phi_1 U \Phi_2))$ 的算法

该算法的基本思想如下：

（i）找到满足 Φ_2 的所有状态。

（ii）使用转移关系→的逆逐步进行推算，以找到路径上每个状态都可满足 Φ_1 的路径可达的所有状态。

不难看出，该算法的时间复杂度为 $O(|S|+|\rightarrow|)$。

情况 II：计算 $\mathrm{Sat}(\exists \Box \Phi)$ 的算法

可以根据强连通分量方便地描述此算法。首先，以下引理在公式 $\exists \Box \Phi$ 的可满足性和强连通分量之间建立联系。

引理 2.28 设 $S' = \mathrm{Sat}(\Phi)$，令转移关系 $\rightarrow'$ 为 $\rightarrow$ 在 S' 上的限制。则 $\mathcal{M}, s \models \exists \Box \Phi$，当且仅当

（i）$s \in S'$，

（ii）$(S', \rightarrow')$ 有一个从 s 通过 S' 内的路径可达的强连通分量。

证明 （⇐）从定义易得。

(⇒) 如果$\mathcal{M},s\models\exists\Box\Phi$，则存在从 s 开始的路径 π，使得 Φ 被每个 π 里的状态满足。由于 S 是有限集，且 π 是无限序列，可以写成 $\pi=\pi_0\pi_1$，其中 π_0 是（有限的）前缀，且 π_1 是 π 的无限的后缀，使得每个 π_1 里的状态无限频繁地发生。令 C 是 π_1 里的状态集。则 C 必须强连通并因此包含在强连通分量中。　□

计算 $\mathrm{Sat}(\exists\Box\Phi)$ 的算法运作如下：

（ⅰ）使用标准的图论算法计算图$(S',\to')$的所有强连通分量；

（ⅱ）使用$\to'$的逆进行反向推演，以找到可以到达强连通分量中某个状态的所有状态。

不难看出，该算法的时间复杂度为 $O(|S|+|\to|)$。

2.4　模型检测概率系统

前面各节中介绍的模型检测技术已被系统地推广到概率系统中，并应用在分析和验证随机算法和不可靠通信系统，以及计算机系统的性能评估中。

众所周知，量子系统的行为（通过测量观察）本质上是统计的。因此，模型检测概率系统中的某些想法可以作为开发量子系统模型检测技术的基石。本节简要回顾概率模型检测的基础。

2.4.1　马尔可夫链和马尔可夫决策过程

在模型检测概率系统中使用的两个受欢迎的模型是（离散时间）马尔可夫链和马尔可夫决策过程。其本质是迁移系统和（非确定性）有限状态自动机的概率扩展。

定义 2.29　一个（离散时间的）马尔可夫链是一个 5 元组：

$$\mathcal{M}=(S,P,I,\mathrm{AP},L)$$

其中：

- S、AP 和 L 与定义 2.1 中一致；
- P：$S\times S\to[0,1]$是转移概率函数，使得对任一 $s\in S$，有

$$\sum_{s'\in S}P(s,s')=1$$

- I：$S\to[0,1]$是初始分布，使得$\sum_{s\in S}I(s)=1$。

直观地，对每一 $s\in S$，$I(s)$是系统从状态 s 开始的概率，且对任意 $s,s'\in S$，$P(s,$

s')是系统从状态 s 一步之内移动到 s' 的概率。

将以上定义与定义 2.1 和定义 2.2 进行比较，对读者会有所帮助。在确定性迁移系统（定义 2.2）中，动作将其从一个状态更改为最多一个下一状态。一个动作允许一个（非确定性的）迁移系统（定义 2.1）从一个状态转移到一个以上的下一状态，且转移是非确定性的。相反，马尔可夫链根据概率分布 $P(s,\cdot)$ 从状态 s 移动至下一状态（请注意，未明确指定动作）。

可以将马尔可夫链推广到马尔可夫决策过程，以便对可能发生交织行为的并发概率系统建模。

定义 2.30 一个（离散时间的）马尔可夫决策过程是一个 6 元组：

$$\mathcal{M}=(S,\mathrm{Act},P,I,\mathrm{AP},L)$$

其中：

- $S,\mathrm{Act},\mathrm{AP},L$ 与定义 2.1 中相同，且 I 与定义 2.29 中相同；
- $P:S\times\mathrm{Act}\times S\rightarrow[0,1]$ 是转移概率函数，使得对任一 $s\in S$ 和任一 $\alpha\in\mathrm{Act}$，有

$$\sum_{s'\in S}P(s,\alpha,s')=1 \text{ 或 } 0$$

如果 $\sum_{s'\in S}P(s,\alpha,s')=1$，动作 α 在状态 s 是有效的。把 s 的有效动作写作 Act（s）。直观地，如果 $\mathrm{Act}(s)=\emptyset$，则无法在状态 s 执行任何动作。否则，在进入状态 s 时，有效动作 $\alpha\in\mathrm{Act}(s)$ 被非确定性地选取。执行动作 α 之后，系统根据概率分布 $P(s,\alpha,\cdot)$ 从 s 移至下一状态。在这里，非确定性和概率性选择被组合在一起。显然，马尔可夫链可以被看作马尔可夫决策过程的特殊类别。

2.4.2 概率时序逻辑

通过模型检测技术验证的概率系统的性质主要包括：

- 定性性质——某个事件几乎肯定会发生（概率为 1）或永远不会发生（概率为 0）；
- 定量性质——对某些事件的概率或期望的约束。

可以扩展前面各节中定义的时序逻辑以描述这些性质。

无限路径上的概率测度

定义概率时序逻辑的关键步骤是正确地定义马尔可夫链或决策过程中（无限）路径上的概率测度。在此假设读者熟悉基本的测度论。仅概述定义马尔可夫链 $\mathcal{M}=(S,P,I,\mathrm{AP},L)$ 里概率空间 $(\mathrm{Paths}(\mathcal{M}),\mathcal{B}_{\mathcal{M}},\mathrm{Pr}_{\mathcal{M}})$ 的过程：

- 样本空间是 $\mathrm{Paths}(\mathcal{M})$——所有无限路径的集合 $s_0s_1s_2\cdots$ 使得 $P(s_i,s_{i+1})>0$ 对

所有 $i \geqslant 0$ 成立。

- 对于每个有限路径 $\hat{\pi}=s_0 s_1 \cdots s_n$，所张成的柱面集定义为：

$$C(\hat{\pi})=\{\pi \in \operatorname{Paths}(\mathcal{M}): \hat{\pi} \text{ 是 } \pi \text{ 的前缀}\}$$

则所有柱面集生成 σ 代数 $\mathcal{B}_{\mathcal{M}}$ 使得 $(\operatorname{Paths}(\mathcal{M}), \mathcal{B}_{\mathcal{M}})$ 是可测空间。

- 由 $\hat{\pi}=s_0 s_1 \cdots s_n$ 张成的柱面集的概率自然地定义为：

$$\operatorname{Pr}_{\mathcal{M}}(C(\hat{\pi}))=I(s_0) \cdot \prod_{i=0}^{n-1} P(s_i, s_{i+1})$$

此外，根据 Carathéodory-Hahn 定理，柱面集的概率可以唯一地扩展为 $\mathcal{B}_{\mathcal{M}}$ 上的概率测度 $\operatorname{Pr}_{\mathcal{M}}$，因为 $\mathcal{B}_{\mathcal{M}}$ 是由柱面集生成的。

可以进一步推广以上过程，在马尔可夫决策过程中定义无限路径上的概率测度。

时序逻辑的概率扩展

可以在语义或语法层面将概率引入时序逻辑中：

- 对于线性时序逻辑公式 φ 和状态 $s \in S$，可以证明

$$\llbracket \varphi \rrbracket_s=\{\pi \in \operatorname{Paths}(\mathcal{M}) \text{ 开始于 } s: \pi \models \varphi\}$$

是可测的，即 $\llbracket \varphi \rrbracket_s \in \mathcal{B}_{\mathcal{M}}$。所以，$\varphi$ 被 $\mathcal{M}$ 中状态 s 满足的概率是良定义的：

$$\operatorname{Pr}_{\mathcal{M}}(s \models \varphi)=\operatorname{Pr}_{\mathcal{M}_s}(\llbracket \varphi \rrbracket_s)$$

其中 $\mathcal{M}_s$ 是通过将初始分布替换为点分布 δ_s，继而从 $\mathcal{M}$ 获得的马尔可夫链，δ_s 定义如下。

$$\delta_s(s')=\begin{cases}1 & \text{若 } s'=s \\ 0 & \text{否则}\end{cases}$$

- 概率计算树逻辑（PCTL）是通过用概率量词 $\mathbb{P}_J(\varphi)$ 替代计算树逻辑语法里的全称和存在量词 $\forall \varphi$ 与 $\exists \varphi$ 定义的，其中 J 是 $[0,1]$ 的子区间（以有理数为端点）。其可满足性定义如下：对状态 $s \in S$，

$$-\ s \models \mathbb{P}_J(\varphi) \text{，当且仅当 } \operatorname{Pr}_{\mathcal{M}}(s \models \varphi) \in J$$

例如，概率系统的定性性质可以描述为 $\mathbb{P}_J(\varphi)$，其中 $J=\{1\}$ 或 $\{0\}$。

2.4.3　概率模型检测算法

以上两个小节中介绍的模型和逻辑语言使我们能够形式化描述概率系统的模型检测问题。在这里将重点放在马尔可夫链上，但是下面介绍的思想可以推广到马尔可夫

决策过程。

两个典型的概率模型检测问题是：给定马尔可夫链$\mathcal{M}$，

- **定量问题**，计算概率 $\Pr_{\mathcal{M}}(s\models\varphi)$，其中 φ 是线性时序逻辑公式，且 s 是$\mathcal{M}$的状态。
- **定性问题**，检测是否$\mathcal{M}\models\Phi$，其中 Φ 是概率计算树逻辑状态公式。

针对定量和定性时序特性的概率系统检测的各种算法已被开发出来。在上一节中看到，计算可达状态是非概率线性时序逻辑和计算树逻辑模型检测中的关键步骤，且可以通过图论算法（特别是底部强连通分量分解）解决。可达性分析在概率系统模型检测中扮演着相似的角色。现在，问题转向计算到达马尔可夫链中某个特定的状态集合 B 的概率。

1. 定量问题的算法

马尔可夫链的线性时序逻辑模型检测算法通常是基于自动机的，就像上一节介绍的（非概率）迁移系统一样。基于自动机的模型检测的核心思想是通过系统模型与代表性质的 Büchi 自动机的乘积，把待检测的系统和待检测性质连接起来。但是，该思想不能直接应用于马尔可夫链，原因在于 Büchi 自动机可以是非确定性的，但是马尔可夫链不涉及非确定性（不是概率性），因此，马尔可夫链和 Büchi 自动机的乘积可能不是马尔可夫链。克服这一困难的一种方法是引入 Büchi 自动机的确定性变体，例如确定性 Rabin 自动机。

定义 2.31 确定性 Rabin 自动机是 5 元组

$$\mathcal{A}=(Q,\Sigma,\delta,q_0,\mathrm{Acc})$$

其中：

- Q 是状态的有限集；
- Σ 是字母表；
- $\delta:Q\times\Sigma\to Q$ 是转移函数；
- $q_0\in Q$ 是初态；
- $\mathrm{Acc}\subseteq 2^Q\times 2^Q$ 是 2^Q 的接受对的集合。

$\mathcal{A}$的无限词 $\sigma=\sigma_1\sigma_2\cdots\in\Sigma^\omega$ 的路径是 Q 中状态的无限序列 $\pi=q_0q_1q_2\cdots$，使得 $\delta(q_i,\sigma_{i+1})=q_{i+1}$ 对任意 $i\geqslant 0$ 成立。路径 π 是可接受的，如果存在$(L,K)\in\mathrm{Acc}$，使得

$$[(\exists i)(\forall j\geqslant i)q_j\notin L]\wedge[(\overset{\infty}{\exists} i)q_i\in K]$$

可被$\mathcal{A}$接受的 ω 语言定义如下

$$\mathcal{L}_\omega(\mathcal{A}) = \{\sigma \in \Sigma^\omega : \mathcal{A}\text{的 } \sigma \text{ 的路径是可接受的}\}$$

2. Rabin 自动机和马尔可夫链的乘积

现在得到了一个马尔可夫链$\mathcal{M}=(S,P,I,AP,L)$和确定性 Rabin 自动机$\mathcal{A}=(Q, 2^{AP},\delta,q_0,\mathrm{Acc})$，其中 $\mathrm{Acc}=\{(L_i,K_i):1\leqslant i\leqslant n\}$，可以构造仍是一个马尔可夫链的$\mathcal{M}$和$\mathcal{A}$的乘积，如下

$$\mathcal{M}\times\mathcal{A}=(S\times Q,P',I',AP',L')$$

其中

- $P'((s,q),(s',q'))=\begin{cases}P(s,s')\text{若 } q'=\delta(q,L(s')) \\ 0 \quad \text{否则}\end{cases}$
- $I'((s,q))=\begin{cases}I(s)\text{若 } q=\delta(q_0,L(s)) \\ 0 \quad \text{否则}\end{cases}$
- $AP'=\{L_i,K_i:1\leqslant i\leqslant n\}$
- $L'((s,q))=\{R\in AP':q\in R\}$

3. 检测算法

作为定义 2.26 的一般化，可以为马尔可夫链定义底部强连通分量的概念。此外，$\mathcal{M}\times\mathcal{A}$的底部强连通分量 B 被称为接受的，如果存在 i，使得

$$B\cap(S\times L_i)=\varnothing \quad \text{且} \quad B\cap(S\times K_i)\neq\varnothing$$

那么可以得出以下结果，从中自然可以得出用于线性时序逻辑模型检测的算法：

（i）对原子命题 AP 上的任意线性时序逻辑公式 φ，可以在时间 $O(2^{2^{|\varphi|}})$ 中构造一个确定性 Rabin 自动机$\mathcal{A}_\varphi$，其字母表为 2^{AP}，使得$\mathcal{L}_\omega(\mathcal{A}_\varphi)=\mathrm{Words}(\varphi)$。

（ii）对于任意马尔可夫链$\mathcal{M}$和确定性 Rabin 自动机$\mathcal{A}$，令 U 为所有接受$\mathcal{M}\times\mathcal{A}$的底部强连通分量的并集。则

$$\Pr_{\mathcal{M}}(s\models\varphi)=\Pr_{\mathcal{M}\times\mathcal{A}}((s,q_s)\models\Diamond U)$$

其中 $q_s=\delta(q_0,L(s))$。此外，右边的可达性概率可以在时间复杂度 $\mathrm{poly}(|\mathcal{M}|\cdot|\mathcal{A}|)$ 内计算（有关概率计算树逻辑模型检测，请参见下一小节）。

综上所述，上述算法计算概率 $\Pr_{\mathcal{M}}(s\models\varphi)$ 的时间复杂度是 $O(\mathrm{poly}(2^{2^{|\varphi|}}\cdot|\mathcal{M}|))$。注意，有更高效（$|\varphi|$的一次指数）但涉及更多概念的概率线性时序逻辑模型检测算法。这些算法的详细讨论超出了本书的范围。

4. 定性问题的算法

与上一节介绍的非概率计算树逻辑模型检测相似，马尔可夫链的概率计算树逻辑模型检测也归结为可满足集的计算。唯一的区别是在这里需要计算

$$\mathrm{Sat}(\mathbb{P}_J(\varphi)):=\{s\in S:\mathrm{Pr}_{\mathcal{M}}(s\models\varphi)\in J\}$$

用于路径公式 φ 的概率量化。有两种情况需要考虑：

（ⅰ）$\varphi\equiv O\Phi$。这种情况很容易，因为

$$\mathrm{Pr}_{\mathcal{M}}(s\models O\Phi)=\sum_{s'\in\mathrm{Sat}(\Phi)}P(s,s')$$

（ⅱ）$\varphi=\Phi_1 U\Phi_2$。这种情况需要解决某些线性方程组。具体来说，令

$$S_0=\{s\in S:\mathrm{Pr}_{\mathcal{M}}(s\models\varphi)=0\}$$
$$S_1=\{s\in S:\mathrm{Pr}_{\mathcal{M}}(s\models\varphi)=1\}$$

可以通过简单的图算法高效地计算（随$\mathcal{M}$的增大呈线性增长的时间复杂度）。令 $S_?=S\backslash S_0\backslash S_1$，构建一个线性方程组：

$$(\boldsymbol{I}-\boldsymbol{A})\boldsymbol{x}=\boldsymbol{b}$$

其中

$$\boldsymbol{A}=[P(s,s')]_{s,s'\in S_?},\qquad \boldsymbol{b}=\Big[\sum_{s'\in S_1}P(s,s')\Big]_{s\in S_?}$$

可以证明方程组具有唯一解 $\boldsymbol{x}^*=[x_s^*]_{s\in S_?}$，其中对所有 $s\in S_?$，有

$$\boldsymbol{x}_s^*=\mathrm{Pr}_{\mathcal{M}}(s\models\varphi)$$

以上检测是否$\mathcal{M}\models\Phi$ 的算法的时间复杂度是 $O(|\Phi|\cdot\mathrm{poly}(|\mathcal{M}|))$。

2.5 文献注记

模型检测是在20世纪80年代初由Clarke和Emerson[33] 以及Queille和Sifakis[101] 提出的，现在已经发展成一个广阔的领域，在会议和期刊上有大量论文发表。幸运的是，目前有两本标准教科书[7,35]。后续的一个主要发展是有界模型检测，该内容未在［7，35］涉及，但在文献［19］中有很好的介绍。

2.3.1小节呈现的基于自动机的线性时序逻辑模型检测算法是由Vardi和Wolper[110] 提出的，2.3.2小节介绍的计算树逻辑模型检测算法在原始文献［33］中给出，但是我们的解释很大程度上遵循［7，35］。本章不考虑线性时序逻辑和计算树逻辑表达能力的比较以及线性时序逻辑和计算树逻辑模型检测的复杂性，仅非常简要地讨论了概率系统模型检测，而未涉及时间系统。有兴趣的读者可以在文献［7］找到相关的讨论。

第3章

量子理论基础

本章旨在介绍量子理论的一些基本概念，这些基本概念将会在后续章节用到，熟悉相关内容的读者可以跳过。

量子力学是一门研究原子和亚原子尺度现象的基础物理学学科，是基于几个基本假设构建起来的。本章将介绍所需的数学工具，然后主要以数学的形式来介绍这些基本假设。对于这些基本假设的物理学解释，只进行非常简短的讨论，如果想要了解更多细节，可参看优秀教科书[93]的第 2 章。

3.1 量子系统的状态空间

我们先讨论静态的量子系统，即对量子系统的状态进行数学建模。

3.1.1 希尔伯特空间

一个量子系统总是和一个称为状态空间的希尔伯特空间相关联。本书的主要目标是提供用于检测量子系统的算法，因此我们仅讨论有限维希尔伯特空间，这些空间本质上是配有内积的复向量空间。

设$\mathbb{C}$表示复数集合。对于一个复数 $\lambda=a+bi\in\mathbb{C}$，用 λ^* 表示其复共轭，即 $\lambda^*=a-bi$。本书采用量子力学中标准的狄拉克符号，我们用$|\varphi\rangle,|\psi\rangle,\cdots$表示希尔伯特空间中的向量。

定义 3.1　如果非空集合$\mathcal{H}$上定义了两个运算：

- 向量加法(+)：$\mathcal{H}\times\mathcal{H}\to\mathcal{H},(|\varphi\rangle,|\psi\rangle)\mapsto|\varphi\rangle+|\psi\rangle$
- 数乘(·)：$\mathbb{C}\times\mathcal{H}\to\mathcal{H},(\lambda,|\psi\rangle)\mapsto\lambda\cdot|\psi\rangle\equiv\lambda|\psi\rangle$

且满足下列运算法则：对任意的$|\varphi\rangle,|\psi\rangle,|\chi\rangle\in\mathcal{H}$，以及$\lambda,\mu\in\mathbb{C}$，

(ⅰ) (+是可交换的) $|\varphi\rangle+|\psi\rangle=|\psi\rangle+|\varphi\rangle$；

(ⅱ) (+是结合的) $|\varphi\rangle+(|\psi\rangle+|\chi\rangle)=(|\varphi\rangle+|\psi\rangle)+|\chi\rangle$；

(ⅲ) +有一个零元素 0，称为零向量，使得$0+|\varphi\rangle=|\varphi\rangle$；

(ⅳ) 存在一个向量$-|\varphi\rangle$，使得$|\varphi\rangle+(-|\varphi\rangle)=0$；

(ⅴ) $1|\varphi\rangle=|\varphi\rangle$；

(ⅵ) $\lambda(\mu|\varphi\rangle)=\lambda\mu|\varphi\rangle$；

(ⅶ) $(\lambda+\mu)|\varphi\rangle=\lambda|\varphi\rangle+\mu|\varphi\rangle$；

(viii) $\lambda(|\varphi\rangle+|\psi\rangle)=\lambda|\varphi\rangle+\lambda|\psi\rangle$。

则称$\mathcal{H}$是一个（复）向量空间。

例 3.2　对于任意整数 $n\geqslant 1$，n 维向量空间$\mathcal{H}_n=\mathbb{C}^n$包含所有 n 维列向量：

$$\begin{pmatrix}\alpha_1\\ \vdots\\ \alpha_n\end{pmatrix}$$

其中 $\alpha_1,\ldots,\alpha_n\in\mathbb{C}$。向量加法和数乘定义如下：

$$\begin{pmatrix}\alpha_1\\ \vdots\\ \alpha_n\end{pmatrix}+\begin{pmatrix}\beta_1\\ \vdots\\ \beta_n\end{pmatrix}=\begin{pmatrix}\alpha_1+\beta_1\\ \vdots\\ \alpha_n+\beta_n\end{pmatrix}$$

$$\lambda\cdot\begin{pmatrix}\alpha_1\\ \vdots\\ \alpha_n\end{pmatrix}=\begin{pmatrix}\lambda\alpha_1\\ \vdots\\ \lambda\alpha_n\end{pmatrix}$$

定义 3.3　如果向量空间$\mathcal{H}$上定义了内积

$$\langle\cdot|\cdot\rangle:\mathcal{H}\times\mathcal{H}\to\mathbb{C}$$

并且对于任意$|\varphi\rangle,|\psi\rangle,|\psi_1\rangle,|\psi_2\rangle\in\mathcal{H}$以及 $\lambda_1,\lambda_2\in\mathbb{C}$，都有

(i) $\langle\varphi|\varphi\rangle\geqslant 0$，等号成立，当且仅当$|\varphi\rangle=0$；

(ii) $\langle\varphi|\psi\rangle=\langle\psi|\varphi\rangle^*$；

(iii) $\langle\varphi|\lambda_1\psi_1+\lambda_2\psi_2\rangle=\lambda_1\langle\varphi|\psi_1\rangle+\lambda_2\langle\varphi|\psi_2\rangle$。

则称$\mathcal{H}$是一个内积空间。

有时也用$(|\varphi\rangle,|\psi\rangle)$表示$\langle\varphi|\psi\rangle$。如果$\langle\varphi|\psi\rangle=0$，则称向量$|\varphi\rangle$和$|\psi\rangle$正交，记作$|\varphi\rangle\perp|\psi\rangle$。向量$|\psi\rangle\in\mathcal{H}$的长度定义为

$$\|\psi\|=\sqrt{\langle\psi|\psi\rangle}$$

长度为 1 的向量称为单位向量。

例 3.4　$\mathbb{C}^n$上的内积定义如下：

$$\langle\varphi|\psi\rangle=\sum_{i=1}^{n}\alpha_i^*\beta_i$$

其中

$$|\varphi\rangle=\begin{pmatrix}\alpha_1\\ \vdots\\ \alpha_n\end{pmatrix},\quad |\psi\rangle=\begin{pmatrix}\beta_1\\ \vdots\\ \beta_n\end{pmatrix}$$

为$\mathbb{C}^n$中的任意两个向量。显而易见，$|\varphi\rangle$的长度为

$$\|\varphi\|=\sqrt{\sum_{i=1}^{n}|\alpha_i|^2}$$

定义 3.5　如果一族单位向量$\{|\psi_i\rangle\}$满足

（ⅰ）$\{|\psi_i\rangle\}$两两正交，即对任意的$i\neq j$，都有$|\psi_i\rangle\perp|\psi_j\rangle$；

（ⅱ）$\{|\psi_i\rangle\}$张成了全空间$\mathcal{H}$，即每个$|\psi\rangle\in\mathcal{H}$都可以写成$\{|\psi_i\rangle\}$的线性组合$|\psi\rangle=\sum_i\lambda_i|\psi_i\rangle$，其中$\lambda_i\in\mathbb{C}$。

则称$\{|\psi_i\rangle\}$为$\mathcal{H}$的一组标准正交基。

例 3.6　对于$1\leqslant i\leqslant n$，令

$$|i-1\rangle=\begin{pmatrix}0\\ \vdots\\ 0\\ 1\\ 0\\ \vdots\\ 0\end{pmatrix}\text{（1 只出现在第 } i \text{ 行）}$$

则$\{|i-1\rangle\}_{i=1}^{n}$为$\mathbb{C}^n$的一组标准正交基。

对于给定的希尔伯特空间$\mathcal{H}$，任意两组标准正交基中所含向量的个数一致，称为$\mathcal{H}$的维数，记作$\dim\mathcal{H}$。如果$\dim\mathcal{H}=n$，考虑一组固定的标准正交基$\{|\psi_1\rangle,|\psi_2\rangle,\cdots,|\psi_n\rangle\}$，那么每个向量$|\psi\rangle=\sum_{i=1}^{n}\lambda_i|\psi_i\rangle\in\mathcal{H}$都可以用$\mathbb{C}^n$中的向量来表示：

$$\begin{pmatrix}\lambda_1\\ \vdots\\ \lambda_n\end{pmatrix}$$

这样，每个n维向量空间都同构于$\mathbb{C}^n$。

3.1.2　子空间

定义 3.7　设$\mathcal{H}$为一个向量空间，且 $X\subseteq\mathcal{H}$。如果对任意的$|\varphi\rangle,|\psi\rangle\in X$ 以及 $\lambda\in\mathbb{C}$，

（ⅰ）$|\varphi\rangle+|\psi\rangle\in X$；

（ⅱ）$\lambda|\varphi\rangle\in X$。

则称 X 为$\mathcal{H}$的一个子空间。

对任意子集 $X\subseteq\mathcal{H}$，

$$\operatorname{span} X=\left\{\sum_{i=1}^{n}\lambda_i|\psi_i\rangle:n\geqslant 1,\text{且 }\forall i.\,(\lambda_i\in\mathbb{C}\wedge|\psi_i\rangle\in X)\right\}\tag{3.1}$$

是$\mathcal{H}$中包含 X 的最小子空间，称为由 X 张成的向量空间。换言之，span X 是由 X 生成的$\mathcal{H}$的子空间。

两个状态（向量）之间的正交性，可以自然地推广到两组状态之间的正交性。

定义 3.8　设$\mathcal{H}$为一个向量空间，且 X，$Y\subseteq\mathcal{H}$。如果对任意的$|\varphi\rangle\in X$ 以及$|\psi\rangle\in Y$ 都有$|\varphi\rangle\perp|\psi\rangle$，则称 X 和 Y 是正交的，记作 $X\perp Y$。特别地，如果 X 是由$\{|\varphi\rangle\}$张成的 1 维向量空间，那么 $X\perp Y$ 简写为$|\varphi\rangle\perp Y$。

定义 3.9　设$\mathcal{H}$为一个向量空间。则$\mathcal{H}$的子空间 X 的正交补定义为

$$X^{\perp}=\{|\varphi\rangle\in\mathcal{H}:|\varphi\rangle\perp X\}$$

正交补 $X^{\perp}$ 也是$\mathcal{H}$的子空间，对于$\mathcal{H}$的每个子空间 X，都有$(X^{\perp})^{\perp}=X$。

定义 3.10　设$\mathcal{H}$为一个向量空间，X 和 Y 为$\mathcal{H}$的两个子空间。那么

$$X\oplus Y=\{|\varphi\rangle+|\psi\rangle:|\varphi\rangle\in X\text{ 且 }|\psi\rangle\in Y\}$$

称为子空间 X，Y 的和。

类似地，对于任意的 $n\geqslant 2$，也可以定义 n 个子空间 X_i 的和 $\bigoplus_{i=1}^{n}X_i$。如果 $X_i(1\leqslant i\leqslant n)$彼此正交，则 $\bigoplus_{i=1}^{n}X_i$ 称为正交和。

练习 3.1　证明下列说法正确或错误：

（ⅰ）对任意的 $X,Y\subseteq\mathcal{H}$，都有 span $X\oplus$span $Y=$span$(X\cup Y)$。

（ⅱ）对$\mathcal{H}$的任意子空间 X 和 Y，都有$(X\oplus Y)^{\perp}=X^{\perp}\cap Y^{\perp}$。

3.1.3 量子力学的基本假设 I

现在我们可以来介绍有关量子系统状态的假设。

基本假设 I：一个孤立（即不与环境相互作用）的量子系统的状态空间可以用一个希尔伯特空间来表示，而该系统中的纯态则用其状态空间中的单位向量来表示。

通常将状态$|\psi_1\rangle,\cdots,|\psi_n\rangle$的线性组合

$$|\psi\rangle=\sum_{i=1}^{n}\lambda_i|\psi_i\rangle$$

称为它们的叠加态，而复系数λ_i称为概率振幅。

例 3.11 一个 qubit——量子比特——是比特的量子对应物。其状态空间是 2 维向量空间

$$\mathcal{H}_2=\mathbb{C}^2=\{\alpha|0\rangle+\beta|1\rangle:\alpha,\beta\in\mathbb{C}\}$$

$\mathcal{H}_2$的内积定义为

$$(\alpha|0\rangle+\beta|1\rangle,\alpha'|0\rangle+\beta'|1\rangle)=\alpha^*\alpha'+\beta^*\beta'$$

其中$\alpha,\alpha',\beta,\beta'\in\mathbb{C}$。于是$\{|0\rangle,|1\rangle\}$为$\mathcal{H}_2$的一组标准正交基，称为计算基。在这组基下，向量$|0\rangle$和$|1\rangle$自身可表示为

$$|0\rangle=\begin{pmatrix}1\\0\end{pmatrix},|1\rangle=\begin{pmatrix}0\\1\end{pmatrix}$$

一个量子比特的状态可以用单位向量$|\psi\rangle=\alpha|0\rangle+\beta|1\rangle$来描述，其中$|\alpha|^2+|\beta|^2=1$。下面两个向量

$$|+\rangle=\frac{|0\rangle+|1\rangle}{\sqrt{2}}=\frac{1}{\sqrt{2}}\begin{pmatrix}1\\1\end{pmatrix},|-\rangle=\frac{|0\rangle-|1\rangle}{\sqrt{2}}=\frac{1}{\sqrt{2}}\begin{pmatrix}1\\-1\end{pmatrix}$$

构成了另一组标准正交基。这两个向量都是$|0\rangle$和$|1\rangle$的叠加态。

3.2 量子系统的动态过程

现在我们考虑如何描述量子系统的动态过程。孤立量子系统的演化在数学上可以表示为一个酉变换，即其状态向量空间上的一个特殊线性算子。

3.2.1 线性算子

定义 3.12 设$\mathcal{H}$为一个希尔伯特空间。如果映射

$$A:\mathcal{H}\to\mathcal{H}$$

满足下列条件：对任意的$|\varphi\rangle,|\psi\rangle\in\mathcal{H}$和$\lambda\in\mathbb{C}$，

（i）$A(|\varphi\rangle+|\psi\rangle)=A|\varphi\rangle+A|\psi\rangle$；

（ii）$A(\lambda|\psi\rangle)=\lambda A|\psi\rangle$。

则称A为$\mathcal{H}$上的一个（线性）算子。

我们把希尔伯特空间$\mathcal{H}$上所有线性算子构成的集合记作$\mathcal{L}(\mathcal{H})$。

例 3.13

（i）$\mathcal{H}$上的恒等算子把$\mathcal{H}$中的每个向量映到自身，记作$I_{\mathcal{H}}$。

（ii）$\mathcal{H}$上的零算子把$\mathcal{H}$中的每个向量映到零向量，记作$0_{\mathcal{H}}$。

（iii）对于任意向量$|\varphi\rangle,|\psi\rangle\in\mathcal{H}$，其外积是$\mathcal{H}$上的算子$|\varphi\rangle\langle\psi|$，对任意的$|\chi\rangle\in\mathcal{H}$，其作用效果为

$$(|\varphi\rangle\langle\psi|)|\chi\rangle=\langle\psi|\chi\rangle|\varphi\rangle$$

一类非常有用的算子是投影（或称投影算子）。设X为$\mathcal{H}$的一个子空间且$|\psi\rangle\in\mathcal{H}$。则存在唯一的$|\psi_0\rangle\in X$和$|\psi_1\rangle\in X^{\perp}$使得

$$|\psi\rangle=|\psi_0\rangle+|\psi_1\rangle$$

向量$|\psi_0\rangle$称为$|\psi\rangle$在X上的投影并记作$|\psi_0\rangle=P_X|\psi\rangle$。

定义 3.14 对任意$\mathcal{H}$的子空间X，算子

$$P_X:\mathcal{H}\to X,|\psi\rangle\mapsto P_X|\psi\rangle$$

称为到X上的投影。

练习 3.2 证明$P_X=\sum_i|\psi_i\rangle\langle\psi_i|$，其中$\{|\psi_i\rangle\}$为$X$的一组标准正交基。

另一类有用的算子是正算子，定义如下：

定义 3.15 如果算子$A\in\mathcal{L}(\mathcal{H})$，对于任意的状态$|\psi\rangle\in\mathcal{H}$，都有$\langle\psi|A|\psi\rangle\geqslant 0$，则称$A$是正的。

可以定义算子的各种运算，从而把一些算子组合起来产生一个新的算子。

定义 3.16 对于任意算子 $A,B\in\mathcal{L}(\mathcal{H})$ 以及 $\lambda\in\mathbb{C}$，加法、数乘和复合运算定义如下：对任意的 $|\psi\rangle\in\mathcal{H}$，

$$(A+B)|\psi\rangle=A|\psi\rangle+B|\psi\rangle$$
$$(\lambda A)|\psi\rangle=\lambda(A|\psi\rangle)$$
$$(BA)|\psi\rangle=B(A|\psi\rangle)$$

练习 3.3 证明 $\mathcal{L}(\mathcal{H})$ 配上加法和数乘运算后构成一个向量空间。

在正算子的概念基础上，可以定义算子之间的顺序。

定义 3.17 Löwner 顺序 $\sqsubseteq$ 定义如下：对任意的 $A,B\in\mathcal{L}(\mathcal{H})$，有 $A\sqsubseteq B$，当且仅当 $B-A=B+(-1)A$ 是正的。

算子的矩阵表示

前面关于算子的讨论以抽象的方式给出。实际上，在有限维空间中，可以用读者更熟悉的方式来具体地描述算子。设 $\dim\mathcal{H}=n$，对于给定的一组标准正交基 $\{|\psi_1\rangle,\cdots,|\psi_n\rangle\}$，$\mathcal{H}$上的任意线性算子 A 可以表示为一个 $n\times n$ 的复矩阵：

$$A=(a_{ij})_{n\times n}=\begin{pmatrix}a_{11} & \cdots & a_{1n}\\ \vdots & & \vdots\\ a_{n1} & \cdots & a_{nn}\end{pmatrix}$$

其中对每个 $i,j=1,\cdots,n$，有

$$a_{ij}=\langle\psi_i|A|\psi_j\rangle=(|\psi_i\rangle,A|\psi_j\rangle)$$

此外，一个向量 $|\psi\rangle=\sum_{i=1}^{n}\alpha_i|\psi_i\rangle\in\mathcal{H}$在算子 A 作用下的像可以表示为矩阵 $A=(a_{ij})_{n\times n}$ 和向量$(\alpha_i)_{n\times 1}$ 的乘积：

$$A|\psi\rangle=A\begin{pmatrix}\alpha_1\\ \vdots\\ \alpha_n\end{pmatrix}=\begin{pmatrix}\beta_1\\ \vdots\\ \beta_n\end{pmatrix}$$

其中，对每个 $i=1,\cdots,n,\beta_i=\sum_{j=1}^{n}a_{ij}\alpha_j$。

例 3.18

（i）恒等算子 $I_{\mathcal{H}}$ 可以表示为单位矩阵。

（ii）零算子 $0_{\mathcal{H}}$ 可以表示为零矩阵。

（iii）设

$$V=\begin{pmatrix}\alpha_1\\ \vdots\\ \alpha_n\end{pmatrix},|\psi\rangle=\begin{pmatrix}\beta_1\\ \vdots\\ \beta_n\end{pmatrix}$$

则它们的外积为矩阵 $|\varphi\rangle\langle\psi|=(a_{ij})_{n\times n}$，其中对每个 $i,j=1,\cdots,n$，有 $a_{ij}=\alpha_i\beta_j^*$。

3.2.2 酉算子

定义 3.19 对于希尔伯特空间$\mathcal{H}$上的任意算子 A，存在唯一的$\mathcal{H}$上的算子 $A^\dagger$ 使得对任意的$|\varphi\rangle,|\psi\rangle\in\mathcal{H}$，都有

$$(A|\varphi\rangle,|\psi\rangle)=(|\varphi\rangle,A^\dagger|\psi\rangle)$$

算子 $A^\dagger$ 称为 A 的伴随算子。

设 $\dim\mathcal{H}=n$。如果 A 在一组给定的标准正交基下表示为矩阵 $A=(a_{ij})_{n\times n}$，则其伴随算子可以表示为 A 的共轭转置：

$$A^\dagger=(b_{ij})_{n\times n}$$

其中对每个 $i,j=1,\cdots,n$，有 $b_{ij}=a_{ji}^*$。

定义 3.20 如果一个算子 $U\in\mathcal{L}(\mathcal{H})$的伴随算子就是它的逆：

$$U^\dagger U=UU^\dagger=I_{\mathcal{H}}$$

则称 U 为酉变换。

练习 3.4 设$\mathcal{H}$为一个有限维希尔伯特空间。证明 $U^\dagger U=I_{\mathcal{H}}$，当且仅当 $UU^\dagger=I_{\mathcal{H}}$。

任一酉变换 U 都保留内积：对任意的$|\varphi\rangle,|\psi\rangle\in\mathcal{H}$，

$$(U|\varphi\rangle,U|\psi\rangle)=(|\varphi\rangle,|\psi\rangle)$$

特别地，它保留向量长度：对任意的$|\psi\rangle\in\mathcal{H}$，

$$\| U|\psi\rangle \| = \| \psi \|$$

若 $\dim \mathcal{H}=n$，则一个$\mathcal{H}$上的酉算子可以表示为一个 $n\times n$ 的酉矩阵 U，即一个满足 $U^{\dagger}U=I_n$ 的矩阵 U，其中 I_n 为 n 维单位矩阵。

一个实用的定义酉算子的过程如下：首先在其定义域的子空间上定义，然后将其扩展到整个定义域。下面的引理保证了该过程的合理性。

引理 3.21 假设$\mathcal{K}$是希尔伯特空间$\mathcal{H}$的一个子空间。如果线性算子 U：$\mathcal{K}\to\mathcal{H}$在其定义域上保持内积，即对任意的$|\varphi\rangle,|\psi\rangle\in\mathcal{K}$，都有

$$(U|\varphi\rangle,U|\psi\rangle)=(|\varphi\rangle,|\psi\rangle)$$

则存在一个$\mathcal{H}$上的酉算子 V 扩展了 U，即对任意的$|\psi\rangle\in\mathcal{K}$，都有 $V|\psi\rangle=U|\psi\rangle$。

练习 3.5 证明引理 3.21。

3.2.3 量子力学的基本假设 II

现在我们可以介绍关于（封闭）量子系统演化的假设了。

基本假设 II：假设一个孤立量子系统在时间 t_0 和 t 的状态分别为$|\psi_0\rangle$和$|\psi\rangle$。那么它们由一个只依赖于时间 t_0 和 t 的酉算子 U 相关联：

$$|\psi\rangle=U|\psi_0\rangle$$

例 3.22 考虑几种常见的单量子比特上的酉变换，即 2 维希尔伯特空间$\mathcal{H}_2$上的酉算子，或者 2×2 的酉矩阵。

（i）Hadamard 变换：

$$H=\frac{1}{\sqrt{2}}\begin{pmatrix}1 & 1\\ 1 & -1\end{pmatrix}$$

它把一个量子比特从其计算基态$|0\rangle$和$|1\rangle$变换为相应的叠加态

$$H|0\rangle=H\begin{pmatrix}1\\0\end{pmatrix}=\frac{1}{\sqrt{2}}\begin{pmatrix}1\\1\end{pmatrix}=|+\rangle$$

$$H|1\rangle=H\begin{pmatrix}0\\1\end{pmatrix}=\frac{1}{\sqrt{2}}\begin{pmatrix}1\\-1\end{pmatrix}=|-\rangle$$

（ii）泡利矩阵：

$$X=\sigma_x=\begin{pmatrix}0 & 1\\ 1 & 0\end{pmatrix},\quad Y=\sigma_y=\begin{pmatrix}0 & -i\\ i & 0\end{pmatrix},\quad Z=\sigma_z=\begin{pmatrix}1 & 0\\ 0 & -1\end{pmatrix}$$

（iii）旋转算子：

$$R_x(\theta)=\cos\frac{\theta}{2}\cdot I-i\sin\frac{\theta}{2}\cdot X=\begin{pmatrix}\cos\frac{\theta}{2} & -i\sin\frac{\theta}{2}\\ -i\sin\frac{\theta}{2} & \cos\frac{\theta}{2}\end{pmatrix}$$

$$R_y(\theta)=\cos\frac{\theta}{2}\cdot I-i\sin\frac{\theta}{2}\cdot Y=\begin{pmatrix}\cos\frac{\theta}{2} & -\sin\frac{\theta}{2}\\ \sin\frac{\theta}{2} & \cos\frac{\theta}{2}\end{pmatrix}$$

$$R_z(\theta)=\cos\frac{\theta}{2}\cdot I-i\sin\frac{\theta}{2}\cdot Z=\begin{pmatrix}e^{-i\frac{\theta}{2}} & 0\\ 0 & e^{i\frac{\theta}{2}}\end{pmatrix}$$

3.3 量子测量

量子系统的信息是通过测量获得的。量子测量与经典测量之间存在本质区别：在同一量子系统上执行测量可能会以一定的概率产生不同的结果，并且测量可能会改变被测系统的状态。

3.3.1 量子力学的基本假设 III

前面提到有关量子测量的想法可以更准确地表述如下。

基本假设 III：状态希尔伯特空间为$\mathcal{H}$的系统上的量子测量，可以由$\mathcal{L}(\mathcal{H})$中的一族算子$\{M_m\}$来描述，这些算子满足归一化条件：

$$\sum_m M_m^{\dagger}M_m=I_{\mathcal{H}} \tag{3.2}$$

其中M_m称为测量算子，而下标m代表实验中可能出现的测量结果。如果测量之前系统的状态为$|\psi\rangle$，那么对于每个m，测量出结果m的概率为

$$p(m)=\|M_m|\psi\rangle\|^2=\langle\psi|M_m^{\dagger}M_m|\psi\rangle\text{（出生规则）}$$

而且当结果m被观测到后，系统的状态为

$$|\psi_m\rangle=\frac{M_m|\psi\rangle}{\sqrt{p(m)}}$$

练习 3.6　证明归一化条件 (3.2) 意味着所有测量结果的概率之和为 1，即$\sum_m p(m)=1$。

例 3.23　一个量子比特在计算基上的测量有 0 和 1 两个结果，分别对应如下两个测量算子：

$$M_0=|0\rangle\langle 0|,\ M_1=|1\rangle\langle 1|$$

如果该量子比特在测量前处于状态$|\psi\rangle=\alpha|0\rangle+\beta|1\rangle$，那么测得结果为 0 的概率为

$$p(0)=\langle\psi|M_0^{\dagger}M_0|\psi\rangle=\langle\psi|M_0|\psi\rangle=|\alpha|^2$$

而且在这种情况下，测后状态为

$$\frac{M_0|\psi\rangle}{\sqrt{p(0)}}=|0\rangle$$

类似地，观察到结果 1 的概率为$p(1)=|\beta|^2$，且在这种情况下，测后状态为$|1\rangle$。

练习 3.7　基$\{|+\rangle,|-\rangle\}$上的测量定义为$M=\{M_+,M_-\}$，其中$M_+=|+\rangle\langle +|$而$M_-=|-\rangle\langle -|$。计算当M作用于一个处于状态$|\psi\rangle=\alpha|0\rangle+\beta|1\rangle$的量子比特时，得到结果+的概率。

3.3.2　投影测量

一类特别重要的量子测量是投影测量。投影测量可以通过（物理）观测量来定义，反之亦然。

定义 3.24　如果算子M是自伴（随）的，即

$$M^{\dagger}=M$$

则称M为厄米的。在物理学中，厄米算子也被称为观测量。

练习 3.8　证明算子P是一个投影，即对于$\mathcal{H}$的某个子空间X，有$P=P_X$，当且仅当P是厄米的，并且$P^2=P$。

我们可以基于厄米算子的谱分解，从观测量构建量子测量。

定义 3.25

(ⅰ) 算子 $A \in \mathcal{L}(\mathcal{H})$ 的一个特征向量是一个非零向量 $|\psi\rangle \in \mathcal{H}$，使得 $A|\psi\rangle = \lambda|\psi\rangle$ 对某个 $\lambda \in \mathbb{C}$ 成立，其中 λ 称为 A 对应于 $|\psi\rangle$ 的特征值。

(ⅱ) A 的特征值构成的集合称为 A 的（点）谱，并记作 spec（A）。

(ⅲ) 对任意特征值 $\lambda \in$ spec（A），集合

$$\{|\psi\rangle \in \mathcal{H} : A|\psi\rangle = \lambda|\psi\rangle\}$$

是$\mathcal{H}$的一个子空间，称为 A 对应于 λ 的特征空间。

练习 3.9 设 M 为一个观测量（即一个厄米算子）。证明：

(ⅰ) 对应于 M 的不同特征值的特征空间是正交的。

(ⅱ) M 的所有特征值都是实数。

众所周知，每个观测量都有谱分解：

$$M = \sum_{\lambda \in \mathrm{spec}(M)} \lambda P_\lambda$$

其中 P_λ 是对应于 λ 的特征空间上的投影。于是可以定义一个量子测量 $\{P_\lambda : \lambda \in \mathrm{spec}(M)\}$，称为一个投影测量，因为所有测量算子 P_λ 都是投影算子。

量子力学的基本假设 III 声称，当测量一个处于状态 $|\psi\rangle$ 的系统时，得到结果 λ 的概率为

$$p(\lambda) = \langle\psi|P_\lambda^\dagger P_\lambda|\psi\rangle = \langle\psi|P_\lambda^2|\psi\rangle = \langle\psi|P_\lambda|\psi\rangle \tag{3.3}$$

而且在这种情况下，系统测量后的状态为

$$\frac{P_\lambda|\psi\rangle}{\sqrt{p(\lambda)}} \tag{3.4}$$

M 对应于状态 $|\psi\rangle$ 的期望（平均值）计算如下：

$$\begin{aligned}\langle M\rangle_\psi &= \sum_{\lambda \in \mathrm{spec}(M)} p(\lambda) \cdot \lambda \\ &= \sum_{\lambda \in \mathrm{spec}(M)} \lambda\langle\psi|P_\lambda|\psi\rangle \\ &= \langle\psi|\sum_{\lambda \in \mathrm{spec}(M)} \lambda P_\lambda|\psi\rangle \\ &= \langle\psi|M|\psi\rangle\end{aligned}$$

3.4 量子系统的复合

上文提及的三个量子力学的基本假设只涉及单一的量子系统。现在继续考虑如何将几个子系统组合形成一个复合系统。

3.4.1 张量积

描述复合量子系统的主要数学工具是希尔伯特空间的张量积。

定义 3.26 对于每个 $i=1,\cdots,n$，令$\mathcal{H}_i$为一个希尔伯特空间，$\{|\psi_{ij_i}\rangle\}$为相应的一组标准正交基。记$\mathcal{B}$为下列元素的集合：

$$|\psi_{1j_1},\cdots,\psi_{nj_n}\rangle=|\psi_{1j_1}\otimes\cdots\otimes\psi_{nj_n}\rangle=|\psi_{1j_1}\rangle\otimes\cdots\otimes|\psi_{nj_n}\rangle$$

那么$\mathcal{H}_i(i=1,\cdots,n)$的张量积就是以$\mathcal{B}$为一组标准正交基的希尔伯特空间：

$$\bigotimes_i \mathcal{H}_i=\text{span }\mathcal{B}$$

从式（3.1）可以看出，$\bigotimes_i\mathcal{H}_i$中的每个元素都可以写为线性组合（即叠加态）的形式：

$$\sum_{j_1,\cdots,j_n}\alpha_{j_1,\cdots,j_n}|\varphi_{1j_1},\cdots,\varphi_{nj_n}\rangle$$

其中$|\varphi_{1j_1}\rangle\in\mathcal{H}_1,\cdots,|\varphi_{nj_n}\rangle\in\mathcal{H}_n$，且对于任意的$j_1,\cdots,j_n$有$\alpha_{j_1,\cdots,j_n}\in\mathbb{C}$。

利用线性性质可以证明定义 3.26 中每个因子空间$\mathcal{H}_i$的基$\{|\psi_{ij_i}\rangle\}$的选取是无关紧要的。此外，$\bigotimes_i\mathcal{H}_i$中向量的加法、数乘和内积也可以自然地定义。

为了描述复合量子系统的动态过程和测量，我们需要希尔伯特空间张量积上的线性算子。一种简单的此类算子如下定义：

定义 3.27 设$A_i\in\mathcal{L}(\mathcal{H}_i)$，其中$i=1,\cdots,n$。那么它们的张量积为算子$\bigotimes_{i=1}^n A_i=A_1\otimes\cdots\otimes A_n\in\mathcal{L}(\bigotimes_{i=1}^n\mathcal{H}_i)$，其定义如下

$$(A_1\otimes\cdots\otimes A_n)|\varphi_1,\cdots,\varphi_n\rangle=A_1|\varphi_1\rangle\otimes\cdots\otimes A_n|\varphi_n\rangle$$

其中$|\varphi_i\rangle\in\mathcal{H}_i(i=1,\cdots,n)$。

然而，复合系统上某些有趣的酉变换并不是其子系统上算子的张量积，这部分内容将在下文中涉及。读者还可以在复合系统上构造出不能表示为张量积形式的测量。

3.4.2　量子力学的基本假设 IV

在上述数学准备基础上，我们可以开始介绍以下内容。

基本假设 IV：复合量子系统的状态空间是其各分量状态空间的张量积。

假设 S 是一个复合量子系统，构成它的子系统 $S_1,\cdots,S_n$ 各自拥有状态希尔伯特空间 $\mathcal{H}_1,\cdots,\mathcal{H}_n$。如果对每个 $1\leqslant i\leqslant n$，S_i 都处于状态 $|\psi_i\rangle\in\mathcal{H}_i$，那么 S 处于乘积态 $|\psi_1,\cdots,\psi_n\rangle$。此外，$S$ 可以是几个乘积态的叠加态（即线性组合）。

如果一个复合系统的状态不能写成各分量系统状态的张量积，则称其为纠缠态。纠缠的存在是经典世界和量子世界的主要区别之一。

例 3.28　n 个量子比特系统的状态空间为

$$\mathcal{H}_2^{\otimes n}=\mathbb{C}^{2^n}=\left\{\sum_{x\in\{0,1\}^n}\alpha_x|x\rangle:\alpha_x\in\mathbb{C}\text{对于任意 }x\in\{0,1\}^n\right\}$$

特别地，一个双量子比特系统可以处于乘积态 $|00\rangle,|1\rangle|+\rangle$；但也可以处于纠缠态，例如贝尔态或 EPR（Einstein-Podolsky-Rosen）对：

$$|\beta_{00}\rangle=\frac{1}{\sqrt{2}}(|00\rangle+|11\rangle)\qquad|\beta_{01}\rangle=\frac{1}{\sqrt{2}}(|01\rangle+|10\rangle)$$

$$|\beta_{10}\rangle=\frac{1}{\sqrt{2}}(|00\rangle-|11\rangle)\qquad|\beta_{11}\rangle=\frac{1}{\sqrt{2}}(|01\rangle-|10\rangle)$$

在量子计算中，产生纠缠必不可少的是不能表示为定义 3.27 中张量积形式的算子。

例 3.29　双量子比特系统的状态希尔伯特空间 $\mathcal{H}_2^{\otimes 2}=\mathbb{C}^4$ 上的受控-非（CNOT）算子 C 定义为

$$C|00\rangle=|00\rangle,\ C|01\rangle=|01\rangle,\ C|10\rangle=|11\rangle,\ C|11\rangle=|10\rangle$$

或者等价地定义为 4×4 矩阵

$$C=\begin{pmatrix}1&0&0&0\\0&1&0&0\\0&0&0&1\\0&0&1&0\end{pmatrix}$$

它可以把乘积态转化为纠缠态：

$$C|+\rangle|0\rangle=\beta_{00},\ C|+\rangle|1\rangle=\beta_{01},\ C|-\rangle|0\rangle=\beta_{10},\ C|-\rangle|1\rangle=\beta_{11}$$

3.5　混合态

在前面几节中考虑的情况是，量子系统精确地处于由向量 $|\psi\rangle$ 表示的（纯）态。然而，有时我们不能完全确定量子系统的状态，而只知道它以概率 p_i 处于纯态 $|\psi_i\rangle$。本节将介绍处理这种新情况的数学工具。

3.5.1　密度算子

首先需精确定义混合态的概念。

定义 3.30　设 $|\psi_i\rangle\in\mathcal{H}$，对每个 i 有 $p_i\geqslant 0$，且 $\sum_i p_i=1$。那么

$$\{(|\psi_i\rangle,p_i)\}$$

称为一个纯态系综或者混合态。

接下来可以用算子来简洁表征混合态。

定义 3.31　算子 $A\in\mathcal{L}(\mathcal{H})$ 的迹 tr（A）定义为

$$\mathrm{tr}(A)=\sum_i\langle\psi_i|A|\psi_i\rangle$$

其中 $\{|\psi_i\rangle\}$ 为 $\mathcal{H}$ 的一组标准正交基。

可以证明 $\mathrm{tr}(A)$ 和基 $\{|\psi_i\rangle\}$ 的选取无关。

定义 3.32　一个希尔伯特空间 $\mathcal{H}$ 上的密度算子 ρ 是一个正算子（见定义 3.15）并满足 $\mathrm{tr}(\rho)=1$。

任意混合态 $\{(|\psi_i\rangle,p_i)\}$ 定义了一个密度算子：

$$\rho=\sum_i p_i|\psi_i\rangle\langle\psi_i| \tag{3.5}$$

特别地，一个纯态 $|\psi\rangle$ 可以视为一个特殊的混合态 $\{(|\psi\rangle,1)\}$，并且其密度算子为

$\rho = |\psi\rangle\langle\psi|$。反之，对于任意密度算子 ρ，都存在一个（但不一定唯一）混合态 $\{(|\psi_i\rangle, p_i)\}$，使得式（3.5）成立。

3.5.2　混合态的演化和测量

关于量子系统演化和测量的假设可以直接推广到混合态的情形，并可通过密度算子的语言简洁表述如下：

- 假设一个孤立量子系统从时间 t_0 到 t 的演化由酉算子 U 描述（见量子力学的基本假设 II）。如果系统在时间 t_0 和 t 时分别处于混合态 ρ_0 和 ρ，则

$$\rho = U\rho_0 U^\dagger \tag{3.6}$$

- 如果一个量子系统的状态紧接测量 $\{M_m\}$ 之前为 ρ，则结果 m 出现的概率为

$$p(m) = \mathrm{tr}(M_m^\dagger M_m \rho) \tag{3.7}$$

而且在这种情形下测量后系统的状态为

$$\rho_m = \frac{M_m \rho M_m^\dagger}{p(m)} \tag{3.8}$$

这可以和 3.3 节中量子力学的基本假设 III 相互对照。

练习 3.10　试从等式（3.5）和量子力学的基本假设 I 和 II 推导出式（3.6），式（3.7）和式（3.8）。

练习 3.11　设 M 为一个观测量（即一个厄米算子），而 $\{P_\lambda : \lambda \in \mathrm{spec}(M)\}$ 为由 M 定义的投影测量。证明 M 对应于混合态 ρ 的期望为

$$\langle M \rangle_\rho = \sum_{\lambda \in \mathrm{spec}(M)} p(\lambda) \cdot \lambda = \mathrm{tr}(M\rho)$$

3.5.3　约化密度算子

我们经常需要描述量子系统的一个子系统。存在复合系统处于纯态，但其某些子系统必须被视为处于混合态的情况。这个现象是经典世界和量子世界的另一个主要区别。因此，只有引入密度算子的概念，才能对复合量子系统的子系统进行正确描述。用于此目的的数学工具定义如下：

定义 3.33　设 $\mathcal{H}_1$ 和 $\mathcal{H}_2$ 为两个希尔伯特空间。系统 $\mathcal{H}_2$ 上的偏迹是一个从 $\mathcal{H}_1 \otimes \mathcal{H}_2$ 上算

子到$\mathcal{H}_1$上算子的线性映射，定义为

$$\mathrm{tr}_2(|\varphi_1\rangle\langle\psi_1|\otimes|\varphi_2\rangle\langle\psi_2|)=\langle\psi_2|\varphi_2\rangle\cdot|\varphi_1\rangle\langle\psi_1|$$

其中$|\varphi_1\rangle,|\psi_1\rangle\in\mathcal{H}_1$而$|\varphi_2\rangle,|\psi_2\rangle\in\mathcal{H}_2$。

$\mathcal{H}_1$上的偏迹 tr_1 可以对称地定义。

练习 3.12 设ρ为$\mathcal{H}_1\otimes\mathcal{H}_2\otimes\mathcal{H}_3$上的一个密度算子。证明 $\mathrm{tr}_3(\mathrm{tr}_2(\rho))=\mathrm{tr}_{23}(\rho)$，其中 tr_{23} 代表$\mathcal{H}_2\otimes\mathcal{H}_3$上的偏迹。

现在假设A和B为两个量子系统，分别拥有状态希尔伯特空间$\mathcal{H}_A$和$\mathcal{H}_B$，并假设复合量子系统AB处于由$\mathcal{H}_A\otimes\mathcal{H}_B$上的密度算子$\rho$所表示的混合态。那么子系统$A$和$B$的状态可以分别由下列约化密度算子来描述：

$$\rho_A=\mathrm{tr}_B(\rho),\qquad \rho_B=\mathrm{tr}_A(\rho)$$

3.6 量子操作

如前所述，酉变换只适用于描述封闭（孤立）量子系统的动态过程。对于开放量子系统，需要更一般的量子操作的概念来描述其状态变换。

3.6.1 量子力学基本假设 II 的一个推广

$\mathcal{L}(\mathcal{H})$（希尔伯特空间$\mathcal{H}$上的算子构成的空间）上的线性算子称为$\mathcal{H}$上的超算子。基于超算子的概念，有关封闭量子系统演化的假设可以推广到开放系统，如下所示：

推广的基本假设 II：如果一个系统在时间t_0和t的状态分别为ρ_0和ρ，那么它们通过一个只依赖于时间t_0和t的超算子$\mathcal{E}$相关联：

$$\rho=\mathcal{E}(\rho_0)$$

t_0和t之间的动态过程可以看作一个物理过程：ρ_0是过程发生之前的初始状态，$\rho=\mathcal{E}(\rho_0)$是过程发生之后的最终状态。但并不是所有的超算子都适用于描述该过程。为确定符合条件的超算子，首先介绍以下内容：

定义 3.34 设$\mathcal{H}$和$\mathcal{K}$为希尔伯特空间。对于任意$\mathcal{H}$上的超算子$\mathcal{E}$和$\mathcal{K}$上的超算子$\mathcal{F}$，它们的张量积$\mathcal{E}\otimes\mathcal{F}$为$\mathcal{H}\otimes\mathcal{K}$上的超算子，定义为

$$(\mathcal{E}\otimes\mathcal{F})(A\otimes B)=\mathcal{E}(A)\otimes\mathcal{F}(B) \tag{3.9}$$

其中 $A \in \mathcal{L}(\mathcal{H})$ 而 $B \in \mathcal{L}(\mathcal{K})$，并且$\mathcal{E} \otimes \mathcal{F}$满足线性性质，即

$$(\mathcal{E} \otimes \mathcal{F})(C) = \sum_k \alpha_k (\mathcal{E}(A_k) \otimes \mathcal{F}(B_k)) \tag{3.10}$$

对任意$\mathcal{H} \otimes \mathcal{K}$上的算子

$$C = \sum_k \alpha_k (A_k \otimes B_k) \tag{3.11}$$

成立，其中 $A_k \in \mathcal{L}(\mathcal{H})$，而 $B_k \in \mathcal{L}(\mathcal{K})$。

应当注意的是$\mathcal{E}$和$\mathcal{F}$的线性性质保证了$\mathcal{E} \otimes \mathcal{F}$是良定义的，即$(\mathcal{E} \otimes \mathcal{F})(C)$与式（3.10）中 A_k 与 B_k 的选择无关。

现在可以定义能够用于描述开放量子系统动态过程的超算子了。

定义 3.35　一个希尔伯特空间$\mathcal{H}$上的量子操作是一个$\mathcal{H}$上的超算子，且满足下列条件：

（ⅰ）对$\mathcal{H}$上的任意密度算子 ρ, $\mathrm{tr}[\mathcal{E}(\rho)] \leqslant \mathrm{tr}(\rho)=1$；

（ⅱ）（完全正性）对于任何额外的希尔伯特空间$\mathcal{H}_R$，如果 A 是一个$\mathcal{H}_R \otimes \mathcal{H}$上的正算子，则$(\mathcal{I}_R \otimes \mathcal{E})(A)$是正的，其中$\mathcal{I}_R$是$\mathcal{H}_R$上的恒等超算子（即$\mathcal{L}(\mathcal{H}_R)$上的恒等算子，也就是说，$\mathcal{I}_R(A)=A$ 对任意的 $A \in \mathcal{L}(\mathcal{H}_R)$成立）。

下面的两个例子表明，酉变换和量子测量都可以看作特殊的量子操作。

例 3.36　设 U 为一个希尔伯特空间$\mathcal{H}$上的酉变换。我们定义

$$\mathcal{E}(\rho) = U\rho U^{\dagger}$$

其中 ρ 为任意密度算子。那么$\mathcal{E}$是一个$\mathcal{H}$上的量子操作。

例 3.37　设 $M=\{M_m\}$ 为一个$\mathcal{H}$上的量子测量。

（ⅰ）对于每个 m，如果对于任意测前的系统状态 ρ，我们定义

$$\mathcal{E}_m(\rho) = p_m \rho_m = M_m \rho M_m^{\dagger}$$

其中 p_m 为结果 m 的概率，ρ_m 为对应于 m 的测量后状态，那么$\mathcal{E}_m$是一个量子操作。

（ⅱ）对于任意测前的系统状态 ρ，当测量结果被忽略时，测量后的状态为

$$\mathcal{E}(\rho)=\sum_m \mathcal{E}_m(\rho)=\sum_m M_m\rho M_m^\dagger$$

那么$\mathcal{E}$也是一个量子操作。

下面的例子说明量子操作还可以描述量子噪声。

例 3.38 设 X，Y，Z 为泡利矩阵（见例 3.22）。

（i）比特翻转噪声把一个量子比特的状态以 $1-p$ 的概率从 $|0\rangle$ 翻转到 $|1\rangle$，并把 $|1\rangle$ 翻转到 $|0\rangle$。可以用一个量子操作描述如下：

$$\mathcal{E}_{\mathrm{BF}}(\rho)=E_0\rho E_0+E_1\rho E_1 \tag{3.12}$$

对任意的 ρ 成立，其中

$$E_0=\sqrt{p}I=\sqrt{p}\begin{pmatrix}1&0\\0&1\end{pmatrix}\quad E_1=\sqrt{1-p}X=\sqrt{1-p}\begin{pmatrix}0&1\\1&0\end{pmatrix}$$

（ii）相位翻转噪声可以由量子操作$\mathcal{E}_{\mathrm{PF}}$来描述，定义同式（3.12），其中

$$E_0=\sqrt{p}I=\sqrt{p}\begin{pmatrix}1&0\\0&1\end{pmatrix}\quad E_1=\sqrt{1-p}Z=\sqrt{1-p}\begin{pmatrix}1&0\\0&-1\end{pmatrix}$$

（iii）比特-相位翻转噪声可以由量子操作$\mathcal{E}_{\mathrm{BPF}}$来描述，定义同式（3.12），其中

$$E_0=\sqrt{p}I=\sqrt{p}\begin{pmatrix}1&0\\0&1\end{pmatrix}\quad E_1=\sqrt{1-p}Y=\sqrt{1-p}\begin{pmatrix}0&-i\\i&0\end{pmatrix}$$

评述 3.39 在本书的剩余部分，所有的超算子都假设为量子操作，故将交替使用量子操作和超算子这两个术语。

3.6.2 量子操作的表示

量子操作的抽象定义（见定义 3.35）在实际应用中不方便使用。但例 3.38 表明，量子操作可能存在便于计算的具体表示，下述定理证实了这一观察。

定理 3.40 下列说法是等价的：

（i）$\mathcal{E}$是一个希尔伯特空间$\mathcal{H}$上的量子操作；

（ii）（系统-环境模型）存在一个环境系统 E（相应具有状态希尔伯特空间$\mathcal{H}_E$），一个$\mathcal{H}_E\otimes\mathcal{H}$上的酉变换 U，以及一个$\mathcal{H}_E\otimes\mathcal{H}$中到某个闭子空间上的投影 P，使得

$$\mathcal{E}(\rho)=\operatorname{tr}_E[PU(|e_0\rangle\langle e_0|\otimes\rho)U^\dagger P]$$

对$\mathcal{H}$中任意密度算子ρ成立，其中$|e_0\rangle$是$\mathcal{H}_E$中一个固定的状态；

（ⅲ）（Kraus 算子和的表示）存在一个$\mathcal{H}$上算子的有限集合$\{E_i: i\in I\}$使得$\sum_{i\in I}E_i^\dagger E_i\sqsubseteq I_{\mathcal{H}}$且

$$\mathcal{E}(\rho)=\sum_{i\in I}E_i\rho E_i^\dagger$$

对$\mathcal{H}$中任意密度算子ρ成立。在这种情况下，通常直接记$\mathcal{E}=\{E_i:i\in I\}$。

鉴于定理 3.40 的证明较长，此处不做论述，读者可在[93]的第 8 章查得。

量子操作（超算子）的矩阵表示

定理 3.40 中的 Kraus 算子和的表示，利用了一族$\mathcal{H}$上的矩阵来表示相同空间$\mathcal{H}$上的一个量子操作。可以更进一步地把该族矩阵组合成一个矩阵，不过需将其变为定义在$\mathcal{H}\otimes\mathcal{H}$上的矩阵。具体来说，设$\mathcal{E}=\{E_i:i\in I\}$为$\mathcal{H}$上的一个量子操作，则$\mathcal{E}$的矩阵表示定义为

$$M_{\mathcal{E}}=\sum_{i\in I}E_i\otimes E_i^* \tag{3.13}$$

这里的复共轭是根据$\mathcal{H}$的一组给定标准正交基$\{|k\rangle:k\in K\}$来取的。容易验证$M_{\mathcal{E}}$和标准正交基以及$\mathcal{E}$的 Kraus 算子E_i的选取无关。

在后续章节的模型检测量子系统算法中，此矩阵表示将被广泛应用。

3.7 文献注记

本章的内容较为标准，并且可以在几乎所有（高等）量子力学教材中找到。对本章中内容的介绍很大程度上遵循标准量子计算和量子信息教科书[93]，以及本书作者之一最近编写的量子编程书籍[117]中的第 2 章。本章仅简要介绍了量子力学的数学形式。我们鼓励读者阅读[93]的第 1、2 和 8 章，以便更好地理解本章所介绍概念的物理解释。

第4章

模型检测量子自动机

本章开始研究量子系统的模型检测技术。强烈建议读者在阅读本书的过程中不断思考以下两个问题：

- 为什么经典系统的某些模型检测技术不能应用于量子系统？
- 如何改造这些技术以适用于量子系统？

量子系统根据其性质和复杂性被抽象为不同的数学结构。本章讨论一个最简单的（离散时间）量子系统模型，即量子自动机。量子自动机的行为是由一系列酉变换定义的。回忆 3.2 节可知，酉算子是封闭（即没有与环境相互作用或受环境干扰的）量子系统动态过程的数学表示。

我们将介绍一种描述量子系统线性时间（动态）性质的方法。该方法可以看作 Birkhoff-von Neumann 量子逻辑的动态（时序逻辑）扩展，其中描述量子系统（静态）性质的原子命题被解释为系统状态希尔伯特空间的（闭）子空间。

我们将介绍几种算法用于检测量子自动机的某些线性时间性质，例如不变性。如 2.3 节所述，经典系统的各种模型检测算法的核心是可达性分析。本章的很大一部分是在对量子自动机进行可达性分析。

4.1 量子自动机

让我们先来正式定义量子自动机，即本章所讨论的量子系统模型。它是定义 2.1 中引入的经典迁移系统（或有限状态自动机）及其概率扩展概念——马尔可夫链（见定义 2.29）和马尔可夫决策过程（见定义 2.30）——的简单量子推广。

定义 4.1 量子自动机是一个 4 元组

$$\mathcal{A}=(\mathcal{H},\mathrm{Act},\{U_\alpha:\alpha\in\mathrm{Act}\},\mathcal{H}_0)$$

其中

（ⅰ）$\mathcal{H}$是一个有限维状态希尔伯特空间；

（ⅱ）Act 是一个动作名称的有限集合；

（ⅲ）对于每一个 $\alpha\in\mathrm{Act}$，U_α 是一个$\mathcal{H}$上的酉算子；

（ⅳ）$\mathcal{H}_0$是$\mathcal{H}$的一个子空间，称为初始状态空间。

将上述定义 4.1 与定义 2.1、定义 2.29 和定义 2.30 进行比较，会有助于理解以下内容：

- 在上述定义 4.1 中，迁移系统（定义 2.1）和马尔可夫链或决策过程（定义 2.29 和定义 2.30）中的状态集合 S，被量子态的希尔伯特空间$\mathcal{H}$所取代。值得注意的是，S 是一个有限集，而$\mathcal{H}$是一个连续统（其为不可数无限集），尽管$\mathcal{H}$的维数是有限的。粗略地说，S 和$\mathcal{H}$之间的对应关系如下：S 可以看作$\mathcal{H}$的一组标准正交基，而$\mathcal{H}$是由 S 张成的希尔伯特空间。因此，$\mathcal{H}$中一般的元素可以理解为 S 中元素的叠加态。

- 在一个迁移系统中，转移关系→被描述为状态间的一族二元关系$\xrightarrow{\alpha}$($\alpha\in \mathrm{Act}$)，并由动作的名称 α 来索引；在马尔可夫链和马尔可夫决策过程中，这种二元关系$\xrightarrow{\alpha}$被推广为概率关系，换言之，将单一状态映射为状态的概率分布。在量子自动机中，每个动作 α 则被描述为一个酉变换，并将基态映射为基态的叠加态，即概率分布的量子对应。回忆 3.2 节可知，酉算子被用来描述封闭量子系统的动态过程。因此，量子自动机在这一阶段被视为封闭量子系统。

现在考虑量子自动机的动态行为，即运行方式。$\mathcal{A}$的一条路径是一个有限或者无限的$\mathcal{H}$中（纯）态的序列 $|\psi_0\rangle|\psi_1\rangle|\psi_2\rangle\cdots$，使得 $|\psi_0\rangle\in\mathcal{H}_0$，并且对任意的 $n\geqslant 0$，存在 $\alpha_n\in\mathrm{Act}$，使得

$$|\psi_{n+1}\rangle=U_{\alpha_n}|\psi_n\rangle$$

这意味着该路径始于初始状态 $|\psi_0\rangle$，并且对于每个 $n\geqslant 0$，在第 n 步开始时机器处于状态 $|\psi_n\rangle$。后续执行由酉算子 U_{α_n} 描述的动作，并演化到状态 $|\psi_{n+1}\rangle$。

例 4.2　考虑一个具有以下可能动作的单量子比特系统：Hadamard 算子 H 以及泡利算子 X,Y,Z。系统始于基态 $|0\rangle$，那么它可以被描述为一个量子自动机$\mathcal{A}=(\mathcal{H},\mathrm{Act},\{U_\alpha:\alpha\in\mathrm{Act}\},\mathcal{H}_0)$，其中：

(i) $\mathcal{H}=\mathcal{H}_2$为 2 维希尔伯特空间；

(ii) $\mathrm{Act}=\{h,x,y,z\}$；

(iii) $U_h=H,U_x=X,U_y=Y,U_z=Z$；

(iv) $\mathcal{H}_0=\mathrm{span}\{|0\rangle\}$。

$\mathcal{A}$的一条路径为

$$|0\rangle\xrightarrow{x}|1\rangle\xrightarrow{h}|-\rangle\xrightarrow{y}i|+\rangle\xrightarrow{z}i|-\rangle$$

而$\mathcal{A}$的一条无限路径为

$$|0\rangle \xrightarrow{x} |1\rangle \xrightarrow{h} |-\rangle \xrightarrow{z} |+\rangle \xrightarrow{h} |0\rangle \xrightarrow{x} |1\rangle \xrightarrow{h} |-\rangle \xrightarrow{z} |+\rangle \xrightarrow{h} |0\rangle \cdots$$

定义 2.5 中介绍的迁移系统的可达性较易推广到量子自动机。设$\mathcal{A}=(\mathcal{H},\mathrm{Act},\{U_\alpha:\alpha\in\mathrm{Act}\},\mathcal{H}_0)$为一个量子自动机。用 Act^ω 来表示由动作的无限序列所构成的集合。$\mathcal{A}$的一个调度定义为 Act^ω 的一个元素 $w=\alpha_0\alpha_1\alpha_2\cdots$。对于给定的初始状态$|\psi_0\rangle$和调度 $w\in\mathrm{Act}^\omega$，把从$|\psi_0\rangle$开始由 w 生成的路径记作 $\pi=\pi(|\psi_0\rangle,w)$。进一步把 π 中状态的序列记作 $\sigma(\pi)=|\psi_0\rangle|\psi_1\rangle|\psi_2\rangle\cdots$。有时简单地将 $\sigma(\pi)$称为$\mathcal{A}$的一条路径。

定义 4.3 设$|\psi\rangle\in\mathcal{H}_0$并设$|\varphi\rangle$为$\mathcal{H}$中的一个状态。

(i) 如果$\mathcal{A}$有一条路径$|\psi_0\rangle|\psi_1\rangle\cdots|\psi_n\rangle$使得$|\psi_0\rangle=|\psi\rangle$且$|\psi_n\rangle=|\varphi\rangle$，则称$|\varphi\rangle$是在量子自动机$\mathcal{A}$中从$|\psi\rangle$可达的。

(ii) 量子自动机$\mathcal{A}$的可达空间为

$$R(\mathcal{A})=\mathrm{span}\{|\varphi\rangle\in\mathcal{H}:|\psi\rangle\text{是从某一初始状态}|\psi\rangle\in\mathcal{H}_0\text{可达的}\}$$

注意到从$\mathcal{H}_0$中某个初始状态可达的状态不一定能构成$\mathcal{H}$的一个子空间。因此，$R(\mathcal{A})$ 定义为它们张成的子空间。下述引理给出了可达空间的一个简单特征。

引理 4.4 $R(\mathcal{A})$为所有满足下列条件的$\mathcal{H}$的子空间$\mathcal{X}$的交：

(i) $\mathcal{H}_0\subseteq\mathcal{X}$;

(ii) $U_\alpha(\mathcal{X})\subseteq\mathcal{X}$对于所有的 $\alpha\in\mathrm{Act}$ 成立。

也就是说，$R(\mathcal{A})$是满足上述条件的最小$\mathcal{X}$。

练习 4.1 证明引理 4.4。

4.2 Birkhoff-von Neumann 量子逻辑

以下几节将定义一种语言来描述我们感兴趣的量子系统的性质。在处理动态性质之前，首先需要选择一种描述量子系统静态性质的方法，即量子系统在某一固定时间点的性质。为此我们决定使用 Birkhoff-von Neumann 量子逻辑。

1. 量子逻辑中的命题

设$\mathcal{H}$为一个量子系统的状态希尔伯特空间。一个$\mathcal{H}$的（闭）子空间在量子逻辑中被视为一个关于该系统的原子命题。更准确地说，主要考虑形如

$$|\psi\rangle\in\mathcal{X}$$

系统的基本性质，其中$\mathcal{X}$为$\mathcal{H}$的一个子空间，而$|\psi\rangle$为系统的一个状态。因此，对于$\mathcal{H}$的一个子空间$\mathcal{X}$，由$\mathcal{X}$代表的原子命题指定了对系统行为的一个约束，即系统的状态必须在给定的区域$\mathcal{X}$内。把$\mathcal{H}$的所有（闭）子空间构成的集合记作$\mathcal{S}(\mathcal{H})$。

例 4.5 关于量子系统的一个原子命题是对该系统在某一时刻的物理描述。考虑

（i）$\mathcal{X}$=“在时刻 t，量子粒子的位置坐标 x 位于区间 $[a, b]$”；

（ii）$\mathcal{Y}$=“在时刻 t，量子粒子的动量坐标 y 位于区间 $[a, b]$”。

这些表述$\mathcal{X}$和$\mathcal{Y}$可以用粒子状态希尔伯特空间的某些子空间来表示。

上述使用子空间作为原子命题的想法也可以用量子测量来解释。假设系统的一个基本性质由$\mathcal{H}$的（闭）子空间$\mathcal{X}$描述。在量子力学中，为了检查是否满足该性质，应该对系统的当前状态$|\psi\rangle$执行二元（是/否）测量$\{P_{\mathcal{X}},P_{\mathcal{X}^{\perp}}\}$，其中$P_{\mathcal{X}}$和$P_{\mathcal{X}^{\perp}}$分别是$\mathcal{X}$及其正交补$\mathcal{X}^{\perp}$上的投影。测量结果通常是非确定性的：状态$|\psi\rangle$视为以概率$\langle\psi|P_{\mathcal{X}}|\psi\rangle$满足$\mathcal{X}$，而以概率$\langle\psi|P_{\mathcal{X}^{\perp}}|\psi\rangle=1-\langle\psi|P_{\mathcal{X}}|\psi\rangle$不满足$\mathcal{X}$。定量满足关系可以通过设置满足概率的阈值$\lambda\in[0,1]$来定义：

$$\text{对于}|\psi\rangle,\text{如果}\langle\psi|P_{\mathcal{X}}|\psi\rangle\rhd\lambda,\text{则称}\mathcal{X}\text{是}(\lambda,\rhd)\text{ - 满足的} \tag{4.1}$$

其中$\rhd\in\{<,\leqslant,>,\geqslant\}$。我们仅考虑定性满足，亦即阈值$\lambda$为0或1的$(\lambda,\rhd)$-满足。显然，对于任意的纯态$|\psi\rangle$和子空间$\mathcal{X}$，有

- 对于$|\psi\rangle$，$\mathcal{X}$是$(1,\geqslant)$-满足的，当且仅当$|\psi\rangle\in\mathcal{X}$；
- 对于$|\psi\rangle$，$\mathcal{X}$是$(0,\leqslant)$-满足的，当且仅当$|\psi\rangle\in\mathcal{X}^{\perp}$。

2. 量子逻辑中的连接词

在确定了原子命题之后，需要引入几个连接词来通过原子命题构造复合命题，以便指定量子系统更复杂的性质。在语义上，连接词可以看作$\mathcal{S}(\mathcal{H})$中的代数运算。第一，子空间的包含关系$\subseteq$是$\mathcal{S}(\mathcal{H})$中的一个偏序关系，且可以理解为量子（元）逻辑中的蕴涵。第二，子空间$\mathcal{X}$的正交补$\mathcal{X}^{\perp}$可以解释为量子逻辑中的否定。第三，很容易看出$\mathcal{S}(\mathcal{H})$在取交集下封闭，即对$\mathcal{S}(\mathcal{H})$中的任意一族元素$\{\mathcal{X}_i\}$，有

$$\bigcap_i\mathcal{X}_i\in\mathcal{S}(\mathcal{H})$$

量子逻辑中的合取解释为取交集。更进一步地，有：

定义 4.6 对于一族（有限或者无限的）$\mathcal{H}$的子空间$\{\mathcal{X}_i\}$，它们的连接（join）定义为

$$\bigvee_i\mathcal{X}_i=\mathrm{span}\left(\bigcup_i\mathcal{X}_i\right)$$

特别地，把$\mathcal{H}$的两个子空间$\mathcal{X}$和$\mathcal{Y}$的连接记作$\mathcal{X}\vee\mathcal{Y}$。

量子逻辑中的析取解释为连接。众所周知$(\mathcal{S}(\mathcal{H}),\cap,\vee,\perp)$是一个以$\subseteq$为序的正交模格，它是Birkhoff-von Neumann量子逻辑的代数模型。这里不打算讨论量子逻辑的更多细节，感兴趣的读者可以查阅[20，71]。

实际应用中通常只选择$\mathcal{S}(\mathcal{H})$的一个子集AP作为原子命题的集合。AP中的元素可视为我们真正关心的命题，其余则可能是不相关的。出于算法目的，常假设原子命题的集合AP是$\mathcal{S}(\mathcal{H})$的可数甚至有限的子集，而不是$\mathcal{S}(\mathcal{H})$本身，因为$\mathcal{S}(\mathcal{H})$是不可数无限的。

3. 量子逻辑中的可满足性

现在进一步定义量子态何时满足（量子逻辑）命题。对于任意原子命题$\mathcal{X}\in \mathrm{AP}$和状态$|\psi\rangle\in\mathcal{H}$，如果$|\psi\rangle\in\mathcal{X}$，则称状态$|\psi\rangle$满足$\mathcal{X}$。我们把状态$|\psi\rangle$满足的原子命题的集合记作$L(|\psi\rangle)$：

$$L(|\psi\rangle)=\{\mathcal{X}\in \mathrm{AP}:|\psi\rangle\in\mathcal{X}\}$$

有时我们需要关于状态$|\psi\rangle$和不属于AP的命题$\mathcal{X}$之间更一般的满足关系。例如，在某些应用中，我们感兴趣的可能是状态$|\psi\rangle$是否满足命题$\mathcal{X}$，但考虑到内存因素，量子模型检测器只选取了数量非常有限的原子命题，恰好不包含$\mathcal{X}$。

定义 4.7　给定一个原子命题的集合AP，设$\mathcal{X}\in\mathcal{S}(\mathcal{H})$。如果

$$\bigcap_{\mathcal{Y}\in L(|\psi\rangle)}\mathcal{Y}\subseteq\mathcal{X}\tag{4.2}$$

则称状态$|\psi\rangle$满足$\mathcal{X}$，记作$|\psi\rangle\models_{AP}\mathcal{X}$或者简记为$|\psi\rangle\models\mathcal{X}$。

直观地说，$\bigcap_{\mathcal{Y}\in L(|\psi\rangle)}\mathcal{Y}$是状态$|\psi\rangle$由原子命题所界定性质的最弱的表述。因此，包含关系式（4.2）表示状态$|\psi\rangle$满足的原子命题共同地蕴涵命题$\mathcal{X}$。特别地，如果$\mathcal{X}\in \mathrm{AP}$，那么$|\psi\rangle\models\mathcal{X}$，当且仅当$|\psi\rangle\in\mathcal{X}$。

例 4.8　设$\mathcal{H}$为一个n维希尔伯特空间，且有一组标准正交基$\{|0\rangle,|1\rangle,\cdots,|n-1\rangle\}$ $(n\geqslant 2)$，设$|\psi\rangle=\frac{1}{\sqrt{2}}(|0\rangle+|1\rangle)$。

（i）如果令AP为与基态$|0\rangle$正交的子空间：

$$\mathrm{AP}=\{\mathcal{Y}\in\mathcal{S}(\mathcal{H}):|0\rangle\perp\mathcal{Y}\}$$

那么 $L(|\psi\rangle)=\emptyset$ 且

$$\bigcap_{\mathcal{Y}\in L(|\psi\rangle)}\mathcal{Y}=\mathcal{H}$$

因此，对于任意的 $\mathcal{X}\in\mathcal{S}(\mathcal{H})$，$|\psi\rangle\models\mathcal{X}$，当且仅当 $\mathcal{X}=\mathcal{H}$。

（ⅱ）设 AP 为 $\mathcal{H}$ 的所有 2 维子空间。对于 $n=2$ 的情形，

$$\bigcap_{\mathcal{Y}\in L(|\psi\rangle)}\mathcal{Y}=\mathcal{H}$$

且 $|\psi\rangle\models\mathcal{X}$，当且仅当 $\mathcal{X}=\mathcal{H}$。对于 $n>2$ 的情形，

$$\bigcap_{\mathcal{Y}\in L(|\psi\rangle)}\mathcal{Y}=\mathrm{span}\{|\psi\rangle\}$$

且 $|\psi\rangle\models\mathcal{X}$，当且仅当 $|\psi\rangle\in\mathcal{X}$。

（ⅲ）如果 AP 是包含基态 $|2\rangle$ 的子空间，即 $\mathrm{AP}=\{\mathcal{X}\in\mathcal{S}(\mathcal{H}):|2\rangle\in\mathcal{X}\}$，那么

$$\bigcap_{\mathcal{Y}\in L(|\psi\rangle)}\mathcal{Y}=\mathrm{span}\{|\psi\rangle,|2\rangle\}$$

且 $|\psi\rangle\models\mathcal{X}$，当且仅当 $|\psi\rangle,|2\rangle\in\mathcal{X}$。

4. 一些特殊的命题集合

一般来说，量子逻辑中的一组命题集合不能像经典命题逻辑那样处理。其中一个主要原因是量子系统命题之间的不可交换性。本小节的最后将指出一类非常特殊的量子原子命题的集合，它们相对容易处理。

定义 4.9　如果一个原子命题集合 $\mathrm{AP}\subseteq\mathcal{S}(\mathcal{H})$ 满足下列两个条件，则称其为恰当的（proper）。

（ⅰ）AP 中的任意两个元素 $\mathcal{X}_1,\mathcal{X}_2$ 可交换：

$$P_{\mathcal{X}_1}P_{\mathcal{X}_2}=P_{\mathcal{X}_2}P_{\mathcal{X}_1}$$

其中 $P_{\mathcal{X}_1},P_{\mathcal{X}_2}$ 分别为 $\mathcal{X}_1$ 和 $\mathcal{X}_2$ 上的投影。

（ⅱ）AP 在连接下封闭：如果 $\mathcal{X}_1,\mathcal{X}_2\in\mathrm{AP}$，那么 $\mathcal{X}_1\vee\mathcal{X}_2\in\mathrm{AP}$。

下述引理表明，对于一个恰当的原子命题集 AP，为了验证一个子空间中的所有状态是否满足某个（可以由 AP 界定的）性质，只需要检测它的基态。

引理 4.10　给定 $\mathcal{H}$ 中一个恰当的原子命题集合 AP。设 $\mathcal{Y}$ 为 $\mathcal{H}$ 的一个（闭）子空间，且以 $\{|\psi_i\rangle\}$ 为它的一组基。则下述两条等价：

（ⅰ）$|\xi\rangle \models \mathcal{X}$对任意的$|\xi\rangle \in \mathcal{Y}$成立。

（ⅱ）$|\psi_i\rangle \models \mathcal{X}$对任意的$i$成立。

证明 显然，（i）可推出（ii）。现在来证明（ii）可推出（i）。对于任意的$|\xi\rangle \in \mathcal{Y}$，我们可以把它写作：

$$|\xi\rangle=\sum_{i\in J} a_i|\psi_i\rangle$$

其中J为一个有限集合，而$a_i(i\in J)$为一些复数，这是因为$\{|\psi_i\rangle\}$为$\mathcal{Y}$的一组基。根据假设$|\psi_i\rangle \models \mathcal{X}$，有

$$\bigcap_{\mathcal{Z}\in L(|\psi_i\rangle)} \mathcal{Z}\subseteq\mathcal{X}$$

对于任意的$i\in J$成立。因此，

$$\bigvee_{i\in J}\bigcap_{\mathcal{Z}\in L(|\psi_i\rangle)} \mathcal{Z}\subseteq\mathcal{X}$$

由于 AP 的任意两个元素可交换，分配律在 AP 中成立（参见[24] 中的命题 2.5），于是有：

$$\bigvee_{i\in J}\bigcap_{\mathcal{Z}\in L(|\psi_i\rangle)} \mathcal{Z}=\bigcap_{\mathbb{Z}\in \prod_{i\in J}L(|\psi_i\rangle)}\bigvee_{i\in J}\mathbb{Z}(i)$$

因此，只需要证明

$$\bigcap_{\mathcal{Z}\in L(|\xi\rangle)} \mathcal{Z}\subseteq\bigcap_{\mathbb{Z}\in \prod_{i\in J}L(|\psi_i\rangle)}\bigvee_{i\in J}\mathbb{Z}(i) \tag{4.3}$$

事实上，对于任意的

$$\mathbb{Z}\in\prod_{i\in J}L(|\psi_i\rangle)$$

由定义可知$|\psi_i\rangle\in\mathbb{Z}(i)$对于任意的$i\in J$成立。因此

$$|\xi\rangle=\sum_{i\in J} a_i|\psi_i\rangle\in\bigvee_{i\in J}\mathbb{Z}(i)$$

此外，由假设知 AP 在连接下封闭。这意味着

$$\bigvee_{i\in J}\mathbb{Z}(i)\in L(|\xi\rangle)$$

故

$$\bigcap_{\mathcal{Z}\in L(|\xi\rangle)}\mathcal{Z}\subseteq\bigvee_{i\in J}\mathbb{Z}(i)$$

于是完成了证明。 □

4.3　量子系统的线性时间性质

4.2 节提供了一种描述量子系统静态性质的方法。这一节将进一步考虑如何描述量子系统的动态性质。我们将引入量子系统的线性时间性质这一概念，并用量子自动机定义其可满足性，即量子自动机何时满足给定的线性时间性质？

4.3.1　基本定义

从定义一般线性性质的概念开始，更具体的概念将在后面的小节中讨论。

1. 量子自动机的迹

设$\mathcal{H}$为一个量子系统的状态希尔伯特空间，取定一个$\mathcal{H}$中的原子命题集合 AP。把 AP 子集的有限序列写作

$$(2^{\mathrm{AP}})^{*}=\bigcup_{n=0}^{\infty}(2^{\mathrm{AP}})^{n}$$

并把 AP 子集的无限序列写作$(2^{\mathrm{AP}})^{\omega}$，其中 $\omega=\{0,1,2,\cdots\}$ 是自然数集。那么可以用$(2^{\mathrm{AP}})^{\omega}$（或者$(2^{\mathrm{AP}})^{*}$）中的元素来表示量子系统的动态行为。

现在考虑一个量子自动机$\mathcal{A}$，其状态希尔伯特空间为$\mathcal{H}$。对于$\mathcal{A}$中的一条路径$\pi=|\psi_0\rangle|\psi_1\rangle|\psi_2\rangle\cdots$，记

$$L(\pi)=L(|\psi_0\rangle)L(|\psi_1\rangle)L(|\psi_2\rangle)\cdots\in(2^{\mathrm{AP}})^{*}\cup(2^{\mathrm{AP}})^{\omega}\tag{4.4}$$

因此，路径 π 由一系列原子命题集合来描述，其中 $L(|\psi_i\rangle)$是路径第 i 个状态满足的原子命题的集合。进一步地，汇集所有这些序列作为量子自动机动态行为的描述。

定义 4.11　量子自动机$\mathcal{A}$的迹的集合以及有限迹的集合分别定义为

$$\mathrm{Traces}(\mathcal{A})=\{L(\pi)\mid\pi\text{ 是}\mathcal{A}\text{中的一条路径}\}$$
$$\mathrm{Traces}_{\mathrm{fin}}(\mathcal{A})=\{L(\pi)\mid\pi\text{ 是}\mathcal{A}\text{中的一条有限路径}\}$$

练习 4.2　考虑例 4.2 中的量子自动机$\mathcal{A}$，并设原子命题集合为 $\mathrm{AP}=\{\mathcal{H}_0,\mathcal{H}_1,\mathcal{H}_+,\mathcal{H}_-\}$，其中$\mathcal{H}_x=\mathrm{span}\{|x\rangle\}$而 $x\in\{0,1,+,-\}$。计算 $\mathrm{Traces}(\mathcal{A})$以及 $\mathrm{Traces}_{\mathrm{fin}}(\mathcal{A})$。

2. 线性性质

在上述讨论后，我们将引入线性时间性质的一般概念。

定义 4.12　希尔伯特空间$\mathcal{H}$中的一个线性时间性质是

$$(2^{\mathrm{AP}})^{*}\cup(2^{\mathrm{AP}})^{\omega}$$

的一个子集 P，也就是说，P 的一个元素是一个有限或者无限的序列 $A_0A_1A_2\cdots$，其中对于每个 $n\geqslant0$，A_n 为 AP 的一个子集。

这里有必要比较经典系统和量子系统的线性时间性质。从较高层级来看，它们都定义为原子命题集合的有限或无限序列的集合，但归根结底是完全不同的：关于量子系统的原子命题是以 Birkhoff-von Neumann 量子逻辑的观点来选择的，也就是说，它们是所考虑量子系统的状态希尔伯特空间的某些（闭）子空间。

3. 可满足性

在定义 4.7 中引入的量子态与原子命题之间的满足关系，可以通过式（4.4）自然地提升为量子自动机与线性时间性质之间的满足关系。显然，上述线性时间性质的定义与量子自动机无关。但是对于给定的量子自动机$\mathcal{A}$，可以考虑它何时满足某个线性时间性质。更准确地说，性质 P 指定了自动机$\mathcal{A}$的可接受行为：

对于$\mathcal{A}$的一条路径 $\pi=|\psi_0\rangle|\psi_1\rangle|\psi_2\rangle\cdots$，如果存在 $A_0A_1A_2\cdots\in P$ 使得 $L(|\psi_n\rangle)=A_n$ 对于所有 $n\geqslant0$ 成立，则路径 π 是可接受的，否则路径 π 是被 P 禁止的。

这一观察导出了如下定义：

定义 4.13　如果 $\mathrm{Traces}(\mathcal{A})\subseteq P$，则量子自动机$\mathcal{A}$满足线性时间性质 P，写作$\mathcal{A}\models P$。

4.3.2　安全性质

剩余小节将研究量子系统的几类特殊的线性时间性质。安全性是模型检测经典系统的研究文献中最重要的线性时间性质之一。直观地讲，安全性质描述了"坏事从不发生"。安全性质的概念可以直接推广到量子情形。设

$$\hat{\sigma}\in(2^{\mathrm{AP}})^{*}\ \text{且}\ \sigma\in(2^{\mathrm{AP}})^{*}\cup(2^{\mathrm{AP}})^{\omega}$$

如果 $\sigma=\hat{\sigma}\sigma'$对于某个 $\sigma'\in(2^{\mathrm{AP}})^{*}\cup(2^{\mathrm{AP}})^{\omega}$ 成立，那么 $\hat{\sigma}$ 称为 σ 的前缀，写作 $\hat{\sigma}\sqsubseteq\sigma$。

定义 4.14　如果存在一个有限序列 $\hat{\sigma}\in(2^{\mathrm{AP}})^{*}$，对于所有的 $\sigma\in(2^{\mathrm{AP}})^{\omega}$，都有 $\hat{\sigma}\sigma\notin P$，则称 $\hat{\sigma}$ 是性质 P 的坏前缀。

直观地说，坏前缀 $\hat{\sigma}$ 用于指示“坏事”发生的时间点。上述定义中对于所有的 $\sigma\in(2^{\mathrm{AP}})^{\omega}$ 都有 $\hat{\sigma}\sigma\notin P$ 的条件，意味着“坏事”是无法补救的。

我们把 P 的坏前缀所构成的集合记为 BPref（P）。

定义 4.15　如果性质 P 对任意的 $\sigma\notin P$ 都有一个前缀 $\hat{\sigma}\in\mathrm{BPref}(P)$，则称 P 是一个安全性质。

上述安全性的抽象定义不易理解，因此值得仔细解释。直观地说，$\sigma\notin P$ 有前缀 $\hat{\sigma}\in$ BPref（P）的条件，表示安全性质的“坏事”如果发生的话，一定会在有限的时间内发生。换句话说，“坏事”要么被无条件地禁止了，要么它在系统运行期间发生了就必须有一个可识别的时间点。

下面的引理给出了安全性质可满足性的一个简单特征。

引理 4.16　对于任意的量子自动机$\mathcal{A}$和任意的安全性质 P，

$$\mathcal{A}\models P \text{ 当且仅当 } \mathrm{Traces}_{\mathrm{fin}}(\mathcal{A})\cap\mathrm{BPref}(P)=\emptyset$$

练习 4.3　证明上述引理 4.16。

把 P 的极小坏前缀的集合记作 MBPref（P），即 BPref（P）在偏序 $\sqsubseteq$ 下的极小元的集合。我们很容易看出定义 4.15 和引理 4.16 中的 BPref（P）可以替换为 MBPref（P）。

熟悉经典系统安全性质形式化（例如文献[7]）的读者应该已经注意到，上文关于量子系统安全性质的讨论与经典系统完全相同。原因是并未触及原子命题这一底层。

4.3.3　不变性

现在进一步考虑一类特殊的安全性质，即不变性。经典系统的一大类安全性质的模型检测问题可以归结为不变性的检测问题。不变性的概念易于由经典情形推广到量子情形。

定义 4.17　如果存在$\mathcal{H}$的子空间$\mathcal{X}$，使得

$$P=\left\{A_0A_1A_2\cdots\in(2^{\mathrm{AP}})^{\omega}:\bigcap_{\mathcal{Y}\in A_n}\mathcal{Y}\subseteq\mathcal{X}\text{对于所有的 } n\geqslant 0 \text{ 成立}\right\}\tag{4.5}$$

则称性质 P 为不变性。

直观地讲，条件

$$\bigcap_{\mathcal{Y}\in A_n}\mathcal{Y}\subseteq\mathcal{X} \tag{4.6}$$

意味着 A_n 中的所有原子命题共同地蕴涵了命题$\mathcal{X}$。$\mathcal{X}$的不变性定义为要求式（4.6）对所有的 n 都成立。换句话说，$\mathcal{X}$是一个在每一步 n 都成立的性质。

称定义 4.17 中的 P 为由$\mathcal{X}$定义的不变性，并写作

$$P=\text{inv }\mathcal{X}$$

而且$\mathcal{X}$常被称为 inv $\mathcal{X}$的不变性条件。给定$\mathcal{H}$的一个子空间$\mathcal{X}$，由$\mathcal{X}$定义的不变性 $P=$ inv $\mathcal{X}$包含所有满足条件（4.6）的序列 $A_0A_1A_2\cdots$。因此，$P=$inv $\mathcal{X}$是由$\mathcal{X}$唯一确定的。

例 4.18　记$\mathcal{H}_2$为 2 维希尔伯特空间，也就是一个量子比特的状态空间。设$\mathcal{H}=\mathcal{H}_2^{\otimes n}$为 n 个量子比特的状态空间。记 I_2 为$\mathcal{H}_2$中的恒等算子。集合

$$G_1=\{\pm I_2,\pm iI_2,\pm X,\pm iX,\pm Y,\pm iY,\pm Z,\pm iZ\}$$

构成一个群，以算子的复合为群运算，称为一个量子比特上的泡利群。更一般地，n 个量子比特上的泡利群为

$$G_n=\{A_1\otimes\cdots\otimes A_n:A_1,\cdots,A_n\in G_1\}$$

设 S 为 G_n 的由 $g_1,\cdots,g_l$ 生成的子群。状态 $|\psi\rangle\in\mathcal{H}_2^{\otimes n}$被 S 稳定，或称 S 是 $|\psi\rangle$ 的一个稳定子，如果

$$g|\psi\rangle=|\psi\rangle$$

对任意的 $g\in S$ 成立。设 $\text{Act}=\{\alpha_k:k=1,\cdots,l\}$，$U_{\alpha_k}=g_k$ 对于 $1\leqslant k\leqslant l$ 成立，且$\mathcal{H}_0=\text{span}\{|\psi\rangle\}$。那么

$$\mathcal{A}=(\mathcal{H},\text{Act},\{U_\alpha:\alpha\in\text{Act}\},\mathcal{H}_0)$$

是一个量子自动机。选取 AP 使其包含$\mathcal{H}$的所有一维子空间。如果 S 是 $|\psi\rangle$ 的一个稳定子，那么 span$\{|\psi\rangle\}$是$\mathcal{A}$的一个不变性，也就是说

$$\mathcal{A}\models\text{inv span}\{|\psi\rangle\} \tag{4.7}$$

反之，如果式（4.7）成立，那么 S 为 $|\psi\rangle$ 模去一个相位下的稳定子，也就是说对于每个 $g\in S$，有

$$g|\psi\rangle = e^{i\alpha}|\psi\rangle$$

其中 α 为某一实数。

不变性的可满足性

现在我们将给出量子自动机

$$\mathcal{A}=(\mathcal{H},\mathrm{Act},\{U_\alpha:\alpha\in\mathrm{Act}\},\mathcal{H}_0)$$

中不变性成立的一些条件。首先，观察到要检测$\mathcal{A}\models\mathrm{inv}\ \mathcal{X}$，只需要考虑所有从$\mathcal{H}_0$开始的有限路径。但是初始状态空间$\mathcal{H}_0$通常是不可数无限的。这使得在量子系统中检测不变性比在经典系统中难度更大。下面的引理说明，在原子命题集合是恰当的假设下，只需要考虑从$\mathcal{H}_0$的一组基态（这是一个有限的集合）可达的那些状态。

引理 4.19 假设量子自动机$\mathcal{A}$的初始状态空间$\mathcal{H}_0$由$\{|\psi_i\rangle\}_i$张成，且 AP 是恰当的。那么下述两条是等价的：

(i) $\mathcal{A}\models\mathrm{inv}\ \mathcal{X}$。

(ii) 对于任意在$\mathcal{A}$中从某$|\psi_i\rangle$可达的状态$|\psi\rangle$，都有$|\psi\rangle\models\mathcal{X}$。

证明 “(i) ⇒ (ii)” 显而易见。为了证明 “(ii) ⇒ (i)” 只需要证明

断言：如果对于任意从某$|\psi_i\rangle$可达的状态$|\xi\rangle$，都有$|\xi\rangle\models\mathcal{X}$，那么对于任意从某初始状态$|\varphi\rangle\in\mathcal{H}_0$可达的状态$|\psi\rangle$，都有$|\psi\rangle\models\mathcal{X}$。

事实上，对于任意的$|\varphi\rangle\in\mathcal{H}_0$，可以写成

$$|\varphi\rangle=\sum_i a_i|\psi_i\rangle$$

其中 a_i 为复数，这是因为$\mathcal{H}_0=\mathrm{span}\{|\psi_i\rangle\}$。如果$|\psi\rangle$是从$|\varphi\rangle$可达的，那么存在$\alpha_1,\cdots,\alpha_n\in\mathrm{Act},n\geqslant 0$，使得

$$|\psi\rangle=U_{\alpha_n}\cdots U_{\alpha_1}|\varphi\rangle$$

对于每个 i，记

$$|\xi_i\rangle=U_{\alpha_n}\cdots U_{\alpha_1}|\psi_i\rangle$$

那么

$$|\psi\rangle=\sum_i a_i|\xi_i\rangle$$

并且$|\xi_i\rangle$是从$|\psi_i\rangle$可达的。由假设$|\xi_i\rangle\models\mathcal{X}$，根据引理4.10马上可得$|\psi\rangle\models\mathcal{X}$。证毕。

□

下面的简单推论给出了不变性的一个充分条件，并与直觉相吻合。

推论 4.20 假设AP是恰当的，且$\mathcal{H}_0=\text{span}\{|\psi_i\rangle\}_i$。如果

（i）对于所有的i，都有$|\psi_i\rangle\models\mathcal{X}$；

（ii）对于任意的$\mathcal{Y}\in\text{AP}$和任意的$\alpha\in\text{Act}$，都有$U_\alpha\mathcal{Y}\subseteq\mathcal{Y}$，

那么$\mathcal{A}\models\text{inv }\mathcal{X}$。

证明 首先有：

断言：$|\psi\rangle\models\mathcal{X}$蕴涵对于所有的$\alpha\in\text{Act}$，都有$U_\alpha|\psi\rangle\models\mathcal{X}$。

事实上，由条件（ii）可得

$$L(|\psi\rangle)=\{\mathcal{Y}\in\text{AP}:|\psi\rangle\in\mathcal{Y}\}\subseteq\{\mathcal{Y}\in\text{AP}:U_\alpha|\psi\rangle\in\mathcal{Y}\}=L(U_\alpha|\psi\rangle)$$

因此，如果$|\psi\rangle\models\mathcal{X}$，那么

$$\bigcap_{\mathcal{Y}\in L(U_\alpha|\psi\rangle)}\mathcal{Y}\subseteq\bigcap_{\mathcal{Y}\in L(|\psi\rangle)}\mathcal{Y}\subseteq\mathcal{X}$$

且$U_\alpha|\psi\rangle\models\mathcal{X}$。现在只需简单地结合前面的断言，条件（i）和引理4.19便可完成证明。

□

4.3.4 存活性质

存活性质是另一种重要的线性时间性质，在某种意义上与安全性质是对偶的。一个存活性质描述了“某件好事最终会发生”。存活性质的概念也易于推广到量子情形。

定义 4.21 如果一个线性时间性质$P\subseteq(2^{\text{AP}})^\omega$对于任意的$\hat{\sigma}\in(2^{\text{AP}})^*$，都存在$\sigma\in(2^{\text{AP}})^\omega$使得$\hat{\sigma}\sigma\in P$，则称$P$为存活性质。

上述存活性质的抽象定义也需仔细解释。一个有限序列$\hat{\sigma}\in(2^{\text{AP}})^*$代表了系统的部分运行。我们说$\hat{\sigma}$对于性质$P$是存活的，如果它可以被扩展成满足$P$的完整运行，也就是说存在$\sigma\in(2^{\text{AP}})^\omega$使得$\hat{\sigma}\sigma\in P$，这意味着“好事”最终发生了。因此一个存活性质$P$要求系统的任意部分运行都必须对于该性质是存活的。

例 4.22　设$\mathcal{H}$为一个希尔伯特空间，$\mathcal{U}$为一个$\mathcal{H}$上的酉算子集合。$\mathcal{U}$没有必要包含$\mathcal{H}$上的所有酉算子。$\mathcal{U}$中的元素可以理解为所考虑场景中允许的算子。对于任意的$U \in \mathcal{U}$以及$1 \leqslant i \leqslant n$，

$$U_i = U \otimes \bigotimes_{j \neq i} I_{\mathcal{H}}$$

在第i个$\mathcal{H}$上执行U而在其他$\mathcal{H}$上不进行操作，其中$I_{\mathcal{H}}$为$\mathcal{H}$上的恒等算子。所以，U_i可以视为$\mathcal{H}^{\otimes n}$上的局部算子。对于任意两个n体状态$|\varphi\rangle, |\psi\rangle \in \mathcal{H}^{\otimes n}$，如果存在一个局部算子的序列$U_{i_1}^{(1)}, \cdots, U_{i_m}^{(m)}$，使得

$$|\psi\rangle = U_{i_1}^{(1)} \cdots U_{i_m}^{(m)} |\varphi\rangle$$

那么称$|\varphi\rangle$和$|\psi\rangle$为局部$\mathcal{U}$等价的。

构建一个$\mathcal{H}^{\otimes n}$中的量子自动机，它始于状态$|\varphi\rangle$并且执行局部$\mathcal{U}$算子：

$$\mathcal{A} = (\mathcal{H}^{\otimes n}, \mathrm{Act} = \{U_i \mid U \in \mathcal{U} \text{且 } 1 \leqslant i \leqslant n\}, \mathcal{H}_0 = \mathrm{span}\{|\varphi\rangle\})$$

并令

$$P = \{A_0 A_1 A_2 \cdots \in (2^{\mathrm{AP}})^{\omega} : (\exists n \geqslant 0) A_n = \{\mathrm{span}\{|\psi\rangle\}\}\}$$

显然，P是一个存活性质。容易看出，如果$|\varphi\rangle$和$|\psi\rangle$是局部$\mathcal{U}$等价的，那么$\mathcal{A} \models P$。反过来，如果$\mathcal{A} \models P$，那么$|\varphi\rangle$和$|\psi\rangle$在模去一个相位下是局部$\mathcal{U}$等价的，也就是说

$$|\psi\rangle = e^{i\alpha} U_{i_1}^{(1)} \cdots U_{i_m}^{(m)} |\varphi\rangle$$

其中α为实数，$U_{i_1}^{(1)}, \cdots, U_{i_m}^{(m)}$为局部算子。

4.3.5　持续性质

持续性质是一类有用的存活性质。持续性质断言某个条件从某个时刻后始终保持不变。同样，持续性质的概念可以直接推广到量子系统。

定义 4.23　如果存在$\mathcal{X} \in \mathcal{S}(\mathcal{H})$，使得

$$P = \left\{A_0 A_1 A_2 \cdots \in (2^{\mathrm{AP}})^{\omega} : (\exists m)(\forall n \geqslant m) \bigcap_{\mathcal{Y} \in A_n} \mathcal{Y} \subseteq \mathcal{X}\right\} \tag{4.8}$$

则称性质P为持续性质。

称式（4.8）中的P为由$\mathcal{X}$定义的持续性质，并写作$P = \mathrm{pers}\ \mathcal{X}$。

练习 4.4 证明在 $P\neq\emptyset$ 的前提下，$P=\text{pers}\ \mathcal{X}$是一个持续性质。

持续性质的可满足性

虽然经典系统和量子系统的持续性质定义相同，但在量子情况下检测持续性质需要一些新的思路。类似于不变性，为了检测量子自动机是否满足持续性质，必须检测自动机始于所有初始状态的行为，这些初始状态形成一个连续统。但下述引理表明，对于一组恰当的原子命题集合，只需要考虑自动机从初始状态空间的某些基态开始的行为即可。

引理 4.24 设 AP 是恰当的，$\mathcal{H}_0=\text{span}\{|\psi_1\rangle,\cdots,|\psi_k\rangle\}$。那么$\mathcal{A}\models\text{pers}\ \mathcal{X}$，当且仅当对于每个 $1\leqslant i\leqslant k$，以及每条从基态$|\psi_i\rangle$开始的路径

$$|\psi_i\rangle=|\zeta_0\rangle\xrightarrow{U_{\alpha_0}}|\zeta_1\rangle\xrightarrow{U_{\alpha_1}}|\zeta_2\rangle\xrightarrow{U_{\alpha_2}}\cdots$$

都存在 $m\geqslant 0$，使得对于所有的 $n\geqslant m$，都有$|\zeta_n\rangle\models\mathcal{X}$。

证明 只需要证明充分性。根据定义 4.23，只需要证明对于任意路径

$$|\eta_0\rangle\xrightarrow{U_{\alpha_0}}|\eta_1\rangle\xrightarrow{U_{\alpha_1}}|\eta_2\rangle\xrightarrow{U_{\alpha_2}}\cdots$$

其中$|\eta_0\rangle\in\mathcal{H}_0$，可以找到 $m\geqslant 0$，使得对于所有 $n\geqslant m$，都有$|\eta_n\rangle\models\mathcal{X}$。由于$|\eta_0\rangle\in\mathcal{H}_0=\text{span}\{|\psi_1\rangle,\cdots,|\psi_k\rangle\}$，有

$$|\eta_0\rangle=\sum_{i=1}^{k}a_i|\psi_i\rangle$$

其中 $a_i(1\leqslant i\leqslant k)$ 为一些复数。对于任意的 $1\leqslant i\leqslant k$ 和$j\geqslant 0$，令

$$|\zeta_{ij}\rangle=U_{\alpha_{j-1}}\cdots U_{\alpha_1}U_{\alpha_0}|\psi_i\rangle$$

简单的计算表明，对于任意的$j\geqslant 0$，

$$|\eta_j\rangle=\sum_{i=1}^{k}a_i|\zeta_{ij}\rangle$$

另一方面，对于每个 $1\leqslant i\leqslant k$，有如下的迁移：

$$|\psi_i\rangle=|\zeta_{i0}\rangle\xrightarrow{U_{\alpha_0}}|\zeta_{i1}\rangle\xrightarrow{U_{\alpha_1}}|\zeta_{i2}\rangle\xrightarrow{U_{\alpha_2}}\cdots$$

由假设可知，存在 $m_i \geqslant 0$，使得对于所有的 $n \geqslant m_i$，都有 $|\zeta_{in}\rangle \models \mathcal{X}$。令 $m=\max_{i=1}^{k} m_i$。那么对于所有的 $n \geqslant m$，有 $|\zeta_{in}\rangle \models \mathcal{X}$，其中 $1 \leqslant i \leqslant k$，而且

$$|\eta_n\rangle = \sum_{i=1}^{k} a_i |\zeta_{in}\rangle$$

由引理 4.10 得到 $|\eta_n\rangle \models \mathcal{X}$，从而证毕。 □

此外，下面的引理表明，只要状态希尔伯特空间是有限维的并且原子命题的集合 AP 是恰当的，持续性质和不变性就是一致的。

引理 4.25　如果状态希尔伯特空间$\mathcal{H}$是有限维的，且 AP 是恰当的，那么$\mathcal{A} \models \text{pers } \mathcal{X}$，当且仅当$\mathcal{A} \models \text{inv } \mathcal{X}$。

证明　充分性的证明显而易见。现在来证明必要性。假设$\mathcal{A} \models \text{pers } \mathcal{X}$而想要证明$\mathcal{A} \models \text{inv } \mathcal{X}$。只需要证明对于所有的 $|\psi\rangle \in R(\mathcal{A})$，都有 $|\psi\rangle \models \mathcal{X}$。通过证明以下两个断言来完成证明。

断言 1：存在 $m \geqslant 0$ 以及酉算子 U 使得对于任意的 $|\psi\rangle \in U^m R(\mathcal{A})$ 都有 $|\psi\rangle \models \mathcal{X}$。

由于 $R(\mathcal{A})$ 是有限维的且由$\mathcal{A}$的可达状态张成，因此可以找到 $R(\mathcal{A})$ 的一组基 $\{|\psi_1\rangle, \cdots, |\psi_l\rangle\}$ 使得对于每个 i，都存在$\mathcal{A}$中的一条路径 $|\varphi_0\rangle|\varphi_1\rangle\cdots|\varphi_n\rangle$，使得 $|\varphi_0\rangle \in \mathcal{H}_0$ 且 $|\varphi_n\rangle = |\psi_i\rangle$。任意选择一个酉算子 $U \in \{U_\alpha : \alpha \in \text{Act}\}$，并对所有的 $k \geqslant 1$，令

$$|\varphi_{n+k}\rangle = U^k |\varphi_n\rangle$$

那么路径 $|\varphi_0\rangle|\varphi_1\rangle\cdots|\varphi_n\rangle$ 被延长成了路径

$$|\varphi_0\rangle|\varphi_1\rangle\cdots|\varphi_n\rangle|\varphi_{n+1}\rangle\cdots$$

根据假设$\mathcal{A} \models \text{pers } \mathcal{X}$，存在 $m_i \geqslant 0$，对于所有的 $k \geqslant m_i$，都有

$$U^k |\psi_i\rangle = |\varphi_{n+k}\rangle \models \mathcal{X}$$

令 $m=\max_{i=1}^{l} m_i$。那么对于所有的 $1 \leqslant i \leqslant l$ 都有 $U^m |\psi_i\rangle \models \mathcal{X}$。由引理 4.10 可得，对于任意的

$$|\psi\rangle \in \text{span}\{U^m |\psi_i\rangle \mid 1 \leqslant i \leqslant l\} = U^m R(\mathcal{A})$$

都有 $|\psi\rangle \models \mathcal{X}$。

断言 2：$U^m R(\mathcal{A})=R(\mathcal{A})$。

根据定义有 $UR(\mathcal{A})\subseteq R(\mathcal{A})$。另一方面，由于 U 是一个酉算子，$\dim(UR(\mathcal{A}))=\dim(R(\mathcal{A}))$。因此 $UR(\mathcal{A})=R(\mathcal{A})$。从而 $U^m R(\mathcal{A})=R(\mathcal{A})$。 □

值得注意的是，持续性质和不变性的等价性只适用于有限维希尔伯特空间。下述反例表明在无限维希尔伯特空间中等价性不成立。

例 4.26 考虑平方可和序列的空间$\mathcal{L}_2$：

$$\mathcal{L}_2=\left\{\sum_{n=-\infty}^{\infty}\alpha_n|n\rangle:\text{对于所有的 }n,\alpha_n\in\mathbb{C},\text{且}\sum_{n=-\infty}^{\infty}|\alpha_n|^2<\infty\right\}$$

$\mathcal{L}_2$中的内积定义为

$$\left(\sum_{n=-\infty}^{\infty}\alpha_n|n\rangle,\sum_{n=-\infty}^{\infty}\alpha'_n|n\rangle\right)=\sum_{n=-\infty}^{\infty}\alpha_n^*\alpha'_n$$

其中 $\alpha_n,\alpha'_n\in\mathbb{C},-\infty<n<\infty$。$\mathcal{L}_2$中的平移算子 T_+定义为

$$T_+|n\rangle=|n+1\rangle$$

易证 T_+是一个酉算子。令 $\mathrm{Act}=\{+\}$只包含一个动作，$\mathcal{H}_0=\mathrm{span}\{|0\rangle\}$。那么$\mathcal{A}=(\mathcal{L}_2,\mathrm{Act},\{U_\alpha:\alpha\in\mathrm{Act}\},\mathcal{H}_0)$是一个量子自动机。

设 k 为一个固定的整数，记

$$[k)=\mathrm{span}\{|n\rangle:n\geqslant k\},(k-1]=\mathrm{span}\{|n\rangle:n\leqslant k-1\}$$

令 $\mathrm{AP}=\{[k),(k-1],\mathcal{L}_2\}$。那么 AP 是恰当的。易得$\mathcal{A}\models\mathrm{pers}[k)$，但是当 $k>0$ 时，$\mathcal{A}\models\mathrm{inv}[k)$不成立。

4.4 量子自动机的可达性

上一节定义了量子系统线性性质的一般概念，并介绍了几个有趣实例。本节将继续讨论一大类线性性质。由第 2 章可知，经典系统的模型检测问题大多可以归结为某些可达性问题。可达性在量子系统的模型检测技术的研究中也将起到类似作用。在 4.1 节末尾已经引入了量子自动机中可达性的简单版本。本节将定义并深入研究量子自动机可达性的几个更为复杂的概念。

4.4.1 量子系统的（元）命题逻辑

可达性是系统的一种动态性质，但它是基于特定的静态性质（即系统中可达状态所满足的性质）来定义的。本小节将通过一种逻辑语言来描述静态性质，这些性质可以用来定义可达性的概念。

给定一个希尔伯特空间$\mathcal{H}$，为了描述量子系统的静态性质，在 4.2 节中定义了量子逻辑$(\mathcal{S}(\mathcal{H}),\perp,\cap,\vee)$，其中$\mathcal{S}(\mathcal{H})$中的元素，即$\mathcal{H}$的（闭）子空间，被认为是关于以$\mathcal{H}$作为其状态空间的量子系统的命题，而$\perp,\cap,\vee$可以分别解释为逻辑连接词“非”“且”“或”。但有时当我们说“量子系统的当前状态在子空间$\mathcal{X}$或子空间$\mathcal{Y}$中”时，意思不是状态在命题的连接$\mathcal{X}\vee\mathcal{Y}$中，换言之，该状态是$\mathcal{X}$中状态和$\mathcal{Y}$中状态的线性组合；相反，我们的意思仅仅是状态在空间的并集$\mathcal{X}\cup\mathcal{Y}$中。然而，$\mathcal{X}\cup\mathcal{Y}$通常不在$\mathcal{S}(\mathcal{H})$中。因此，需要扩展该量子逻辑来描述这种性质。

我们选择将$(\mathcal{S}(\mathcal{H}),\perp,\cap,\vee)$作为对象逻辑，并在它之外定义一个元命题逻辑。假设 $\mathrm{AP}\subseteq\mathcal{S}(\mathcal{H})$是一组原子命题。元逻辑公式由 AP 通过使用传统的布尔连接词$\neg$，$\wedge$和$\vee$生成。其语义可归纳定义如下：对于任意状态$|\psi\rangle\in\mathcal{H}$，

- 设$f\in\mathrm{AP}$，如果$|\psi\rangle\in f$，那么$|\psi\rangle\models f$；
- 如果$|\psi\rangle\models f$不成立，那么$|\psi\rangle\models\neg f$；
- 如果$|\psi\rangle\models f_1$ 且$|\psi\rangle\models f_2$，那么$|\psi\rangle\models f_1\wedge f_2$；
- 如果$|\psi\rangle\models f_1$ 或者$|\psi\rangle\models f_2$,那么$|\psi\rangle\models f_1\vee f_2$.

评述 4.27 值得注意的是，这里的符号有滥用之嫌：$\vee$既表示对象逻辑中的析取，也表示元逻辑中的析取，两者的语义并不相同。但其正确的语义可以根据上下文轻松判断。此外，元逻辑中的否定($\neg$)和对象逻辑中的否定($\perp$)具有不同的语义。然而，元逻辑中合取$\wedge$的解释与对象逻辑中的合取$\cap$一致。

对于一个元逻辑公式f，把满足f的状态的集合记为$[\![f]\!]$：

$$[\![f]\!]=\{|\psi\rangle\in\mathcal{H}:|\psi\rangle\models f\}$$

例如，对于$\mathcal{H}$的一个子空间V，有：

- $[\![\neg V]\!]=\{|\psi\rangle\in\mathcal{H}$：对于$|\psi\rangle,V$是$(1,<)$-满足的$\}$；
- $[\![\neg(V^\perp)]\!]=\{|\psi\rangle\in\mathcal{H}$：对于$|\psi\rangle,V$是$(0,>)$-满足的$\}$。

其中$(\lambda,\rhd)$-满足由式（4.1）定义。一般来说，$[\![f]\!]$是$\mathcal{H}$的子空间的布尔组合，但是它可能不是$\mathcal{H}$的子空间，因为$\vee$和$\neg$可能出现在f中。

4.4.2　量子自动机可达性的满足

4.4.1 小节引入了元逻辑公式来描述量子系统更复杂的静态性质。本小节将用其定义量子自动机中几个有趣的可达性概念。

先回顾一下 4.1 节中介绍的简单可达性概念。假设$\mathcal{A}=(\mathcal{H},\mathrm{Act},\{U_\alpha:\alpha\in\mathrm{Act}\},\mathcal{H}_0)$是一个量子自动机。$\mathcal{A}$的一条路径是由一列动作 $\alpha_0\alpha_1\alpha_2\cdots\in\mathrm{Act}^\omega$ 生成的，并始于某一初始状态：

$$\pi=|\psi_0\rangle\xrightarrow{U_{\alpha_0}}|\psi_1\rangle\xrightarrow{U_{\alpha_1}}|\psi_2\rangle\xrightarrow{U_{\alpha_2}}\cdots$$

其中$|\psi_0\rangle\in\mathcal{H}_0$，且 $\alpha_n\in\mathrm{Act}$，对于所有的 $n\geqslant 0$，都有$|\psi_{n+1}\rangle=U_{\alpha_n}|\psi_n\rangle$。如果$\mathcal{A}$有一条路径$|\psi_0\rangle|\psi_1\rangle\cdots|\psi_n\rangle$，使得$|\psi_0\rangle=|\psi\rangle$且$|\psi_n\rangle=|\varphi\rangle$，那么状态$|\varphi\rangle\in\mathcal{H}$是从$|\psi\rangle\in\mathcal{H}_0$ 可达的。此外，量子自动机$\mathcal{A}$的可达空间是$\mathcal{H}$的一个子空间：

$$R(\mathcal{A})=\mathrm{span}\{|\varphi\rangle\in\mathcal{H}:|\psi\rangle\text{是从某初始状态}|\psi\rangle\in\mathcal{H}_0\text{可达的}\}$$

更复杂的可达性可以通过提升 4.4.1 小节中介绍的元逻辑公式来定义。设f是一个元逻辑公式，它代表状态希尔伯特空间$\mathcal{H}$中一些子空间的布尔组合。设 $\sigma=|\psi_0\rangle|\psi_1\rangle|\psi_2\rangle\cdots$是一个$\mathcal{H}$中状态的无限序列。我们定义：

- 最终可达：

$$\sigma\models \boldsymbol{F}f,\text{如果 }\exists i\geqslant 0.\ |\psi_i\rangle\models f \tag{4.9}$$

- 全局可达：

$$\sigma\models \boldsymbol{G}f,\text{如果 }\forall i\geqslant 0.\ |\psi_i\rangle\models f \tag{4.10}$$

- 最终永远可达：

$$\sigma\models \boldsymbol{U}f,\text{如果 }\overset{\infty}{\forall} i\geqslant 0.\ |\psi_i\rangle\models f \tag{4.11}$$

- 无限经常可达：

$$\sigma\models \boldsymbol{I}f,\text{如果 }\overset{\infty}{\exists} i\geqslant 0.\ |\psi_i\rangle\models f \tag{4.12}$$

这里，$\overset{\infty}{\forall} i\geqslant 0$ 的意思是“$\exists j\geqslant 0,\forall i\geqslant j$”，而$\overset{\infty}{\exists} i\geqslant 0$ 的意思是“$\forall j\geqslant 0,\exists i\geqslant j$”。

此外，量子自动机对于这些可达性性质的满足可以直接地定义为：

定义 4.28　设$\mathcal{A}$是一个量子自动机。那么对于可达性性质$\Delta\in\{\boldsymbol{F},\boldsymbol{G},\boldsymbol{U},\boldsymbol{I}\}$，$\mathcal{A}$对于$\Delta$

的满足定义如下：

$$\text{如果对于}\mathcal{A}\text{中所有路径 }\pi\text{ 都有 }\sigma(\pi)\models\Delta f\text{，则 }\mathcal{A}\models\Delta f\text{。}$$

下述例子可用以说明上文定义的可达性性质确实可以描述量子物理系统中的一些有趣的性质。

例 4.29　设$\mathcal{A}$为一个四边形上的量子游走，其状态希尔伯特空间为$\mathcal{H}_4=\text{span}\{|0\rangle,|1\rangle,|2\rangle,|3\rangle\}$。它的行为描述如下。

（ⅰ）初始化系统于状态$|0\rangle$。

（ⅱ）不确定地作用于下述两个酉算子之一

$$W_{\pm}=\frac{1}{\sqrt{3}}\begin{pmatrix}1 & 1 & 0 & \mp1\\ \pm1 & \mp1 & \pm1 & 0\\ 0 & 1 & 1 & \pm1\\ 1 & 0 & -1 & \pm1\end{pmatrix}$$

（ⅲ）执行测量$\{P_{yes},P_{no}\}$，其中

$$P_{yes}=|2\rangle\langle 2|,\qquad P_{no}=I_4-|2\rangle\langle 2|$$

而I_4为 4×4 的单位矩阵。如果测量结果为“yes”，那么游走终止；否则返回第（ii）步。

在[83] 中证明了该游走以小于 1 的概率终止，当且仅当发散态（即终止概率为 0 的状态）是可达的。这里的发散态为$PD_1\cup PD_2$，其中

$$PD_1=\text{span}\{|0\rangle,(|1\rangle-|3\rangle)/\sqrt{2}\}$$

$$PD_2=\text{span}\{|0\rangle,(|1\rangle+|3\rangle)/\sqrt{2}\}$$

因此，游走的终止可以表示成一个可达性性质：

$$\mathcal{A}\models \boldsymbol{G}\neg(PD_1\vee PD_2)\tag{4.13}$$

评述 4.30　例 4.29 说明元逻辑中的布尔析取在某些应用中确实是需要的。显然，式(4.13) 中的“∨”应该被理解为布尔析取，而不是 *Birkhoff-von Neumann* 量子逻辑中的析取。

评述 4.31　根据定义 4.1，例 4.29 中的量子游走实际上不是严格意义上的量子自动机。但是它可以被看作一个包含两部分的系统：一是含有两个酉动作$W_{\pm}$的量子自动

机，二是在每一步结束时执行的测量。

可达性性质的一种刻画

上文讨论的可达性性质可以用不同的方式来看待，这将有助于读者更好地理解这些性质。对于任意动作序列 $s=\alpha_0\alpha_1\cdots\alpha_n\in\mathrm{Act}^*$，记相应的酉算子为

$$U_s=U_{\alpha_n}\cdots U_{\alpha_1}U_{\alpha_0}$$

如果 $U_s|\psi_0\rangle\models f$ 对于某一初始状态 $|\psi_0\rangle\in\mathcal{H}_0$ 成立，我们称 s 在 f 下被 $\mathcal{A}$ 接受。所有这些被接受的动作序列的集合，称为在条件 f 下被 $\mathcal{A}$ 接受的语言，并记作 $\mathcal{L}(\mathcal{A},f)$。对于任意 $S\subseteq\mathrm{Act}^*$，用 $\omega(S)$ 表示无限动作序列的集合，使得无穷多初始片段属于 S，也就是说，

$$\omega(S)=\{w=\alpha_0\alpha_1\alpha_2\cdots\in\mathrm{Act}^\omega:\overset{\infty}{\exists}n\geqslant 0,\alpha_0\alpha_1\cdots\alpha_n\in S\}$$

如果 $\omega(S)=\mathrm{Act}^\omega$（相应地，$\omega(S)=\emptyset$），称 $S\subseteq\mathrm{Act}^*$ 满足存活（死亡）性质。

下面的引理从可接受语言的角度刻画了量子自动机的可达性。

引理 4.32 设 $\mathcal{A}$ 为一个量子自动机，且 $\dim\mathcal{H}_0=1$。那么

（i）$\mathcal{A}\models \boldsymbol{F}f$，当且仅当 $\mathrm{Act}^\omega=\mathcal{L}(\mathcal{A},f)\cdot\mathrm{Act}^\omega$，这里，$X\cdot Y$ 表示所有 X 和 Y 中元素的连接（concatenation）所构成的集合；

（ii）$\mathcal{A}\models \boldsymbol{I}f$，当且仅当 $\mathcal{L}(\mathcal{A},f)$ 满足存活性质；

（iii）$\mathcal{A}\models \boldsymbol{G}f$，当且仅当 $\mathcal{L}(\mathcal{A},f)=\mathrm{Act}^*$（即 $\mathcal{L}(\mathcal{A},\neg f)=\emptyset$）；

（iv）$\mathcal{A}\models \boldsymbol{U}f$，当且仅当 $\mathrm{Act}^*-\mathcal{L}(\mathcal{A},f)$（即 $\mathcal{L}(\mathcal{A},\neg f)$）满足死亡性质。

练习 4.5 证明引理 4.32。

4.5 量子自动机不变性的检测算法

前面几节已经定义了各种线性时间性质。本节和下一节将开发用于检测给定量子自动机是否满足这些性质的算法。先来考虑一类简单的线性时间性质，即不变性。这里的模型检测问题可以陈述如下：

- **不变性的检测问题**。给定一个（有限维的）量子自动机 $\mathcal{A}=(\mathcal{H},\mathrm{Act},\{U_\alpha:\alpha\in\mathrm{Act}\},\mathcal{H}_0)$ 以及它的状态希尔伯特空间 $\mathcal{H}$ 的一个子空间 $\mathcal{X}$，检测 $\mathcal{A}\models\mathrm{inv}\ \mathcal{X}$ 是否成立。

假设原子命题集合 AP 是恰当的（见定义 4.9 和引理 4.19），一个解决上述问题的算法如算法 1 所示。该算法的设计思想基于引理 4.4 和 4.19 以及下述观察：

- 如果$\{|\psi_1\rangle,\cdots,|\psi_l\rangle\}$是可达空间$R(\mathcal{A})$的一组基，那么$\mathcal{A}\models \text{inv}\ \mathcal{X}$，当且仅当对于所有的$1\leqslant i\leqslant l$都有$|\psi_i\rangle\models\mathcal{X}$。

此外，对于所有的$1\leqslant i\leqslant l$都有$|\psi_i\rangle\models\mathcal{X}$的条件可以通过前向深度优先搜索进行检查。

算法 1　不变性检测

```
input:
    (i) A中的酉算子集合{U_α: α∈Act}
    (ii) 初始状态空间H_0的一组基{|ψ_1⟩,|ψ_2⟩,…,|ψ_k⟩}
    (iii) H的一个子空间X(不变性条件)
output: 如果A⊨inv X,输出 true,否则输出 false
begin
    状态集 B←∅;                                   (* R(A)的一组基 *)
    状态栈 S←ε;                                   (* 空栈 *)
    bool b←true;                                  (* B 中所有状态满足X *)
    for i=1,2,…,k do
        B←B∪{|ψ_i⟩};                              (* 初始状态是可达的 *)
        push(|ψ_i⟩,S);                            (* 从初始状态开始深度优先搜索 *)
        b←b∧(|ψ_i⟩⊨X);                            (* 检查所有初始状态是否满足X *)
    end
    while(b∧S≠ε)do
        |ψ⟩←top(S);                               (* 考虑一个可达状态 *)
        pop(S);
        for 所有α∈Act do
            |ξ⟩←U_α|ψ⟩;                           (* 得到一个候选状态 *)
            b←b∧(|ξ⟩⊨X);                          (* 检查 X 是否被满足 *)
            if b∧|ξ⟩∉span B then
                (* 检查它是否还未被考虑 *)
                B←B∪{|ξ⟩};                        (* 通过添加新的可达状态扩展 B *)
                push(|ξ⟩,S)
            end
        end
    end
    return b
end
```

为了更好地理解该算法，可从以下几个角度进行深度分析：

- **算法的终止性**。首先，证明算法 1 对于一个有限维希尔伯特空间$\mathcal{H}$确实会终止。可以看出，在该算法中，对于一个候选状态$|\xi\rangle$，如果它在 span$B$ 中，那么它不会被添加到 B 中。因此，B 中的元素总是线性无关的，且 B 中最多只有 $d=\dim\mathcal{H}$个元素。此外，注意到一个状态会被推入 S，当且仅当它已经被

添加到 B 中。因此 S 在弹出最多 d 个状态后将变为空。这意味着算法在迭代最多 d 次 **while** 循环后会终止。

- **算法的正确性**。其次，证明算法 1 是正确的。很容易检查 B 中的所有元素是可达的。事实上，初始状态 $|\psi_i\rangle$ 是可达的，并且如果状态 $|\psi\rangle \in B$ 是可达的，那么所有的候选状态 $|\xi\rangle = U_\alpha |\psi\rangle$ 都是可达的。所以，如果算法执行后返回 “false”，那么一定存在一个可达状态 $|\psi_i\rangle$ 或者某个候选状态 $|\xi\rangle$ 不满足 $\mathcal{X}$。如果输出为 “true”，那么根据引理 4.10，B 中的所有状态，扩展至 span$B$ 中的所有状态，都满足 $\mathcal{X}$。因此，算法的正确性可由以下引理得证：

引理 4.33　可达空间 $R(\mathcal{A}) \subseteq \text{span}\ B$。

证明　只需要检查 span B 满足引理 4.4 中的条件（i）和（ii）。条件（i）是满足的，因为对于所有的 $1 \leqslant i \leqslant k$ 都有 $|\psi_i\rangle \in B$。注意到对于任意 $|\psi\rangle \in B$ 以及任意 $\alpha \in \text{Act}$，$U_\alpha |\psi\rangle$ 在某一时刻是候选状态，那么或者 $U_\alpha |\psi\rangle \in \text{span}\ B$ 或者它会被添加到 B 中。所以总有 $U_\alpha |\psi\rangle \in \text{span}\ B$。因此，

$$U_\alpha(\text{span}\ B) = \text{span}(U_\alpha B) \subseteq \text{span}(\text{span}\ B) = \text{span}\ B$$

从而条件（ii）被满足。　□

- **算法的实现**。为了保证算法 1 能够执行，其中的量子态、酉算子 U_α、子空间 $\mathcal{X}$ 以及 AP 中的子空间应该以一些有效的方式给出。固定状态空间 $\mathcal{H}$ 的一组标准正交基作为计算基。那么系统的所有状态可以用复数列向量表示。用相应的投影算子来标识 $\mathcal{H}$ 中的子空间，并假设所有的投影算子和酉算子用计算基下的复矩阵来表示。为了在有限的存储空间中对其进行记录，可以合理地假设所涉及的复数的实部和虚部是有理的。

上述想法（或类似的想法）在本书其他算法的实现中同样适用。

评述 4.34　在所有酉算子 U_α 都没有退化本征向量的情况下，[119] 中给出了算法 1 的一种改进：将量子自动机的不变性检测问题化为经典不变性检测问题。

检测存活性质和持续性质的算法，可以用类似于上述检测不变性算法的思想来设计。我们将其留作练习。

练习 4.6　找到用于检测量子自动机的存活性质和持续性质的算法（参见定义 4.21 和定义 4.23）。

4.6 量子自动机可达性的检测算法

现在我们继续设计算法来检测更广的一类线性时间性质，即量子自动机的可达性性质。这个问题可以正式表述如下。

可达性检测问题：给定一个（有限维）量子自动机$\mathcal{A}=(\mathcal{H},\mathrm{Act},\{U_\alpha:\alpha\in\mathrm{Act}\},\mathcal{H}_0)$和一个元逻辑公式$f$，即一个AP中原子命题的布尔组合（通过使用¬、∧和∨）。检测$\mathcal{A}\models\boldsymbol{\Delta}f$是否成立，其中可达性性质$\boldsymbol{\Delta}\in\{\boldsymbol{F},\boldsymbol{G},\boldsymbol{U},\boldsymbol{I}\}$（最终、全局、最终永远和无限经常，它们的定义见式（4.9）、式（4.10）、式（4.11）和式（4.12））。

如下一节所述，这一问题通常不可判定。但如果$\boldsymbol{\Delta}\neq\boldsymbol{F}$，并限制$f$是一个正逻辑公式（即¬不在$f$中出现），那么这个问题就是可判定的。更准确地说，有

定理4.35（可判定性） *对于可达性性质$\boldsymbol{\Delta}\in\{\boldsymbol{G},\boldsymbol{U},\boldsymbol{I}\}$，如果$f$不包含否定¬，那么检测$\mathcal{A}\models\boldsymbol{\Delta}f$是否成立的问题就是可判定的。*

本节将逐步设计算法，以解决上述定理4.35所考虑情况下的可达性检测问题。在这之前，我们先做一些技术上的准备。

- 正如在4.5节末尾所讨论的，出于算法的目的，有理由做出以下假设：用投影运算符标识一个子空间$\mathcal{H}$，并假设自动机$\mathcal{A}$和公式$\mathcal{F}$中的所有投影算子和酉算子都用一组固定正交基下的复矩阵来表示。此外，假设所有涉及的复数都有有理实部和虚部。
- （元）逻辑公式f可以写成析取范式：

  $$f=\bigvee_{i=1}^{m}f_i$$

  其中每个f_i是一个合取子句。由于它不包含否定以及一族子空间的交集还是子空间，对于每个i，$[\![f_i]\!]$是量子自动机$\mathcal{A}$的状态希尔伯特空间$\mathcal{H}$的一个子空间，例如V_i，那么

  $$[\![f]\!]=\bigcup_{i=1}^{m}V_i$$

  是$\mathcal{H}$的有限多个子空间的并集。
- 判断对于量子自动机

  $$\mathcal{A}=(\mathcal{H},\mathrm{Act},\{U_\alpha:\alpha\in\mathrm{Act}\},\mathcal{H}_0)$$

  $\mathcal{A}\models\boldsymbol{\Delta}f$是否成立，可以通过计算$\mathcal{A}$中的某些前趋状态得到。为此，对于每个

$|\psi\rangle \in \mathcal{H}$，引入自动机

$$\mathcal{A}(\psi) = (\mathcal{H}, \mathrm{Act}, \{U_\alpha : \alpha \in \mathrm{Act}\}, \mathrm{span}\{|\psi\rangle\})$$

它可以看作$\mathcal{A}$在从$|\psi\rangle$开始的路径上的限制。此外，对于任意$\boldsymbol{\Delta} \in \{\boldsymbol{G}, \boldsymbol{U}, \boldsymbol{I}\}$，把所有满足$\boldsymbol{\Delta} f$的状态的集合记作

$$\mathrm{Sat}(\boldsymbol{\Delta} f) = \{|\psi\rangle \in \mathcal{H} : \mathcal{A}(\psi) \models \boldsymbol{\Delta} f\}.$$

那么很容易看出$\mathcal{A} \models \boldsymbol{\Delta} f$可以通过检测$\mathcal{H}_0 \subseteq \mathrm{Sat}(\boldsymbol{\Delta} f)$是否成立来判断。

4.6.1 检测$\mathcal{A} \models \boldsymbol{I} f$的最简单情形

现在我们准备设计用于检测各种可达性性质的算法。首先展示一个用于检测$\mathcal{A} \models \boldsymbol{I} f$（无限经常可达）是否成立的算法。前面的分析表明，只需要构造满足集 $\mathrm{Sat}(\boldsymbol{I} f)$。为了便于理解，将分两步进行。本小节考虑$|\mathrm{Act}| = 1$ 且 $m = 1$ 的最简单情形，也就是说，$\mathcal{A}$只有一个酉算子，且$f = V$是一个子空间。一般情形将在下一小节中讨论。

引理 4.36 对于任意$\mathcal{H}$上的酉算子 U，存在一个整数$p \geq 1$，使得对于$\mathcal{H}$的任意子空间K，以下两种情况之一成立：

（i）$U^p K = K$；

（ii）对于任意的$n \geq 1$都有$U^n K \neq K$。

此外，最小的这样的整数（称为 U 的周期，并记作p_U）可以在$O(d^3)$内算出，其中$d = \dim \mathcal{H}$。

证明 见附录 A，A.1 节。 □

下一个定理表明，如果量子自动机$\mathcal{A}$只有一个动作，并且逻辑公式$\mathcal{F}$对应于一个子空间，那么满足集 $\mathrm{Sat}(\boldsymbol{I} f)$就是一系列子空间的并集。

定理 4.37 设$\mathcal{A} = (\mathcal{H}, \mathrm{Act}, \{U_\alpha : \alpha \in \mathrm{Act}\}, \mathcal{H}_0)$是一个量子自动机，其中 $\mathrm{Act} = \{\alpha\}$是一个单元素集，$p = p_{U_\alpha}$，并且$f$是一个元逻辑公式，满足$[\![f]\!] = V$，其中 V 为一子空间。

（i）令 $K_0 = V$，对于任意 $n \geq 0$，令

$$K_{n+1} = K_n \cap U_\alpha^p K_n$$

那么存在$m \leq \dim V$使得$K_{m+1} = K_m$。将 K_m 记作 K，或者记作 $K(U_\alpha, V)$来体现 K 对 U_α 和 V 的依赖。那么

$$K = \bigcup \{X \text{ 是 } V \text{ 的一个子空间} : U_\alpha^p X = X\}$$

也就是说，K 是 V 的满足 $U_\alpha^p K=K$ 的最大子空间。

（ii）

$$\mathrm{Sat}(\boldsymbol{I}f)=\bigcup_{r=0}^{p-1}U_\alpha^r K$$

证明 （i）的证明留作练习。现在来证明（ii）。对于任意正整数 q，将 V 的满足 $U_\alpha^q K_q=K_q$ 的最大子空间记作 K_q，那么 $K_p=K$。另一方面，可以证明

$$K_q=\{|\psi\rangle\in V:\forall n\in\mathbb{N},U_\alpha^{qn}|\psi\rangle\in V\}\tag{4.14}$$

事实上，很容易验证 K_q 中的任意状态也属于式（4.14）的右边。反过来，对于式（4.14）右边中的任意状态 $|\psi\rangle$，$\mathrm{span}\{U_\alpha^{qn}|\psi\rangle:n=0,1,\cdots\}$ 是一个包含 V 的 U_α^q 的不变子空间。那么根据 K_q 的定义，它一定是 K_q 的一个子空间，因此 $|\psi\rangle\in K_q$，从而式（4.14）得证。

现在对于任意 $|\psi\rangle\in\mathcal{H}$，由引理 4.32（ii）可知 $\mathcal{A}(\psi)\models\boldsymbol{I}f$，当且仅当

$$\mathcal{L}(\mathcal{A}(\psi),V)=\{n\geqslant 0:U_\alpha^n|\psi\rangle\in V\}$$

满足存活性质，也就是说，在这一特殊情况下它是无限的。注意到

$$U_\alpha^n|\psi\rangle\in V,\text{当且仅当}\ \mathrm{tr}(P_{V^\perp}\mathcal{U}^n(\psi))=0$$

其中 $\psi=|\psi\rangle\langle\psi|$ 是对应于纯态 $|\psi\rangle$ 的密度算子，$P_{V^\perp}$ 是 $V^\perp$ 上的投影算子，而 $\mathcal{U}$ 是由酉算子 U_α 定义的超算子，即对于任意密度算子 ρ 都有 $\mathcal{U}(\rho)=U\rho U^\dagger$。由于

$$\{\mathrm{tr}(P_{V^\perp}\mathcal{U}^n(\psi))\}_{n=0}^{\infty}\tag{4.15}$$

是一个线性递推序列，由定理 A.1 可知 $\mathcal{L}(\mathcal{A}(\psi),V)$ 是半线性的。因此它是无限的，当且仅当它包含一个等差级数 $\{qn+r\}_{n=0}^{\infty}$，其中整数 $q>0$ 且 $r\geqslant 0$。因此，

$$\begin{aligned}\mathrm{Sat}(\boldsymbol{I}f)&=\{|\psi\rangle:\mathcal{L}(\mathcal{A}(\psi),V)\ \text{是无限的}\}\\&=\{|\psi\rangle:\exists q>0,r\geqslant 0,\forall n\geqslant 0.\ U_\alpha^{qn+r}|\psi\rangle\in V\}\\&=\{|\psi\rangle:\exists q>0,r\geqslant 0.\ U_\alpha^r|\psi\rangle\in K_q\}\\&=\{|\psi\rangle:\exists q>0,r\geqslant 0.\ |\psi\rangle\in U_\alpha^{q-r}K_q\}\\&=\bigcup_{q>0,r\geqslant 0}U_\alpha^r K_q=\bigcup_{r=0}^{\infty}U_\alpha^r K_p=\bigcup_{r=0}^{p-1}U_\alpha^r K\end{aligned}\tag{4.16}$$

式（4.16）的最后两个等号来自下述观察：对于任意整数 q，由于 $U_\alpha^q K_q=K_q$，根据引理 4.36 可知 $U_\alpha^p K_q=K_q$。因此，根据 K 的定义有 $K_q\subseteq K_p=K$。 □

练习 4.7 证明定理 4.37（i）。

练习 4.8 证明式（4.15）中的序列是一个线性递推序列。

利用引理 4.36 和定理 4.37，设计了算法 2 来检测对于最简单的情形$\mathcal{A}\models\mathbf{I}f$是否成立。易证该算法的时间复杂性为 $O(d^3)$，其中 $d=\dim\mathcal{H}$。

算法 2 检测$\mathcal{A}\models\mathbf{I}f$的最简单情形

input：
（i）一个量子自动机$\mathcal{A}=(\mathcal{H},\mathrm{Act},\{U_\alpha:\alpha\in\mathrm{Act}\},\mathcal{H}_0)$，其中 $\mathrm{Act}=\{\alpha\}$为一个单元素集
（ii）一个元逻辑公式f，满足$[\![f]\!]=V$，其中 V 为$\mathcal{H}$的某个子空间
output：如果$\mathcal{A}\models\mathbf{I}f$，输出 true，否则输出 false

```
begin
    p←p_U, U 的周期;                                  (*利用引理 4.36*)
    K_0←V;
    K←H;
    while K≠K_0 do
        K_0←K;
        K←K∩U_α^p K;
    end
    return ∨_{r=0}^{p-1} (H_0 ⊆ U_α^r K)
end
```

4.6.2 检测$\mathcal{A}\models\mathbf{I}f$的一般情形

在 4.6.1 小节中，在自动机$\mathcal{A}$只有一个动作，且可达性条件f只对应于一个子空间 V 的最简单情形下，给出了检测$\mathcal{A}\models\mathbf{I}f$的算法。现在进一步考虑任意量子自动机$\mathcal{A}$和$[\![f]\!]=\bigvee_{i=1}^m V_i$ 的一般情形。幸运的是，4.6.1 小节中的思想可以推广到一般情况。回顾可知，要检测$\mathcal{A}\models\mathbf{I}f$，只需要构造集合 $\mathrm{Sat}(\mathbf{I}f)$。

下一个定理，是定理 4.37 的推广，表明 $\mathrm{Sat}(\mathbf{I}f)$ 可以写为有限多个子空间的并集。

定理 4.38 设$\mathcal{A}$是一个量子自动机，f为一个元逻辑公式，满足$[\![f]\!]=\bigvee_{i=1}^m V_i$。那么存在$\mathcal{H}$的一族子空间$\mathbb{X}=\{Y_1,Y_2,\cdots,Y_q\}$，满足下列条件：

（i）对于任意的 i 和 $\alpha\in\mathrm{Act}$，存在 j 使得 $U_\alpha Y_i=Y_j$。换句话说，在这些酉变换下，这些子空间形成了比（在单酉算子的情形下形成的）简单循环图更一般的有向图。

（ii）对于任意简单回路（即对于回路中不同的 i 和 j，有 $Y_{r_i}\neq Y_{r_j}$）

$$Y_{r_0} \xrightarrow{U_{\alpha_0}} Y_{r_1} \xrightarrow{U_{\alpha_1}} \cdots \xrightarrow{U_{\alpha_{k-2}}} Y_{r_{k-1}} \xrightarrow{U_{\alpha_{k-1}}} Y_{r_0}$$

存在某个 $i\in\{0,1,\cdots,k-1\}$ 以及 $j\in\{1,2,\cdots,m\}$，使得 $Y_{r_i}\subseteq V_j$.

(iii)

$$\mathrm{Sat}(\boldsymbol{I}f)=\bigcup\mathbb{X}=Y_1\cup Y_2\cup\cdots\cup Y_q$$

为了证明这个定理，需要两个技术引理。

引理 4.39　给定$\mathcal{H}$的一族子空间$\mathbb{X}=\{Y_1,Y_2,\cdots,Y_q\}$，满足：对于任意的 $i\neq j$ 都有 $Y_i\not\subseteq Y_j$，且 $\mathrm{Sat}(\boldsymbol{I}f)\subseteq\cup\mathbb{X}$。如果$\mathbb{X}$不满足定理 4.38 中的条件（i）或者条件（ii），那么可以通过算法找到某个 $Y_i\in\mathbb{X}$以及它的真子空间 $W_1,W_2,\cdots,W_l$，使得

$$\mathrm{Sat}(\boldsymbol{I}f)\cap Y_i\subseteq W_1\cup W_2\cup\cdots\cup W_l \tag{4.17}$$

证明　见附录 A，A.2 节。□

引理 4.40　假设对于每个 k，X_k 是有限维希尔伯特空间$\mathcal{H}$的有限个子空间的并集，且

$$X_0\supseteq X_1\supseteq\cdots\supseteq X_k\supseteq\cdots$$

那么存在 $n\geqslant 0$，使得对于所有的 $k\geqslant n$，都有 $X_k=X_n$。

练习 4.9　证明引理 4.40（该引理的一个证明可以在[83] 中找到）。

借助引理 4.39 和引理 4.40，可以证明定理 4.38 如下所示。

定理 4.38 的证明　首先令$\mathbb{X}\leftarrow\{\mathcal{H}\}$，并利用引理 4.39 证明中所示的过程，获得某个 $Y_i\in\mathbb{X}$以及它的子空间 $W_1,W_2,\cdots,W_l$，满足式（4.17）。令

$$\mathbb{X}'=\mathbb{X}\cup\{W_k:1\leqslant k\leqslant l\}\setminus\{Y_i\}$$

并去掉$\mathbb{X}'$中所有满足下述条件的子空间：它包含在$\mathbb{X}'$中的其他子空间中。那么$\cup\mathbb{X}'\subseteq\cup\mathbb{X}$。此外，由 $\mathrm{Sat}(\boldsymbol{I}f)\subseteq\cup\mathbb{X}$及式（4.17），有 $\mathrm{Sat}(\boldsymbol{I}f)\subseteq\cup\mathbb{X}'$。

重复上述步骤，最终可以得到满足条件（i）和（ii）的$\mathcal{H}$的一族子空间$\mathbb{X}=\{Y_1,Y_2,\cdots,Y_q\}$，其可终止性由引理 4.40 保证。现在证明这样的$\mathbb{X}$也满足条件（iii）。注意到 $\mathrm{Sat}(\boldsymbol{I}f)\subseteq\cup\mathbb{X}$，只需要证明对于任意的$|\psi_0\rangle\in\cup\mathbb{X}$，都有$|\psi_0\rangle\in\mathrm{Sat}(\boldsymbol{I}f)$，即$\mathcal{A}(\psi_0)\models\boldsymbol{I}f$。

选取 $Y_{r_0}\in\mathbb{X}$使得$|\psi_0\rangle\in Y_{r_0}$。对于任意的 $\alpha_0\alpha_1\cdots\in\mathrm{Act}^\omega$，令$|\psi_{n+1}\rangle=U_{\alpha_n}|\psi_n\rangle$对于

$n=0,1,\cdots$成立。根据条件（i），可以假设$|\psi_n\rangle\in Y_{r_n}$，其中$Y_{r_n}\in\mathbb{X}$。注意到$q<\infty$，由条件（ii）可知集合$\{n\geqslant 0:|\psi_n\rangle\in[\![f]\!]\}$是无限的。 □

利用定理4.38，我们设计了算法3来检测对于一般情形$\mathcal{A}\models \boldsymbol{I}f$是否成立。

算法3　检测$\mathcal{A}\models \boldsymbol{I}f$

input:

（i）一个量子自动机$\mathcal{A}=(\mathcal{H},\mathrm{Act},\{U_\alpha:\alpha\in\mathrm{Act}\},\mathcal{H}_0)$

（ii）一个元逻辑公式f，满足$[\![f]\!]=\bigvee_{i=1}^m V_i$，其中$V_i$为$\mathcal{H}$的某些子空间

output: 如果$\mathcal{A}\models \boldsymbol{I}f$，输出 true，否则输出 false

```
begin
  𝕏←{ℋ};
  while 𝕏不满足定理4.38的条件(i)和(ii)do
    if 条件(i)不满足 then
      Y←一个𝕐中维度最大的子空间;                     (*𝕐定义于式(A.1)*)
      α←一个使得 U_α Y∉𝕏的动作;
      𝕏←𝕏∪{U_α^{-1}X∩Y:X∈𝕏};
    else
      得到一个如式(A.2)所示的简单回路;
      for 0≤i<k do
        T_i←U_{α_i}⋯U_{α_1}U_{α_k}⋯U_{α_{i+1}};
        p_i←p_{T_i}, T_i 的周期;                      (*利用引理4.36*)
        for 0≤n<p_i, 1≤t≤m do
          𝕏←𝕏∪{Y_{r_0}∩U_{α_1}^{-1}U_{α_2}^{-1}⋯U_{α_i}^{-1}T_i^n K(T_i,V_t)};
          (*K(T_i,V_t)由算法2中计算得到*)
        end
      end
    end
    通过删除所有那些包含在其他子空间中的子空间来简化𝕏;
  end
  return(ℋ_0⊆∪𝕏)
end
```

4.6.3　检测$\mathcal{A}\models \boldsymbol{G}f$以及$\mathcal{A}\models \boldsymbol{U}f$

本小节转向设计算法来检测$\mathcal{A}\models \boldsymbol{G}f$（全局可达性）和$\mathcal{A}\models \boldsymbol{U}f$（最终永远可达性）。

1. 检测$\mathcal{A}\models \boldsymbol{G}f$

首先考虑全局可达性$\mathcal{A}\models \boldsymbol{G}f$。正如本节开头所讨论的，可以通过计算 Sat（$\boldsymbol{G}f$）来检测$\mathcal{A}\models \boldsymbol{G}f$。此外，由引理4.32（iii），有

$$\mathrm{Sat}(\boldsymbol{G}f)=\{|\psi\rangle\in\mathcal{H}:\forall s\in\mathrm{Act}^*,U_s|\psi\rangle\in[\![f]\!]\}\tag{4.18}$$

因此，对于任意的 $\alpha\in\mathrm{Act}$，有

$$U_\alpha\cdot\mathrm{Sat}(\boldsymbol{G}f)\subseteq\mathrm{Sat}(\boldsymbol{G}f)\subseteq[\![f]\!]=V_1\cup V_2\cup\cdots\cup V_m$$

一个检测$\mathcal{A}\models\boldsymbol{G}f$是否成立的算法由算法4给出，其正确性如下所示。把算法执行过程中 Y 的实例记为 $Y_0,Y_1,\cdots$。那么 $Y_0=V_1\cup V_2\cup\cdots\cup V_m$，且

$$Y_{n+1}=U_\alpha^{-1}Y_n\cap Y_n$$

其中 $\alpha\in\mathrm{Act}$。对 n 用归纳法可以证明，每个 Y_n 是$\mathcal{H}$的有限多个子空间的并集。注意到 $Y_0\supseteq Y_1\supseteq Y_2\supseteq\cdots$是一个降链。根据引理4.40，此链将在某个 Y_n 终止。那么对于所有的 $\alpha\in\mathrm{Act}$，有 $U_\alpha Y_n=Y_n$。现在来证明 $Y_n=\mathrm{Sat}(\boldsymbol{G}f)$。首先，由于 $\mathrm{Sat}(\boldsymbol{G}f)\subseteq[\![f]\!]=Y_0$，且对于所有的 $\alpha\in\mathrm{Act}$，都有

$$\mathrm{Sat}(\boldsymbol{G}f)\subseteq U_\alpha^{-1}\mathrm{Sat}(\boldsymbol{G}f)$$

那么可以对 k 用归纳法证明，对于所有的 k 都有 $\mathrm{Sat}(\boldsymbol{G}f)\subseteq Y_k$，而且特别地，$\mathrm{Sat}(\boldsymbol{G}f)\subseteq Y_n$。另一方面，因为对于所有的 $s\in\mathrm{Act}^*$，都有

$$U_sY_n=Y_n\subseteq[\![f]\!]$$

因此 $Y_n\subseteq\mathrm{Sat}(\boldsymbol{G}f)$。所以 $Y_n=\mathrm{Sat}(\boldsymbol{G}f)$。

算法4 检测$\mathcal{A}\models\boldsymbol{G}f$

input:

(i) 一个量子自动机$\mathcal{A}=(\mathcal{H},\mathrm{Act},\{U_\alpha:\alpha\in\mathrm{Act}\},\mathcal{H}_0)$

(ii) 一个元逻辑公式f，满足$[\![f]\!]=\vee_{i=1}^m V_i$，其中 V_i 为$\mathcal{H}$的某些子空间

output: 如果$\mathcal{A}\models\boldsymbol{G}f$，输出 true，否则输出 false

```
begin
    Y ← V_1 ∪ V_2 ∪ ··· ∪ V_m
    Y' ← {0};
    while Y ≠ Y' do
        Y' ← Y
        for α ∈ Act do
            if U_α Y ≠ Y then
                Y ← U_α^{-1} Y ∩ Y;
            end
        end
    end
    return(H_0 ⊆ Y)
end
```

2. 检测$\mathcal{A}\models \boldsymbol{U}f$

本节的最后部分考虑如何检测最终永远可达性$\mathcal{A}\models \boldsymbol{U}f$。如下面的引理所示，对于正（元）逻辑公式$f$，最终永远可达性$\boldsymbol{U}f$和全局可达性$\boldsymbol{G}f$是相互等价的，因此前面给出的检测$\mathcal{A}\models \boldsymbol{G}f$的算法也可以用来检测$\mathcal{A}\models \boldsymbol{U}f$。

引理 4.41 如果f是正的，那么对于任意量子自动机$\mathcal{A}$，有

$$\mathcal{A}\models \boldsymbol{U}f, \text{当且仅当} \mathcal{A}\models \boldsymbol{G}f$$

证明 充分性显而易见。因此只需要证明必要性。假设$\mathcal{A}\models \boldsymbol{U}f$，那么对于任意的$|\psi_0\rangle\in\mathcal{H}_0$，有$\mathcal{A}(\psi_0)\models \boldsymbol{U}f$。断言存在某个$s\in \mathrm{Act}^*$使得$U_s|\psi_0\rangle\models \boldsymbol{G}f$。事实上，如果情况相反，那么对于所有的$s\in \mathrm{Act}^*$，存在某个$s'\in \mathrm{Act}^*$使得$U_{ss'}|\psi_0\rangle\not\models f$。因此可以找到$\mathrm{Act}^*$中的动作串$s_0,s_1,s_2,\cdots$，使得对于任意的$k\geqslant 0$，

$$U_{s_0s_1\cdots s_k}|\psi_0\rangle\not\models f$$

与$\mathcal{A}\models \boldsymbol{U}f$的假设矛盾。

现在假设对于某个$s\in \mathrm{Act}^*$，有$U_s|\psi_0\rangle\in \mathrm{Sat}(\boldsymbol{G}f)$。注意到对于所有的$\alpha\in \mathrm{Act}$，都有

$$U_\alpha \mathrm{Sat}(\boldsymbol{G}f)=\mathrm{Sat}(\boldsymbol{G}f)$$

因此有

$$|\psi_0\rangle\in U_s^{-1}\mathrm{Sat}(\boldsymbol{G}f)=\mathrm{Sat}(\boldsymbol{G}f)$$

从而证毕。 □

4.7 量子自动机可达性检测的不可判定性

在4.6节中，给出了检测$\mathcal{A}\models \Delta f$的算法，其中可达性$\Delta\in\{\boldsymbol{G},\boldsymbol{U},\boldsymbol{I}\}$而$f$为正（元）逻辑公式。但是对于一般情形，有

定理 4.42（不可判定性） 对于可达性$\Delta\in\{\boldsymbol{F},\boldsymbol{G},\boldsymbol{U},\boldsymbol{I}\}$和一个一般的（元）逻辑公式$f$，$\mathcal{A}\models \Delta f$是否成立的问题是不可判定的。

本节将证明定理4.42。如果读者只对检测量子系统可达性的算法感兴趣，可以跳过这一节到下一章。

4.7.1 $\mathcal{A}\models \mathbf{G}f$、$\mathcal{A}\models \mathbf{U}f$ 和 $\mathcal{A}\models \mathbf{I}f$ 的不可判定性

首先证明对于可达性 $\Delta\in\{\mathbf{G},\mathbf{U},\mathbf{I}\}$，$\mathcal{A}\models\Delta f$ 的不可判定性。从本质上说，它是 Blondel-Jeandel-Koiran-Portier 定理的推论，这一定理有关量子自动机语言空问题的不可判定性，它的证明基于线性递推序列的 Skolem 问题的不可判定性。为了方便读者，在附录 A 的 A. 3 节和 A. 4 节中对 Skolem 问题和 Blondel-Jeandel-Koiran-Portier 定理进行了简要的阐述。

1. $\mathcal{A}\models \mathbf{G}f$ 的不可判定性

令量子自动机 $\mathcal{A}$ 与 Blondel-Jeandel-Koiran-Portier 定理（见附录 A 中 A. 4 节的定理 A. 3）中的相同，并令 $f=\neg V$。那么由引理 4. 32 可得 $\mathcal{A}\models \mathbf{G}f$ 等价于语言 $\mathcal{L}(\mathcal{A},\neg(\neg V))=\mathcal{L}(\mathcal{A},V)$ 的空问题。$\mathcal{A}\models \mathbf{G}f$ 的不可判定性可立即由 Blondel-Jeandel-Koiran-Portier 定理得到。

值得注意的是，即使对于一个简单的（元）逻辑公式 $f=\neg V$，其中 V 是一个原子命题，$\mathcal{A}\models \mathbf{G}f$ 也是不可判定的。

2. $\mathcal{A}\models \mathbf{U}f$ 和 $\mathcal{A}\models \mathbf{I}f$ 的不可判定性

为了证明这一结果，需要通过添加一个无声的动作 τ，对量子自动机 $\mathcal{A}=(\mathcal{H},\mathrm{Act},\{U_\alpha:\alpha\in\mathrm{Act}\},\mathcal{H}_0)$ 进行细微修改。假设 $\tau\notin\mathrm{Act}$ 是一个新的动作名称。令 $U_\tau=I$（$\mathcal{H}$ 上的恒等算子）以及

$$\mathcal{A}'=(\mathcal{H},\mathrm{Act}\cup\{\tau\},\{U_\alpha:\alpha\in\mathrm{Act}\cup\{\tau\}\},\mathcal{H}_0)$$

我们断言

$$\mathcal{A}\models \mathbf{G}f,\text{当且仅当}\mathcal{A}'\models \mathbf{U}f,\text{当且仅当}\mathcal{A}'\models \mathbf{I}f \tag{4.19}$$

那么 $\mathcal{A}\models \mathbf{U}f$ 和 $\mathcal{A}\models \mathbf{I}f$ 的不可判定性可立即由式（4. 19）和 $\mathcal{A}\models \mathbf{G}f$ 的不可判定性得到。现在需要做的就是证明式（4. 19）。事实上，显然有

$$\mathcal{A}\models \mathbf{G}f,\text{意味着}\mathcal{A}'\models \mathbf{U}f,\text{意味着}\mathcal{A}'\models \mathbf{I}f$$

因为 U_τ 不改变任何量子态。反过来，如果 $\mathcal{A}\not\models \mathbf{G}f$，那么存在 $s=\alpha_0\alpha_1\cdots\alpha_n\in\mathrm{Act}^*$ 使得 $U_s|\psi_0\rangle\not\models f$。显然，动作的无限序列 $w=s\tau^\omega\in(\mathrm{Act}\cup\{\tau\})^\omega$ 是 $\mathcal{A}'\not\models \mathbf{U}f$ 和 $\mathcal{A}'\not\models \mathbf{I}f$ 的证据。

4.7.2 $\mathcal{A}\models \mathbf{F}f$ 的不可判定性

证明 $\mathcal{A}\models \mathbf{F}f$ 的不可判定性相对比较困难。策略是将 2-counter Minsky machine 的停机问题[89] 归约为量子自动机的可达性问题。

1. 2-Counter Minsky Machine

为了方便读者，首先简要回顾 2-counter Minsky machine 的概念和它的停机问题。一个 2-counter Minsky machine 是一个程序$\mathcal{M}$，它包含两个类型为自然数的变量（计数器）a 和 b，以及一组有限的由 $l_0, l_1, \cdots, l_m$ 标记的指令。该程序始于 l_0 并终于 l_m。对于 $l_0, l_1, \cdots, l_{m-1}$，其中的每一个指令都是以下两种类型之一。

增加 $l_i: c \leftarrow c+1; \text{goto } l_j$

测试和减少 l_i: 如果 $c=0$ 那么 goto l_{j_1}

否则 $c \leftarrow c-1; \text{goto } l_{j_2}$

其中 $c \in \{a, b\}$ 是其中一个计数器。

2-counter Minsky machine 的停机问题如下所示：

给定一个 2-counter Minsky machine $\mathcal{M}$以及 a 和 b 的初始值，判断$\mathcal{M}$的计算是否会终止。

众所周知，这个问题是不可判定的。

2. 修改的 Minsky Machine

前面定义的 2-counter Minsky machine $\mathcal{M}$不能直接实现我们的目标。但可以如下所示对$\mathcal{M}$的定义进行细微修改，而不改变其终止性：

- 不失一般性，假设 a 和 b 的初始值都是 0。这是可行的，因为任何值都可以从零开始，然后通过在程序开端添加一些增加指令获得。
- 对于关于 c 的每一条测试和减少指令 l_i，把它重写为

$$\begin{aligned} &l_i: \text{如果 } c = 0, \text{那么 goto } l_i'; \text{否则 goto } l_i'' \\ &l_i': \text{goto } l_{j_1} \\ &l_i'': c \leftarrow c-1; \text{goto } l_{j_2} \end{aligned} \tag{4.20}$$

  其中 l_i' 和 l_i'' 为新的指令。对于 $c \in \{a, b\}$，把所有关于 c 的增加指令的集合记作 L_{1c}；并把式（4.20）中给出的指令 l_i 的集合、指令 l_i' 的集合以及指令 l_i'' 的集合，分别记作 L_{2c}, L_{2c}' 以及 L_{2c}''。现在$\mathcal{M}$的所有指令的集合变为

$$L = L_{1a} \cup L_{1b} \cup L_{2a} \cup L_{2b} \cup L_{2a}' \cup L_{2b}' \cup L_{2a}'' \cup L_{2b}'' \cup \{l_m\}$$

- 进一步将最后一条指令 l_m 重写为

$$l_m: \text{goto } l_m$$

  如果在计算过程中 l_m 是可达的，则称$\mathcal{M}$终止。

显然，对于这种调整的 2-counter Minsky machine，停机问题也是不可判定的。

3. 将 2-counter Minsky machine 编码成量子自动机

我们现在准备把 2-counter Minsky machine 编码成量子自动机，这样$\mathcal{A}\models \boldsymbol{F}f$的不可判定性就可以由停机问题的不可判定性得出。更准确地说，对于任何给定的 2-counter Minsky machine $\mathcal{M}$，将构造一个量子自动机$\mathcal{A}$，并找到$\mathcal{H}$的两个子空间 V 和 W，使得

$$\mathcal{M}\text{终止} \Leftrightarrow \mathcal{A}\models \boldsymbol{F}(V\wedge\neg W) \tag{4.21}$$

为了便于阅读，这里只概述这一构造的基本思想。量子自动机$\mathcal{A}$的详细构造见附录 A，A.5 节。

- $\mathcal{M}$的一个状态形如(a,b,x)，其中 $a,b\in\mathbb{N}$为两个计数器的取值，而 $x\in L$ 是即将要执行的指令。用量子态$|\phi_n\rangle$和$|l\rangle$来分别编码自然数 n 和指令 l。那么$\mathcal{A}$中相应的量子态就选取为乘积态$|\psi\rangle=|\phi_a\rangle|\phi_b\rangle|l\rangle$。
- $\mathcal{M}$的计算由它的一串序列状态来表示：

$$\sigma_{\mathcal{M}}=(a_0,b_0,x_0)(a_1,b_1,x_1)(a_2,b_2,x_2)\cdots \tag{4.22}$$

  其中$(a_0,b_0,x_0)=(0,0,l_0)$是初始状态，且对于所有的 $i\geqslant 0$，都有$(a_{i+1},b_{i+1},x_{i+1})$是$(a_i,b_i,x_i)$的后继。我们将构造$\mathcal{A}$的酉算子来编码状态到其后继的迁移。依次取相应的酉算子，我们得到$\mathcal{A}$中用来编码 $\sigma_{\mathcal{M}}$ 的量子计算

$$\sigma_0=|\psi_0\rangle|\psi_1\rangle\cdots,\forall i\geqslant 0\,|\psi_i\rangle=|\phi_{a_i}\rangle|\phi_{b_i}\rangle|x_i\rangle \tag{4.23}$$

- 由 $\sigma_{\mathcal{M}}$ 和 σ_0 的对应关系，$\mathcal{M}$的终止性将被编码为 σ_0 的某个可达性性质（见附录 A，A.5 节的引理 A.4）。
- 除了 σ_0，$\mathcal{A}$中还可以得到无限多其他计算路径。因此 σ_0 的可达性与$\mathcal{A}$的可达性之间仍然存在差距。解决方案是构造两个子空间 V 和 W，使得对于$\mathcal{A}$中所有除了 σ_0 的路径 σ，都有 $\sigma\models\boldsymbol{F}(V\wedge\neg W)$（见附录 A，A.5 节的引理 A.5）。那么

$$\mathcal{A}\models\boldsymbol{F}(V\wedge\neg W)\Leftrightarrow\sigma_0\models\boldsymbol{F}(V\wedge\neg W)$$

  且式（4.21）也将由该等价关系证得。

4. 结束语

在本章的最后，我们想指出模型检测量子自动机的研究还处于初始阶段。将本章与第 2 章进行比较，可以发现经典模型检测中几个关键部分在量子领域尚未实现。特别地：

- 没有一个成熟的时序逻辑语言，比如 LTL（线性时序逻辑）和 CTL（计算树

逻辑），来描述量子自动机复杂的动态性质。例如，最终可达性 $\boldsymbol{F}f$，全局可达性 $\boldsymbol{G}f$，最终永远可达性 $\boldsymbol{U}f$，以及无限经常可达性 $\boldsymbol{I}f$ 是用自然语言和数学符号，而不是用形式逻辑语言定义的。

- 一个更基本的问题是：假定量子自动机的所有行为都是酉变换，从而是可逆的，线性时间逻辑是否足以描述量子自动机的动态特性？显然，如果量子测量可以在量子自动机的执行路径中间执行，那么就需要一个分支时间逻辑来描述它的行为。

在物理文献[70] 和计算机科学文献[87，112] 中都定义了一些量子时序逻辑。但需要了解如何正确地使用它们来描述量子自动机有趣的性质。最近，Yu[122] 定义了一个新的量子时序逻辑（QTL）；特别地，他证明了对于一个系统模型的基本 QTL 公式的可判定性，这个系统模型比本章所讨论的量子自动机更一般，且本质上等价于下一章将要讨论的量子马尔可夫决策过程。

4.8 文献注记

本章使用的系统模型是量子自动机。量子自动机的两个早期参考文献是[72，92]。此后，大量关于量子自动机的文章相继问世。有关量子自动机一个很好的综述参见[4]。

本章讨论的量子系统的性质，是基于已有 80 多年历史的 Birkhoff-von Neumann 量子逻辑[20] 定义的线性时间性质。有关量子逻辑的详细阐述，可参阅手册 [44]。

4.3 节中从 Birkhoff-von Neumann 量子逻辑到量子系统的时序性质的提升，来自[119]。4.3 节中介绍的量子自动机的不变性、存活性和持续性的概念，以及 4.5 节中给出的检测量子自动机不变性的算法也来自[119]。

4.4 节中量子可达性性质的定义，4.6 节中量子可达性的检测算法，以及 4.7 节中不可判定性的结果，完全基于 Li 等人的[82]。但对于 $|Act|=1$ 和 $m=1$ 的特殊情形下 $\mathcal{A}\models\boldsymbol{I}f$ 的可判定性的证明（见 4.6.1 小节），首先在文献[18] 中以不同的方式（通过单个矩阵形式下 Skolem 问题有限性的可判定性）得以证明。

本章未涉及的一个相关主题是量子自动机的等价性检测，不过该主题在其他文献中得到了广泛研究，例如[79，80，100，113]。

第5章

模型检测量子马尔可夫链

上一章研究了量子自动机的模型检测技术。量子自动机的动作是由酉变换来描述的，因此该自动机被视为一个封闭的量子系统。本章将为更大的一类量子系统开发模型检测技术，这些量子系统被建模为量子马尔可夫链或更一般的量子马尔可夫决策过程。量子自动机和量子马尔可夫链或决策过程的结构非常相似。它们的区别在于允许执行的动作：后者的动作被描述为量子操作或超算子，因此后者应该被视为可以与其环境交互的开放量子系统。

如例 3.36 所示，酉算子可以被看作一类特殊的超算子。因此，量子自动机可以被认为是一种特殊的量子马尔可夫决策过程。然而，酉算子和超算子的数学性质却大不相同，尤其是前者是可逆的，而后者则不是。这些差异要求我们为量子马尔可夫系统开发新的模型检测技术，这些技术与上一章中介绍的技术存在本质性差异。

正如之前所见，可达性分析始终是模型检测技术的核心，无论是经典系统还是量子自动机。本章的重点依然是用于分析量子马尔可夫链和决策过程的各种可达性的算法。众所周知，经典马尔可夫链和决策过程的可达性分析技术在很大程度上依赖图可达性问题的算法。同样，可以从量子马尔可夫链和决策过程的状态希尔伯特空间中定义一种图结构，它们将在这些系统的可达性分析中发挥关键作用。

5.1 量子马尔可夫链

本章内容从正式定义量子马尔可夫链的概念开始。为了引出量子马尔可夫链的定义，再次简要回顾一下经典马尔可夫链，它是一个$\langle S,P\rangle$对，其中 S 是有限状态集，P 是转移概率矩阵，即映射 $P:S\times S\to[0,1]$，使得

$$\sum_{t\in S}P(s,t)=1$$

对于每个 $s\in S$ 成立，其中 $P(s,t)$是系统从 s 到 t 的概率。

量子马尔可夫链是马尔可夫链量子情形的直接推广，其中马尔可夫链的状态空间被希尔伯特空间取代，转移矩阵被量子操作取代，正如 3.6 节所介绍的，量子操作是（开放）量子系统离散时间演化的数学形式。

定义 5.1　一个量子马尔可夫链是一个$\mathcal{C}=\langle\mathcal{H},\mathcal{E}\rangle$对，其中

（ⅰ）$\mathcal{H}$是一个有限维希尔伯特空间；

（ⅱ）$\mathcal{E}$是$\mathcal{H}$中的量子操作（或超算子）。

请注意，在上一章中讨论的量子自动机可以有多个动作。然而，量子马尔可夫链只有被描述为超算子$\mathcal{E}$的单一动作。5.5 节将介绍一个由超算子建模的具有多个动作的量子系统，作为量子马尔可夫决策过程，它可以看作量子自动机的推广。

一个量子马尔可夫链的行为可以粗略地描述为：如果当前进程处于混合状态ρ，那么下一步它将处于状态$\mathcal{E}(\rho)$。此外，系统可以多次重复此过程：

$$\rho \to \mathcal{E}(\rho) \to \cdots \to \mathcal{E}^n(\rho) \to \mathcal{E}^{n+1}(\rho) \to \cdots$$

因此，一个量子马尔可夫链$\langle\mathcal{H},\mathcal{E}\rangle$是一个离散时间量子系统，其状态空间为$\mathcal{H}$，其动态过程由量子操作$\mathcal{E}$描述。

例 5.2　回顾例 3.38，量子位上的三种典型噪声模型被描述为以下量子操作：

（ⅰ）比特翻转噪声将量子位的状态从$|0\rangle$翻转到$|1\rangle$，反之亦然，概率为$1-p$，并且可以由超算子建模

$$\mathcal{E}_{\mathrm{BF}}(\rho) = E_0\rho E_0^\dagger + E_1\rho E_1^\dagger \tag{5.1}$$

对所有ρ成立，其中

$$E_0=\sqrt{p}I = \sqrt{p}\begin{pmatrix}1 & 0\\ 0 & 1\end{pmatrix} \quad E_1=\sqrt{1-p}\,\sigma_x=\sqrt{1-p}\begin{pmatrix}0 & 1\\ 1 & 0\end{pmatrix}$$

（ⅱ）相位翻转噪声可以由超算子$\mathcal{E}_{\mathrm{PF}}$建模，其中

$$E_0=\sqrt{p}I = \sqrt{p}\begin{pmatrix}1 & 0\\ 0 & 1\end{pmatrix} \quad E_1=\sqrt{1-p}\,\sigma_z=\sqrt{1-p}\begin{pmatrix}1 & 0\\ 0 & -1\end{pmatrix}$$

（ⅲ）比特相位翻转噪声由超算子$\mathcal{E}_{\mathrm{BPF}}$建模，其中

$$E_0=\sqrt{p}I = \sqrt{p}\begin{pmatrix}1 & 0\\ 0 & 1\end{pmatrix} \quad E_1=\sqrt{1-p}\,\sigma_y=\sqrt{1-p}\begin{pmatrix}0 & -i\\ i & 0\end{pmatrix}$$

其中$\sigma_x,\sigma_y,\sigma_z$是泡利矩阵。

令$\mathcal{H}$为 2 维的希尔伯特空间，即量子位的状态空间。那么$\langle\mathcal{H},\mathcal{E}_{\mathrm{BF}}\rangle$，$\langle\mathcal{H},\mathcal{E}_{\mathrm{PF}}\rangle$和$\langle\mathcal{H},\mathcal{E}_{\mathrm{BPF}}\rangle$都是量子马尔可夫链。

练习 5.1 考虑上面例子中的量子马尔可夫链$\langle \mathcal{H}, \mathcal{E}_{\mathrm{BPF}} \rangle$。假设它的初始状态是$|+\rangle = \frac{1}{\sqrt{2}}(|0\rangle + |1\rangle)$。计算其三步后的状态$\mathcal{E}_{\mathrm{BPF}}^3(\rho)$，其中$\rho = |+\rangle\langle +|$。

符号

在继续研究量子马尔可夫链的可达性之前，需要介绍几个数学符号。令$\mathcal{H}$是一个希尔伯特空间。把$\mathcal{H}$上所有的部分密度算子集合记作$\mathcal{D}(\mathcal{H})$。首先，可以看到希尔伯特空间$\mathcal{H}$中的每个密度算子ρ决定了$\mathcal{H}$的一个子空间，即它的支集$\mathrm{supp}(\rho)$可以视为ρ的定性表示。相反，ρ可以看作$\mathrm{supp}(\rho)$的量化细化。

定义 5.3 部分密度算子$\rho \in \mathcal{D}(\mathcal{H})$的支集$\mathrm{supp}(\rho)$是$\mathcal{H}$由$\rho$的非零特征值对应的特征向量张成的子空间。

练习 5.2 计算例 5.2 中$\mathcal{E}_{\mathrm{BPF}}^3(\rho)$的支集。

下面介绍密度算子的支集的几个简单性质。

命题 5.4

（i）如果密度算子ρ由如下纯态族定义：

$$\rho = \sum_k \lambda_k |\psi_k\rangle\langle\psi_k|$$

其中所有$\lambda_k > 0$（但$|\psi_k\rangle$不需要成对正交），则$\mathrm{supp}(\rho) = \mathrm{span}\{|\psi_k\rangle\}_k$。

（ii）$\mathrm{supp}(\rho+\sigma) = \mathrm{supp}(\rho) \vee \mathrm{supp}(\sigma)$。

练习 5.3 证明命题 5.4。

超算子是在希尔伯特空间$\mathcal{H}$中从混合状态（密度算子）到混合状态的映射$\mathcal{E}$。回想一下，对于每个普通映射f: $X \to X$，我们可以在f下定义子集$Y \subseteq X$的像和原像：

$$f(Y) = \{f(x) : x \in Y\}, \qquad f^{-1}(Y) = \{x \in X : f(x) \in Y\}$$

超算子$\mathcal{E}$下$\mathcal{H}$的子空间的像和原像的概念可以类似地定义。

定义 5.5 量子运算$\mathcal{E}$下希尔伯特空间$\mathcal{H}$的子空间X的像定义为

$$\mathcal{E}(X) = \bigvee_{|\psi\rangle \in X} \mathrm{supp}(\mathcal{E}(|\psi\rangle\langle\psi|))$$

其中 $\bigvee$ 代表子空间族的连接，见定义 4.6。

直观地，$\mathcal{E}(X)$是由 X 中所有状态的$\mathcal{E}$下的像张成的$\mathcal{H}$的子空间。注意$\mathcal{E}(X)$的定义公式中，$|\psi\rangle\langle\psi|$是对应于纯态$|\psi\rangle$的密度算子。在定义 5.3 中曾说过支集 $\mathrm{supp}(\rho)$ 可以看作密度算子 ρ 的定性表示。类似地，$\mathcal{E}$作为从上述定义中子空间到子空间的映射可以被认为是$\mathcal{E}$本身的定性近似（作为从密度算子到密度算子的映射）。

定义 5.6　超算子$\mathcal{E}$下$\mathcal{H}$的子空间 X 的原像定义为

$$\mathcal{E}^{-1}(X) = \{|\psi\rangle \in \mathcal{H} : \mathrm{supp}(\mathcal{E}(|\psi\rangle\langle\psi|)) \subseteq X\} \tag{5.2}$$

不难看出，$\mathcal{E}^{-1}(X)$ 被明确定义为$\mathcal{H}$的子空间，也就是说，式（5.2）的右侧确实是一个子空间。实际上，它是满足$\mathcal{E}(Y) \subseteq X$ 的最大的子空间 Y。

下面的命题给出了量子操作的像和原像的一些性质。这些性质有助于证明量子马尔可夫链的各种性质。

命题 5.7

（i）$\mathcal{E}(\mathrm{supp}(\rho)) = \mathrm{supp}(\mathcal{E}(\rho))$。

（ii）$\mathcal{E}(X_1 \vee X_2) = \mathcal{E}(X_1) \vee \mathcal{E}(X_2)$，因此，$X \subseteq Y$ 意味着$\mathcal{E}(X) \subseteq \mathcal{E}(Y)$。

（iii）令超算子$\mathcal{E}$具有 Kraus 算子和表示 $\mathcal{E} = \{E_i : i \in I\}$. 把它的（Schrödinger - Heisenberg）对偶写作$\mathcal{E}^*$，也就是说，$\mathcal{E}^* = \{E_i^\dagger : i \in I\}$。则

$$\mathcal{E}(X) = \mathrm{span}\{E_i|\psi\rangle : i \in I \text{ 且 } |\psi\rangle \in X\}$$

并且

$$\mathcal{E}^{-1}(X) = (\mathcal{E}^*(X^\perp))^\perp$$

其中 $X^\perp$ 代表 X 的正交补。

练习 5.4　证明命题 5.7。

5.2　量子图论

本节从量子马尔可夫链定义图结构。它提供了一幅几何图，这对于理解经典马尔可夫链和量子马尔可夫链的可达性性质之间的对应关系往往非常有帮助。

首先观察到在马尔可夫链$\langle S, P\rangle$下有一个有向图。S 的元素是图的顶点。图的邻

接关系定义如下：

对于任意 $s,t\in S$，如果 $P(s,t)>0$，则该图具有从 s 到 t 的边。

这样的图结构对于马尔可夫链 $\langle S,P\rangle$ 本身的定性分析往往非常有用。

5.2.1 邻接性和可达性

下面我们介绍有关邻接性和可达性的相关概念。

1. 邻接关系

现在假设 $\mathcal{C}=\langle\mathcal{H},\mathcal{E}\rangle$ 是一个量子马尔可夫链。类似于上面简要描述的从经典马尔可夫链推导出图结构的想法可以用来自然地定义 $\mathcal{C}$ 中的图结构。基于定义 5.3 和定义 5.5，可以在 $\mathcal{H}$ 中定义状态（纯态和混合态）之间的邻接关系。

定义 5.8 给定一个量子马尔可夫链 $\mathcal{C}=\langle\mathcal{H},\mathcal{E}\rangle$。令 $|\varphi\rangle,|\psi\rangle\in\mathcal{H}$ 是纯态，$\rho,\sigma\in\mathcal{D}(\mathcal{H})$ 是 $\mathcal{H}$ 中的密度算子（即混合态）。则

（ⅰ）$\mathcal{C}$ 中 $|\varphi\rangle$ 与 $|\psi\rangle$ 相邻，写成 $|\psi\rangle\to|\varphi\rangle$，如果 $|\varphi\rangle\in\mathrm{supp}(\mathcal{E}(|\psi\rangle\langle\psi|))$。

（ⅱ）$|\varphi\rangle$ 与 ρ 相邻，写成 $\rho\to|\varphi\rangle$，如果 $|\varphi\rangle\in\mathcal{E}(\mathrm{supp}(\rho))$。

（ⅲ）σ 与 ρ 相邻，写成 $\rho\to\sigma$，如果 $\mathrm{supp}(\sigma)\subseteq\mathcal{E}(\mathrm{supp}(\rho))$。

直观地，$\langle\mathcal{H},\to\rangle$ 可以被认为是一个“有向图”。然而，该图和经典图之间存在两个主要区别：

- 经典图的顶点集通常是有限的，而状态希尔伯特空间 $\mathcal{H}$ 是一个连续统。
- 经典图除了邻接关系之外没有其他数学结构，但空间 $\mathcal{H}$ 具有线性代数结构，搜索图 $\langle\mathcal{H},\to\rangle$ 的算法必须保留该结构。

如下所述，量子图和经典图之间的这些差异使得分析前者比分析后者难度更大。

2. 图可达性

有了上面定义的邻接关系，我们可以像在经典图论中一样，在量子图中引入可达性的概念。

定义 5.9 令 $\mathcal{C}$ 是一个量子马尔可夫链。则

（ⅰ）$\mathcal{C}$ 中从密度算子 ρ 到密度算子 σ 的路径是一个 $\mathcal{C}$ 中的相邻密度算子序列

$$\rho_0\to\rho_1\to\cdots\to\rho_n(n\geqslant 0)$$

使得 $\rho_0=\rho$ 和 $\rho_n=\sigma$。

（ⅱ）对于任意密度算子 ρ 和 σ，如果存在从 ρ 到 σ 的路径，那么称 $\mathcal{C}$ 中 σ 从 ρ 可达。

定义4.3（ii）中引入的量子自动机可达空间的概念可以推广到量子马尔可夫链。

定义5.10 令$\mathcal{C}=\langle\mathcal{H},\mathcal{E}\rangle$是一个量子马尔可夫链。对于任意$\rho\in\mathcal{D}(\mathcal{H})$，其在$\mathcal{C}$中的可达空间是$\mathcal{H}$的由$\rho$可达状态张成的子空间：

$$\mathcal{R}_{\mathcal{C}}(\rho)=\mathrm{span}\{|\psi\rangle\in\mathcal{H}:\mathcal{C}\text{中}|\psi\rangle\text{从}\rho\text{可达}\}\tag{5.3}$$

需要注意的是，在式（5.3）中，$|\psi\rangle$等同于它的密度算子$|\psi\rangle\langle\psi|$。

练习5.5 考虑例5.2和练习5.1中模拟比特相位翻转的量子马尔可夫链$(\mathcal{H},\mathcal{E}_{\mathrm{BPF}})$。计算$\rho=|+\rangle\langle+|$的可达空间$\mathcal{R}_{\mathcal{C}}(\rho)$。

经典图论中的可达性是可传递的，也就是说，如果一个顶点v从u可达，并且w从v可达，那么w也从u可达。同样，以下引理表明量子马尔可夫链中的可达性也是可传递的。

引理5.11（可达性的传递性） 对任意$\rho,\sigma\in\mathcal{D}(\mathcal{H})$，如果$\mathrm{supp}(\rho)\subseteq\mathcal{R}_{\mathcal{C}}(\sigma)$，则$\mathcal{R}_{\mathcal{C}}(\rho)\subseteq\mathcal{R}_{\mathcal{C}}(\sigma)$。

练习5.6 证明引理5.11。

3. 传递闭包和可达空间

做过练习5.5的读者应该已经注意到，计算量子马尔可夫链中一个状态的可达空间$\mathcal{R}_{\mathcal{C}}(\rho)$较为复杂。我们现在为此开发一种通用方法。因此首先需考虑一个经典的有向图$\langle V,E\rangle$，其中V是顶点集，$E\subseteq V\times V$是邻接关系。E的（反射和）传递闭包被定义为顶点对的集合，其中第二个顶点可以从第一个顶点通过E中0或有限数量的边到达：

$$t(E)=\bigcup_{n=0}^{\infty}E^n=\{\langle v,v'\rangle:v'\text{ 在}\langle V,E\rangle\text{ 里从 }v\text{ 可达}\}$$

众所周知，传递闭包可以计算为

$$t(E)=\bigcup_{n=0}^{|V|-1}E^n\tag{5.4}$$

其中$|V|$是顶点数，也就是说，$t(E)$的所有元素都可以在最多$|V|$步内从E中获得。

上述事实有一个优雅的量子推广：

定理 5.12 令$\mathcal{C}=\langle\mathcal{H},\mathcal{E}\rangle$是一个量子马尔可夫链。如果$d=\dim\mathcal{H}$，那么对于任意$\rho\in\mathcal{D}(\mathcal{H})$，有

$$\mathcal{R}_{\mathcal{C}}(\rho)=\bigvee_{i=0}^{d-1}\operatorname{supp}(\mathcal{E}^i(\rho)) \tag{5.5}$$

其中$\mathcal{E}^i$是$\mathcal{E}$的 i 次幂，即$\mathcal{E}^0=\mathcal{I}$（$\mathcal{H}$中的恒等运算）且

$$\mathcal{E}^{i+1}=\mathcal{E}\circ\mathcal{E}^i$$

对于 $i\geqslant 0$ 成立。

值得注意的是式（5.4）中顶点的个数$|V|$与式（5.5）中希尔伯特空间$\mathcal{H}$的维数 d 存在对应关系。尽管$\mathcal{H}$总是一个不可数无限集，但它的维数 d 在这里被假定为有限的。

证明 首先证明$|\psi\rangle$从ρ可达，当且仅当$|\psi\rangle\in\operatorname{supp}(\mathcal{E}^i(\rho))$对于某个 $i\geqslant 0$ 成立。事实上，如果$|\psi\rangle$从ρ可达，则存在$\rho_1,\cdots,\rho_{i-1}$使得

$$\rho\rightarrow\rho_1\rightarrow\cdots\rightarrow\rho_{i-1}\rightarrow|\psi\rangle$$

使用命题 5.4 和命题 5.7，有

$$\begin{aligned}|\psi\rangle\in\operatorname{supp}(\mathcal{E}(\rho_{i-1}))&=\mathcal{E}(\operatorname{supp}(\rho_{i-1}))\\&\subseteq\mathcal{E}(\operatorname{supp}(\mathcal{E}(\rho_{i-2})))\\&=\operatorname{supp}(\mathcal{E}^2(\rho_{i-2}))\subseteq\cdots\subseteq\operatorname{supp}(\mathcal{E}^i(\rho))\end{aligned}$$

相反，如果$|\psi\rangle\in\operatorname{supp}(\mathcal{E}^i(\rho))$，则

$$\rho\rightarrow\mathcal{E}(\rho)\rightarrow\cdots\rightarrow\mathcal{E}^{i-1}(\rho)\rightarrow|\psi\rangle$$

并且$|\psi\rangle$从ρ可达。因此，有

$$\begin{aligned}\mathcal{R}_{\mathcal{C}}(\rho)&=\operatorname{span}\{|\psi\rangle:|\psi\rangle\text{从}\rho\text{可达}\}\\&=\operatorname{span}\left[\bigcup_{i=0}^{\infty}\operatorname{supp}(\mathcal{E}^i(\rho))\right]\\&=\bigvee_{i=0}^{\infty}\operatorname{supp}(\mathcal{E}^i(\rho))\end{aligned}$$

现在对于每个 $n\geqslant 0$，令

$$X_n=\bigvee_{i=0}^{n}\operatorname{supp}(\mathcal{E}^i(\rho))$$

那么得到$\mathcal{H}$的子空间的递增序列

$$X_0 \subseteq X_1 \subseteq \cdots \subseteq X_n \subseteq X_{n+1} \subseteq \cdots$$

对每个 $n \geqslant 0$，令 $d_n = \dim X_n$。则

$$d_0 \leqslant d_1 \leqslant \cdots \leqslant d_n \leqslant d_{n+1} \leqslant \cdots$$

注意，对所有 n，$d_n \leqslant d$。因此，必须存在一些 n 使得 $d_n = d_{n+1}$。假设 N 是最小的此类整数，然后有

$$0 < \dim \text{supp}(\rho) = d_0 < d_1 < \cdots < d_{N-1} < d_N \leqslant d$$

且 $N \leqslant d-1$。另一方面，X_N 和 X_{N+1} 都是$\mathcal{H}$的子空间，$X_N \subseteq X_{N+1}$ 并且 $\dim X_N = \dim X_{N+1}$。因此，$X_N = X_{N+1}$。可以通过对 k 用归纳法证明

$$\text{supp}(\mathcal{E}^{N+k}(\rho)) \subseteq X_N$$

对所有 $k \geqslant 1$ 成立。因此，$\mathcal{R}_{\mathcal{C}}(\rho) = X_N$。 □

5.2.2　底部强连通分量

在经典图论中，底部强连通分量（BSCC）的概念在可达性问题的研究中起着关键作用，它也被广泛应用于马尔可夫链的分析中。本小节为从量子马尔可夫链定义的图引入了相同的概念。这个底部强连通分量的量子版本将成为下一节的量子马尔可夫链可达性分析算法的基础。

1. 强连通性

底部强连通分量的定义包含三个关键词："强连通""分量"和"底部"。首先定义"强连通"。令 X 是$\mathcal{H}$的子空间，$\mathcal{E}$是$\mathcal{H}$中的量子操作。那么$\mathcal{E}$在 X 上的限制就是 X 中的量子操作$\mathcal{E}_X$，定义为

$$\mathcal{E}_X(\rho) = P_X\,\mathcal{E}(\rho) P_X$$

对所有 $\rho \in \mathcal{D}(X)$ 成立，其中 P_X 是在 X 上的投影。有了这个符号，就能够在量子马尔可夫链中定义强连通性。

定义 5.13　令$\mathcal{C} = \langle \mathcal{H}, \mathcal{E} \rangle$是一个量子马尔可夫链。$\mathcal{H}$的子空间 X 在$\mathcal{C}$中称为强连通，如果对于任何$|\varphi\rangle, |\psi\rangle \in X$，有

$$|\varphi\rangle \in \mathcal{R}_{\mathcal{C}_X}(\psi) \text{ 且 } |\psi\rangle \in \mathcal{R}_{\mathcal{C}_X}(\varphi) \tag{5.6}$$

其中

- $\varphi = |\varphi\rangle\langle\varphi|$和 $\psi = |\psi\rangle\langle\psi|$是分别对应纯态$|\varphi\rangle$和$|\psi\rangle$的密度算子；

- 量子马尔可夫链$\mathcal{C}_X=\langle X,\mathcal{E}_X\rangle$是$\mathcal{C}$在 X 上的限制；
- $\mathcal{R}_{\mathcal{C}_X}(\cdot)$表示$\mathcal{C}_X$中的可达子空间。

直观上，条件（5.6）意味着对于任何两个 X 中的状态$|\varphi\rangle$和$|\psi\rangle$，$|\varphi\rangle$从$|\psi\rangle$可达且$|\psi\rangle$从$|\varphi\rangle$可达。

2. 基本格理论

为了定义底部强连通分量中的第二个关键词“分量”，先从主线偏离来回顾格论中的几个概念：

- 偏序是一对$(L,\sqsubseteq)$，其中 L 是一个非空集，$\sqsubseteq$ 是 L 上的一个二元关系，使得对于任何 $x,y,z\in L$，有
  - 自反性：$x\sqsubseteq x$；
  - 传递性：$x\sqsubseteq y$ 和 $y\sqsubseteq z$ 蕴涵 $x\sqsubseteq z$；
  - 反对称性：$x\sqsubseteq y$ 和 $y\sqsubseteq x$ 蕴涵 $x=y$。
- 令$(L,\sqsubseteq)$为偏序且 $K\subseteq L$。如果 $y\sqsubseteq x$ 对每个 $y\in K$ 成立，则元素 $x\in L$ 称为 K 的上界。此外，x 称为最小上界，写作 $x=\sqcup K$，当
  - x 是 K 的上界；
  - 如果 y 也是 K 的上界，则 $x\sqsubseteq y$。
- 偏序$(L,\sqsubseteq)$的元素 x 被称为 L 的最大元素，如果对于任何 $y\in L$，$x\sqsubseteq y$ 蕴涵 $x=y$。
- 令$(L,\sqsubseteq)$为偏序。如果任意两个元素 x，$y\in L$ 具有可比性，也就是说，要么 $x\sqsubseteq y$ 要么 $y\sqsubseteq x$，那么说 L 是由 $\sqsubseteq$ 线性排序的。
- 如果对于由 $\sqsubseteq$ 线性排序的 L 的任何子集 K，最小上界 $\sqcup K$ 存在于 L 中，则称偏序$(L,\sqsubseteq)$是归纳的。

3. 强连通分量

现在回到量子马尔可夫链$\mathcal{C}=\langle\mathcal{H},\mathcal{E}\rangle$。把$\mathcal{C}$中$\mathcal{H}$的所有强连通子空间的集合写作 SC($\mathcal{C}$)。很明显，带有集合包含关系$\subseteq$的 SC($\mathcal{C}$)，即(SC($\mathcal{C}$)$,\subseteq$)是偏序关系。因此，刚刚介绍的格论概念可以应用于它。

引理 5.14 偏序(SC($\mathcal{C}$)$,\subseteq$)是归纳的。

练习 5.7 证明引理 5.14。

此外，集合论中的 Zorn 引理断言每个归纳偏序都有（至少一个）最大元。这使我们能够介绍以下内容：

定义 5.15 $(SC(\mathcal{C}),\subseteq)$的最大元称为$\mathcal{C}$的强连通分量（SCC）。

4. 不变性

接下来定义在底部强连通分量中的第三个关键词“底部”。在4.3.3小节中定义的量子自动机的不变性概念可以推广到量子马尔可夫链中。对于我们的目的来说，这将是一个关键因素。

定义 5.16 称$\mathcal{H}$的子空间X在量子操作$\mathcal{E}$下是不变的，如果$\mathcal{E}(X)\subseteq X$。

包含关系$\mathcal{E}(X)\subseteq X$背后的直觉是量子操作$\mathcal{E}$不能将$X$中的状态转移到$X$之外的状态。

定理3.40中给出的量子操作$\mathcal{E}$的两种表示可以更方便地用于检测不变性条件$\mathcal{E}(X)\subseteq X$。假设量子操作$\mathcal{E}$具有Kraus表示$\mathcal{E}=\{E_i\}_i$，那么从命题5.4推导出$X$在$\mathcal{E}$下是不变的，当且仅当它在Kraus算子$E_i$下是不变的：

$$E_iX\subseteq X$$

对任意i成立。

练习 5.8 在系统-环境模型（定理3.40（ii））中找出一个等价于$\mathcal{E}(X)\subseteq X$的条件。

此外，以下定理提出了不变子空间的一个有用特性，表明量子操作不会降低落入不变子空间的概率。

定理 5.17 令$\mathcal{C}=\langle\mathcal{H},\mathcal{E}\rangle$为量子马尔可夫链。如果$\mathcal{H}$的子空间$X$在$\mathcal{E}$下是不变的，则

$$\operatorname{tr}(P_X\,\mathcal{E}(\rho))\geqslant\operatorname{tr}(P_X\rho)$$

对所有$\rho\in\mathcal{D}(\mathcal{H})$成立。

证明 只需要证明

$$\operatorname{tr}(P_X\,\mathcal{E}(|\psi\rangle\langle\psi|))\geqslant\operatorname{tr}(P_X|\psi\rangle\langle\psi|)$$

对每个$|\psi\rangle\in\mathcal{H}$成立。假设$\mathcal{E}=\{E_i\}_i$，且$|\psi\rangle=|\psi_1\rangle+|\psi_2\rangle$，其中$|\psi_1\rangle\in X$和$|\psi_2\rangle\in X^\perp$是非正则化的。由于$X$在$\mathcal{E}$下是不变的，有$E_i|\psi_1\rangle\in X$和

$$P_XE_i|\psi_1\rangle=E_i|\psi_1\rangle$$

则

$$a:=\sum_i \mathrm{tr}(P_X E_i|\psi_2\rangle\langle\psi_1|E_i^\dagger)=\sum_i \mathrm{tr}(E_i|\psi_2\rangle\langle\psi_1|E_i^\dagger P_X)$$
$$=\sum_i \mathrm{tr}(E_i|\psi_2\rangle\langle\psi_1|E_i^\dagger)=\sum_i \langle\psi_1|E_i^\dagger E_i|\psi_2\rangle=\langle\psi_1|\psi_2\rangle=0$$

同样，有

$$b:=\sum_i \mathrm{tr}(P_X E_i|\psi_1\rangle\langle\psi_2|E_i^\dagger)=0$$

此外，还有：

$$c:=\sum_i \mathrm{tr}(P_X E_i|\psi_2\rangle\langle\psi_2|E_i^\dagger)\geqslant 0$$

所以，

$$\mathrm{tr}(P_X\,\mathcal{E}(|\psi\rangle\langle\psi|))=\sum_i \mathrm{tr}(P_X E_i|\psi_1\rangle\langle\psi_1|E_i^\dagger)+a+b+c$$
$$\geqslant\sum_i \mathrm{tr}(P_X E_i|\psi_1\rangle\langle\psi_1|E_i^\dagger)=\sum_i\langle\psi_1|E_i^\dagger E_i|\psi_1\rangle$$
$$=\langle\psi_1|\psi_1\rangle=\mathrm{tr}(P_X|\psi\rangle\langle\psi|)$$

□

5. 底部强连通分量（BSCC）

现在准备介绍本小节的关键概念，即底部强连通分量。它是上面定义的不变性和强连通分量的组合。

定义 5.18　令$\mathcal{C}=\langle\mathcal{H},\mathcal{E}\rangle$是量子马尔可夫链。那么$\mathcal{H}$的子空间 X 被称为$\mathcal{C}$的底部强连通分量（BSCC），如果它是$\mathcal{C}$的强连通分量并且它在$\mathcal{E}$下不变。

例 5.19　考虑量子马尔可夫链$\mathcal{C}=\langle\mathcal{H},\mathcal{E}\rangle$与状态希尔伯特空间$\mathcal{H}=\mathrm{span}\{|0\rangle,\cdots,|4\rangle\}$和量子操作$\mathcal{E}=\{E_i:i=1,\cdots,5\}$，其中 Kraus 算子由下式给出

$$E_1=\frac{1}{\sqrt{2}}(|1\rangle\langle +_{01}|+|3\rangle\langle +_{23}|),E_2=\frac{1}{\sqrt{2}}(|1\rangle\langle -_{01}|+|3\rangle\langle -_{23}|),$$
$$E_3=\frac{1}{\sqrt{2}}(|0\rangle\langle +_{01}|+|2\rangle\langle +_{23}|),E_4=\frac{1}{\sqrt{2}}(|0\rangle\langle -_{01}|+|2\rangle\langle -_{23}|),$$
$$E_5=\frac{1}{10}(|0\rangle\langle 4|+|1\rangle\langle 4|+|2\rangle\langle 4|+4|3\rangle\langle 4|+9|4\rangle\langle 4|),$$

且

$$|\pm_{ij}\rangle = (|i\rangle \pm |j\rangle)/\sqrt{2} \tag{5.7}$$

很容易验证 $B=\text{span}\{|0\rangle, |1\rangle\}$ 是$\mathcal{C}$的底部强连通分量。事实上，对于任意 $|\psi\rangle = \alpha|0\rangle+\beta|1\rangle \in B$，有

$$\mathcal{E}(|\psi\rangle\langle\psi|) = (|0\rangle\langle 0| + |1\rangle\langle 1|)/2$$

6. 底部强连通分量的特征

上面给出的底部强连通分量的抽象定义在应用中通常不方便。在此提供两个有用的底部强连通分量特征。第一个特征很简单，它表明底部强连通分量与其中任何纯态的可达空间重合。

引理 5.20 子空间 X 是量子马尔可夫链$\mathcal{C}$的底部强连通分量，当且仅当

$$\mathcal{R}_{\mathcal{C}}(|\varphi\rangle\langle\varphi|) = X$$

对任意 $|\varphi\rangle \in X$ 成立。

证明 只证明“仅当”部分，因为“当”部分是显而易见的。假设 X 是一个底部强连通分量。通过 X 的强连通性，有

$$\mathcal{R}_{\mathcal{C}}(|\varphi\rangle\langle\varphi|) \supseteq X$$

对于所有 $|\varphi\rangle \in X$ 成立。另一方面，对于 X 中的任意向量 $|\varphi\rangle$，利用 X 的不变性，即 $\mathcal{E}(X) \subseteq X$，很容易证明如果 $|\psi\rangle$ 从 $|\varphi\rangle$ 可达，则 $|\psi\rangle \in X$。所以，有

$$\mathcal{R}_{\mathcal{C}}(|\varphi\rangle\langle\varphi|) \subseteq X$$

□

上述结果可以推广到具有混合状态可达空间的多个底部强连通分量的情况。

引理 5.21 令 $X_1, \cdots, X_n$ 是量子马尔可夫链$\mathcal{C}$的一组成对正交的底部强连通分量，且 $\rho \in \mathcal{D}(\mathcal{H})$ 使得对于每个 i，$\text{tr}(P_i\rho)>0$，其中 P_i 是到 X_i 的投影。那么有

$$\mathcal{R}_{\mathcal{C}}(\rho) = \bigoplus_i X_i$$

证明 在文献［14］的命题 14 中已经证明，对每个 i，

$$P_i\,\mathcal{E}(\rho)P_i = P_i\rho P_i$$

这是比定理 5.17 更强的结果。然后通过归纳法，有

$$P_i\,\mathcal{E}^n(\rho)P_i = P_i\rho P_i$$

对于任意 n 成立。则引理结果可由下述事实得出

$$\mathcal{R}_{\mathcal{C}}(P_i\rho P_i/\mathrm{tr}(P_i\rho)) = X_i \qquad \square$$

底部强连通分量的第二个特征基于量子操作不动点，定义如下。

定义 5.22

（ⅰ）如果$\mathcal{E}(\rho)=\rho$，$\mathcal{H}$中的密度算子 ρ 被称为量子操作$\mathcal{E}$的不动点状态。

（ⅱ）量子操作$\mathcal{E}$的一个不动点状态 ρ 被称为最小的，如果对于$\mathcal{E}$的任何不动点状态 σ，有

$$\mathrm{supp}(\sigma) \subseteq \mathrm{supp}(\rho) \text{ 蕴涵 } \sigma = \rho$$

下面的引理建立了量子运算$\mathcal{E}$下的不变子空间和$\mathcal{E}$的不动点状态之间的紧密联系。

引理 5.23

（ⅰ）如果 ρ 是$\mathcal{E}$的不动点状态，则 $\mathrm{supp}(\rho)$ 在$\mathcal{E}$下是不变的。

（ⅱ）相反，如果 X 在$\mathcal{E}$下是不变的，则存在$\mathcal{E}$的不动点状态 ρ，使得 $\mathrm{supp}(\rho)\subseteq X$。

练习 5.9 证明引理 5.23。

在引理 5.23 的帮助下，能够证明底部强连通分量与最小不动点状态的支集一致。事实上，以下定理是引理 5.23 的加强版。

定理 5.24 子空间 X 是量子马尔可夫链$\mathcal{C}=\langle\mathcal{H},\mathcal{E}\rangle$的底部强连通分量，当且仅当存在$\mathcal{E}$的最小不动点状态 ρ 使得

$$\mathrm{supp}(\rho) = X$$

证明 首先证明“当”部分。令 ρ 是$\mathcal{E}$的最小不动点状态，使得 $\mathrm{supp}(\rho)=X$。那么由引理 5.23 可知，X 在$\mathcal{E}$下是不变的。为了证明 X 是底部强连通分量，由引理 5.20 可知，只需证明对于任意$|\varphi\rangle\in X$，

$$\mathcal{R}_{\mathcal{C}}(|\varphi\rangle\langle\varphi|) = X$$

假若不然，即存在$|\psi\rangle\in X$，使得$\mathcal{R}_{\mathcal{C}}(|\psi\rangle\langle\psi|)\subsetneq X$。那么通过引理 5.11 可以证明$\mathcal{R}_{\mathcal{C}}$

$(|\psi\rangle\langle\psi|)$在$\mathcal{E}$下是不变的。通过引理5.23，可以找到一个不动点状态ρ_ψ，使得

$$\mathrm{supp}(\rho_\psi)\subseteq\mathcal{R}_\mathcal{C}(|\psi\rangle\langle\psi|)\subsetneq X$$

这与ρ最小的假设相矛盾。

对于“仅当”部分，假设X是一个底部强连通分量，那么X在$\mathcal{E}$下是不变的，通过引理5.23，可以找到$\mathcal{E}$的最小不动点状态ρ使得$\mathrm{supp}(\rho)\subseteq X$。取$|\varphi\rangle\in\mathrm{supp}(\rho)$，通过引理5.25有$\mathcal{R}_\mathcal{C}(|\varphi\rangle\langle\varphi|)=X$。但是再次使用引理5.23可知$\mathrm{supp}(\rho)$在$\mathcal{E}$下是不变的，所以

$$\mathcal{R}_\mathcal{C}(|\varphi\rangle\langle\varphi|)\subseteq\mathrm{supp}(\rho)$$

所以，$\mathrm{supp}(\rho)=X$。 □

练习5.10　求在练习5.1中定义的马尔可夫链$\langle\mathcal{H},\mathcal{E}_{\mathrm{BF}}\rangle$，$\langle\mathcal{H},\mathcal{E}_{\mathrm{PF}}\rangle$和$\langle\mathcal{H},\mathcal{E}_{\mathrm{BFF}}\rangle$的底部强连通分量。

7. 底部强连通分量之间的关系

在引理5.20和定理5.24中清楚地描述了单个底部强连通分量的结构。在本节的最后，我们来阐明两个不同底部强连通分量之间的关系。

引理5.25

(i) 对于量子马尔可夫链$\mathcal{C}$的任意两个不同的底部强连通分量X和Y，有$X\cap Y=\{0\}$（0维希尔伯特空间）。

(ii) 如果X和Y是$\mathcal{C}$的两个底部强连通分量且$\dim X\neq\dim Y$，则它们是正交的，即$X\perp Y$。

证明　(i) 假若不然，设存在一个非零向量$|\varphi\rangle\in X\cap Y$，那么由引理5.20，有

$$X=\mathcal{R}_\mathcal{C}(|\varphi\rangle\langle\varphi|)=Y$$

这与$X\neq Y$的假设相矛盾。所以$X\cap Y=\{0\}$。

(ii) 这部分的证明不复杂，但是需要用到后文中的定理5.31。为了便于阅读，我们将此部分推迟到附录B.1。 □

5.3　状态希尔伯特空间的分解

经典马尔可夫链的许多可达性分析技术基于这样一个事实，即它们的状态空间可

以适当地分解为某些子空间，以便分别处理这些子空间。我们将在量子马尔可夫链的可达性分析中采用这种策略。上一节介绍的量子图论结果提供了一系列用于分解量子马尔可夫链的状态希尔伯特空间的算法的基础。本节致力于开发这些算法。

5.3.1 瞬态子空间

回想一下，对于经典马尔可夫链中的状态，如果过程永远不会返回到它的概率非零，则它是瞬态的（transient），如果返回概率为1，则它是常返的（recurrent）。众所周知，在有限状态马尔可夫链中，状态是常返的，当且仅当它属于某个底部强连通分量，因此马尔可夫链的状态空间可以分解为一些底部强连通分量和一个瞬态子集的并集。

本小节的主要目的之一是证明上述结果的量子推广。状态希尔伯特空间的这种分解构成了用于量子马尔可夫链可达性分析算法的基础，这些算法将在下一节中介绍。

上一节已经仔细研究了量子马尔可夫链的状态希尔伯特空间的一类特殊子空间，即底部强连通分量。现在引入量子马尔可夫链的瞬态子空间的概念。我们对量子瞬态子空间的定义是由有限状态经典马尔可夫链中瞬态的等效表征启发的：当且仅当系统停留在该状态的概率最终变为0时，状态才是瞬态。这种观察可以直接推广到下述定义：

定义 5.26 子空间$X\subseteq\mathcal{H}$是量子马尔可夫链$\mathcal{C}=\langle\mathcal{H},\mathcal{E}\rangle$中的瞬态，如果

$$\lim_{k\to\infty}\mathrm{tr}(P_X\,\mathcal{E}^k(\rho))=0 \tag{5.8}$$

对任意$\rho\in\mathcal{D}(\mathcal{H})$成立，其中$P_X$是到$X$的投影。

直观上，$\mathrm{tr}(P_X\,\mathcal{E}^k(\rho))$是系统状态在执行$k$次量子操作$\mathcal{E}$后落入子空间$X$的概率。因此，式（5.8）意味着系统停留在子空间$X$中的概率最终为0。

最大瞬态子空间

从上面的定义可以很明显看出：如果子空间$X\subseteq Y$且Y是瞬态，那么X也是瞬态。因此，了解最大瞬态子空间的结构就足够了。幸运的是，最大瞬态子空间具有简洁的特征。为了给出这样的特征，需要了解以下概念。

定义 5.27 令$\mathcal{E}$是$\mathcal{H}$中的量子操作。那么它的渐近平均值是

$$\mathcal{E}_\infty=\lim_{N\to\infty}\frac{1}{N}\sum_{n=1}^{N}\mathcal{E}^n \tag{5.9}$$

练习 5.11 证明上面定义的$\mathcal{E}_\infty$是一个量子操作。

以下引理指出了量子操作的不动点状态与其渐近平均值之间的联系。此联系将用于定理5.29的证明。

引理5.28

（ⅰ）对于任何密度算子ρ，$\mathcal{E}_\infty(\rho)$是$\mathcal{E}$的不动点状态；

（ⅱ）对于任何不动点状态σ，有$\mathrm{supp}(\sigma)\subseteq\mathcal{E}_\infty(\mathcal{H})$。

练习5.12 证明引理5.28。

现在可以根据渐近平均值给出最大瞬态子空间的特征。

定理5.29 令$\mathcal{C}=\langle\mathcal{H},\mathcal{E}\rangle$是量子马尔可夫链。那么$\mathcal{H}$在$\mathcal{E}$的渐近平均值下的像的正交补：

$$T_{\mathcal{E}}=\mathcal{E}_\infty(\mathcal{H})^\perp$$

是$\mathcal{C}$中最大的瞬态子空间，其中$^\perp$代表正交补（见定义3.8（ii））。

证明 令P为到子空间$T_{\mathcal{E}}$上的投影。对于任意$\rho\in\mathcal{D}(\mathcal{H})$和所有$k\geqslant 0$，令

$$p_k=\mathrm{tr}(P\,\mathcal{E}^k(\rho))$$

由于$\mathcal{E}_\infty(\mathcal{H})$在$\mathcal{E}$下是不变的，根据定理5.17可知序列$\{p_k\}$是非递增的。因此，极限$p_\infty=\lim_{k\to\infty}p_k$确实存在。此外，注意到

$$\mathrm{supp}(\mathcal{E}_\infty(\rho))\subseteq\mathcal{E}_\infty(\mathcal{H})$$

因此

$$\begin{aligned}0=\mathrm{tr}(P\,\mathcal{E}_\infty(\rho))&=\mathrm{tr}\left(P\lim_{N\to\infty}\frac{1}{N}\sum_{n=1}^{N}\mathcal{E}^n(\rho)\right)\\&=\lim_{N\to\infty}\frac{1}{N}\sum_{n=1}^{N}\mathrm{tr}(P\mathcal{E}^n(\rho))\\&=\lim_{N\to\infty}\frac{1}{N}\sum_{n=1}^{N}p_n\\&\geqslant\lim_{N\to\infty}\frac{1}{N}\sum_{n=1}^{N}p_\infty=p_\infty\end{aligned}$$

因此$p_\infty=0$，并且根据ρ的任意性可知$T_{\mathcal{E}}$是瞬态的。

为了证明$T_{\mathcal{E}}$是$\mathcal{C}$的最大瞬态子空间，首先注意到

$$\mathrm{supp}(\mathcal{E}_\infty(I))=\mathcal{E}_\infty(\mathcal{H})$$

令 $\sigma=\mathcal{E}_\infty(I/d)$，其中 $d=\dim\mathcal{H}$。然后由引理 5.28，σ 是一个 $\mathrm{supp}(\sigma)=T_{\mathcal{E}}^{\perp}$ 的不动点状态。假设 Y 是一个瞬态子空间。有

$$\mathrm{tr}(P_Y\sigma)=\lim_{i\to\infty}\mathrm{tr}(P_Y\mathcal{E}^i(\sigma))=0$$

这意味着 $Y\perp\mathrm{supp}(\sigma)=T_{\mathcal{E}}^{\perp}$，所以，有 $Y\subseteq T_{\mathcal{E}}$。 □

5.3.2 底部强连通分量分解

现在准备介绍第一种分解量子马尔可夫链的状态希尔伯特空间的方法，即底部强连通分量分解。令$\mathcal{C}=\langle\mathcal{H},\mathcal{E}\rangle$是一个量子马尔可夫链。首先，它可以简单地分为两部分

$$\mathcal{H}=\mathcal{E}_\infty(\mathcal{H})\oplus T_{\mathcal{E}}$$

其中$\oplus$代表（正交）和（见定义 3.10）。已经从定理 5.29 知道 $T_{\mathcal{E}}$ 是最大的瞬态子空间。那么，接下来要做的就是考察$\mathcal{E}_\infty(\mathcal{H})$的结构。

1. $\mathcal{E}_\infty(\mathcal{H})$ 的分解

分解$\mathcal{E}_\infty(\mathcal{H})$ 的过程基于以下关键引理，该引理显示了一个不动点状态如何被另一个状态减去。

引理 5.30 *设 ρ 和 σ 是$\mathcal{E}$的两个不动点状态，且 $\mathrm{supp}(\sigma)\subsetneq\mathrm{supp}(\rho)$。那么存在另一个不动点状态 η，使得*

（i） $\mathrm{supp}(\eta)\perp\mathrm{supp}(\sigma)$；

（ii） $\mathrm{supp}(\rho)=\mathrm{supp}(\eta)\oplus\mathrm{supp}(\sigma)$。

证明 见附录 B. 2。 □

直观上，上面引理中的状态 η 可以理解为 ρ 减去 σ。这个引理的证明相当复杂，为了便于阅读，它被推迟到附录 B。

现在$\mathcal{E}_\infty(\mathcal{H})$ 的底部强连通分量分解可以简单地通过重复应用上述引理推导出来。

定理 5.31 *令$\mathcal{C}=\langle\mathcal{H},\mathcal{E}\rangle$是一个量子马尔可夫链。那么$\mathcal{E}_\infty(\mathcal{H})$可以分解为$\mathcal{C}$的一些正交底部强连通分量的直和。*

证明 注意到$\mathcal{E}_\infty(I/d)$是$\mathcal{E}$的不动点，且

$$\mathrm{supp}(\mathcal{E}_\infty(I/d))=\mathcal{E}_\infty(\mathcal{H})$$

其中 $d=\dim\mathcal{H}$。那么就只需证明以下断言。

断言：令 ρ 是$\mathcal{E}$的不动点状态。那么 $\mathrm{supp}(\rho)$ 可以分解为一些正交底部强连通分量的直和。

事实上，如果 ρ 是最小的，那么根据定理 5.24，$\mathrm{supp}(\rho)$ 本身就是一个底部强连通分量，断言得证。否则，应用引理 5.30 来获得具有更小正交支集的$\mathcal{E}$的两个不动点状态。重复这个过程，可以得到一组具有相互正交支集的最小不动点状态 $\rho_1,\cdots,\rho_k$，使得

$$\mathrm{supp}(\rho)=\bigoplus_{i=1}^{k}\mathrm{supp}(\rho_i)$$

最后，从引理 5.23 和定理 5.24 可知，每个 $\mathrm{supp}(\rho_i)$ 都是一个底部强连通分量。 □

底部强连通分量分解直接来自定理 5.29 和定理 5.31 的组合。可以看到量子马尔可夫链的状态希尔伯特空间$\mathcal{C}=\langle\mathcal{H},\mathcal{E}\rangle$能分解为瞬态子空间和底部强连通分量族的直和：

$$\mathcal{H}=B_1\oplus\cdots\oplus B_u\oplus T_{\mathcal{E}} \tag{5.10}$$

其中 B_i 是$\mathcal{C}$的正交底部强连通分量，$T_{\mathcal{E}}$ 是最大的瞬态子空间。

2. 分解的唯一性

定理 5.31 证明了量子马尔可夫链的底部强连通分量分解的存在性。那么一个问题立即出现：这样的分解是唯一的吗？众所周知，经典马尔可夫链的底部强连通分量分解是唯一的。但是，对于量子马尔可夫链，情况并非如此，如下所示。

例 5.32 令$\mathcal{C}=\langle\mathcal{H},\mathcal{E}\rangle$是一个量子马尔可夫链，如例 5.19 中所示。则

$$B_1=\mathrm{span}\{|0\rangle,|1\rangle\}\quad B_2=\mathrm{span}\{|2\rangle,|3\rangle\}$$
$$D_1=\mathrm{span}\{|+_{02}\rangle,|+_{13}\rangle\}\quad D_2=\mathrm{span}\{|-_{02}\rangle,|-_{13}\rangle\}$$

全都是底部强连通分量，其中状态 $|\pm_{ij}\rangle$ 由式（5.7）定义。不难看出，$T_{\mathcal{E}}=\mathrm{span}\{|4\rangle\}$是最大瞬态子空间。此外，有$\mathcal{H}$的两种不同的底部强连通分量分解：

$$\mathcal{H}=B_1\oplus B_2\oplus T_{\mathcal{E}}=D_1\oplus D_2\oplus T_{\mathcal{E}}$$

虽然量子马尔可夫链的底部强连通分量分解一般不是唯一的，但幸运的是具有以下弱唯一性，即任意两个分解具有相同数量的底部强连通分量，并且它们中对应的底部强连通分量必具有相同的维度。

定理 5.33 令$\mathcal{C}=\langle\mathcal{H},\mathcal{E}\rangle$是一个量子马尔可夫链，且令

$$\mathcal{H}=B_1\oplus\cdots\oplus B_u\oplus T_{\mathcal{E}}=D_1\oplus\cdots\oplus D_v\oplus T_{\mathcal{E}}$$

为两个底部强连通分量分解，其中 B_i 和 D_i 分别按照维度的递增顺序排列。则

（ⅰ）$u=v$；

（ⅱ）$\dim B_i=\dim D_i$ 对每个 $1\leqslant i\leqslant u$ 成立。

证明　为简单起见，记 $b_i=\dim B_i$ 和 $d_i=\dim D_i$。通过对 i 的归纳证明 $b_i=d_i$ 对于任意 $1\leqslant i\leqslant \min\{u,v\}$ 成立，因此 $u=v$ 也是如此。

首先，$b_1=d_1$。否则，假设 $b_1<d_1$。那么 $b_1<d_j$，对于所有 j。因此，根据引理 5.25（ii），有

$$B_1\perp\bigoplus_{j=1}^{v}D_j$$

这与 $B_1\perp T_{\mathcal{E}}$ 矛盾。

现在假设已经有 $b_i=d_i$ 对所有 $i<n$ 成立。我们证明 $b_n=d_n$。否则，假设 $b_n<d_n$。然后由引理 5.25（ii），有

$$\bigoplus_{i=1}^{n}B_i\perp\bigoplus_{i=n}^{v}D_i$$

因此，

$$\bigoplus_{i=1}^{n}B_i\subseteq\bigoplus_{i=1}^{n-1}D_i$$

另一方面，有

$$\dim\left(\bigoplus_{i=1}^{n}B_i\right)=\sum_{i=1}^{n}b_i>\sum_{i=1}^{n-1}d_i=\dim\left(\bigoplus_{i=1}^{n-1}D_i\right)$$

矛盾。　□

值得指出的是，在上述定理中，对于每个 $1\leqslant i\leqslant n$，$\dim B_i=\dim D_i$ 实际上意味着 B_i 和 D_i 在相差一个酉变换 U_i 的意义下是相同的。但是，对于 $i_1\neq i_2$，酉变换 U_{i_1} 和 U_{i_2} 可以不同。这是经典情形和量子情形之间的本质区别。

3. 分解算法

已经证明了量子马尔可夫链底部强连通分量分解的存在性和弱唯一性。底部强连通分量分解算法的基本思想在定理 5.31 的证明中给出。现在明确地将其表示为算法 5，它为子空间 X 调用过程 Decompose（X）。

算法 5　Decompose($\mathcal{C}$)

```
input：量子马尔可夫链C=⟨H,E⟩
output：正交底部强连通分量集{B_i}和最大瞬态子空间T_E使得
        H=(⊕_i B_i)⊕T_E
        begin
            B←Decompose(E_∞(H));
            return B,E_∞(H)^⊥
        end
```

为了确定算法 5 的复杂性，需要以下技术引理。

引理 5.34　设$\langle\mathcal{H},\mathcal{E}\rangle$是一个量子马尔可夫链，设$d=\dim\mathcal{H}$以及$\rho\in\mathcal{D}(\mathcal{H})$。那么

（ⅰ）渐近平均状态$\mathcal{E}_\infty(\rho)$可以在时间$O(d^6)$内计算。

（ⅱ）可以在时间$O(d^6)$内计算$\mathcal{E}$的不动点集合

$$\{A\in\mathcal{L}(\mathcal{H}):\mathcal{E}(A)=A\}$$

的密度算子基。

证明　为了可读性，将上述引理的冗长证明推迟到附录 B. 3 中。现在算法 5 的正确性和复杂性如下所示。□

程序　Decompose(X)

```
input：子空间X,这个子空间是E不动点状态的支集
output：正交底部强连通分量集{B_i}使得X=⊕B_i

    begin
        E'←P_X∘E;
        B←集合{A∈L(H):E'(A)=A}的密度算子基;
        if |B|=1 then
            ρ←B的唯一的元素;
            return{supp(ρ)};
        else
            ρ_1,ρ_2←B的两个任意元素;
            ρ←ρ_1-ρ_2 的正的部分;
            Y←supp(ρ)^⊥;                              (*supp(ρ)在X中的正交补*)
            return Decompose(supp(ρ))∪Decompose(Y)
        end
    end
```

定理 5.35　给定一个量子马尔可夫链$\langle \mathcal{H},\mathcal{E}\rangle$，算法 5 在时间 $O(d^7)$ 内将希尔伯特空间$\mathcal{H}$分解为正交底部强连通分量族和$\mathcal{C}$的最大瞬态子空间的直和，其中 $d=\dim \mathcal{H}$。

证明　算法 5 的正确性很容易证明。实际上，它直接来自定理 5.29 和定理 5.31。对于时间复杂度，首先注意到程序 Decompose（X）的非递归部分需要 $O(d^6)$时间。因此，Decompose（X）的总复杂度为 $O(d^7)$，因为该过程最多调用 $O(d)$次。算法 5 首先计算$\mathcal{E}_\infty(\mathcal{H})$，如引理 5.34（i）所示，其花费时间 $O(d^6)$，然后将其输入到程序 Decompose（X）中。因此算法 5 的总复杂度是 $O(d^7)$。□

5.3.3　周期性分解

我们已经将量子马尔可夫链的状态空间分解为最大瞬态子空间和一些底部强连通分量。本小节根据其周期性对每个底部强连通分量子空间进行进一步分解，从而获得整个状态空间的精细分解。为此，需要更多的概念。

1. 不可约性

首先将经典马尔可夫链的不可约性概念扩展到量子马尔可夫链。回忆经典概率论，从任何初始状态开始的不可约马尔可夫链可以在有限步数内到达任何其他状态。直接地，有：

定义 5.36　量子马尔可夫链$\mathcal{C}=\langle \mathcal{H},\mathcal{E}\rangle$被称为不可约的，如果对于任意 $\rho\in\mathcal{D}(\mathcal{H})$，$\mathcal{R}_\mathcal{C}(\rho)=\mathcal{H}$。

为了说明不可约性，我们来看两个简单的例子。

例 5.37　考虑一种把经典非门：0→1；1→0 编码到量子操作的自然方式。令$\mathcal{H}=\text{span}\{|0\rangle,|1\rangle\}$，那么它可以通过$\mathcal{E}:\mathcal{D}(\mathcal{H})\to\mathcal{D}(\mathcal{H})$建模，定义如下：

$$\mathcal{E}(\rho)=|1\rangle\langle 0|\rho|0\rangle\langle 1|+|0\rangle\langle 1|\rho|1\rangle\langle 0|$$

对任意 $\rho\in\mathcal{D}(\mathcal{H})$成立。很容易验证量子马尔可夫链$\langle \mathcal{H},\mathcal{E}\rangle$是不可约的。

例 5.38（振幅阻尼信道）　考虑对自发辐射等物理过程进行建模的二维振幅阻尼信道。令$\mathcal{H}=\text{span}\{|0\rangle,|1\rangle\}$，且

$$\mathcal{E}(\rho)=E_0\rho E_0^\dagger+E_1\rho E_1^\dagger$$

其中

$$E_0 = |0\rangle\langle 0| + \sqrt{1-p}\,|1\rangle\langle 1|, \qquad E_1 = \sqrt{p}\,|0\rangle\langle 1|$$

对 $p>0$。那么量子马尔可夫链$\mathcal{C}=\langle \mathcal{H},\mathcal{E}\rangle$是可约的，因为，比如说，$\mathcal{R}_{\mathcal{C}}(|0\rangle\langle 0|)=\text{span}\{|0\rangle\}$。

下面的定理给出了不可约性在底部强连通分量和不动点方面的表征，这确实提供了一种有效的方法来检测量子马尔可夫链是否不可约。

定理 5.39 令$\mathcal{C}=\langle \mathcal{H},\mathcal{E}\rangle$是量子马尔可夫链。以下三个语句是等价的：

（i）$\mathcal{C}$是不可约的；

（ii）$\mathcal{C}$有$\mathcal{H}$作为底部强连通分量；

（iii）$\mathcal{C}$有一个唯一的不动点状态ρ^*且$\text{supp}(\rho^*)=\mathcal{H}$。

练习 5.13 证明定理 5.39。

有了上面的定理，可以通过上一小节给出的算法 5 来检测$\langle \mathcal{H},\mathcal{E}\rangle$是否可约。时间复杂度为$O(d^7)$，其中 $\dim(\mathcal{H})=d$。

事实上，注意到对于任何量子马尔可夫链$\mathcal{C}$和底部强连通分量 B，定义 5.13 中定义的$\mathcal{C}$在 B 上的限制是不可约的。

2. 周期性

现在进一步定义量子马尔可夫链的周期性概念。在经典马尔可夫链$\langle S,P\rangle$中，状态 $s\in S$ 的周期为

$$\gcd\{m\geqslant 1 : P^m(s,s)>0\}$$

这里，gcd 代表最大公约数。为简单起见，假设 $\gcd(\emptyset)=\infty$。我们可以将这个概念直接推广到量子马尔可夫链，如下所示。

定义 5.40 令$\mathcal{C}=\langle \mathcal{H},\mathcal{E}\rangle$是一个量子马尔可夫链，且$\rho\in\mathcal{D}(\mathcal{H})$。

（i）ρ 的周期，记为 p_ρ，定义为

$$\gcd\{m\geqslant 1 : \text{supp}(\rho)\subseteq\text{supp}(\mathcal{E}^m(\rho))\}$$

（ii）ρ 被认为是非周期性的，如果它的周期是 1。

（iii）如果具有 $\text{supp}(\rho)\subseteq X$ 的任何状态 ρ 是非周期性的，则$\mathcal{H}$的子空间 X 是非周期性的。

（iv）如果整个状态空间$\mathcal{H}$是非周期性的，则称$\mathcal{C}$是非周期性的。

如果马尔可夫链中的任何两个状态彼此可达，则它们具有相同的周期。以下引理显示了量子马尔可夫链的类似结果。回顾定义 5.9，如果由$\mathcal{C}$诱导的量子图中存在从ρ到σ的路径，则$\mathcal{C}$中σ从ρ可达。

命题 5.41　令$\mathcal{C}=\langle\mathcal{H},\mathcal{E}\rangle$是一个量子马尔可夫链，且$\rho,\sigma\in\mathcal{D}(\mathcal{H})$。每当$\rho$从$\sigma$可达且$\sigma$从$\rho$可达时，有$p_\rho=p_\sigma$。

练习 5.14　证明命题 5.41。

经典马尔可夫链的底部强连通分量中的所有状态都可以相互到达，因此共享相同的周期。然而，量子态的可达空间被定义为从它可达的状态张成的子空间（见定义 5.10）。因此，ρ可达空间中的量子态在底层量子图中不一定从ρ可达，因此同一底部强连通分量子空间中的状态可能具有不同的周期。这可以从以下例子中清楚地看出。

例 5.42　考虑一个类似于例 5.37 的量子马尔可夫链，但这里我们对下述循环进行编码

$$0\to1;1\to2;2\to3;3\to0$$

令$\mathcal{H}=\text{span}\{|i\rangle:0\leqslant i\leqslant3\}$。那么它可以通过量子操作$\mathcal{E}=\{E_i:i=0,\cdots,3\}$建模（以 Kraus 算子和形式），其中

$$E_0=|0\rangle\langle3|,\quad E_1=|1\rangle\langle0|,\quad E_2=|2\rangle\langle1|,\quad E_3=|3\rangle\langle2|$$

同样，量子马尔可夫链$\langle\mathcal{H},\mathcal{E}\rangle$是不可约的。此外，对于任意$0\leqslant i$，$j\leqslant3$，令

$$|+_{ij}\rangle=(|i\rangle+|j\rangle)/\sqrt{2}$$

且$\rho=\frac{1}{4}\sum_{i=0}^{3}|i\rangle\langle i|$。容易证明

$$p_{|i\rangle\langle i|}=4,\quad p_{|+02\rangle\langle+02|}=2,\quad p_\rho=1$$

3. 周期的特征

请注意，上例中显示的周期虽然不同，但都是 4 的因数，即被编码的循环的周期。有趣的是，我们将证明这个观察对于量子马尔可夫链的任何底部强连通分量子空间确实是正确的。

首先，证明在ρ是非周期性的特殊情况下，ρ可达空间中的每个量子态确实可以

从ρ可达。

引理 5.43 令$\mathcal{C}=\langle\mathcal{H},\mathcal{E}\rangle$是一个量子马尔可夫链，且$\rho\in\mathcal{D}(\mathcal{H})$。那么$\rho$是非周期的，当且仅当存在一个整数$M>0$，使得

$$\mathrm{supp}(\mathcal{E}^m(\rho))=\mathcal{R}_{\mathcal{C}}(\rho)$$

对所有$m\geqslant M$成立。

证明 充分性部分是显而易见的。对于必要性部分，令

$$X_i=\mathrm{supp}(\mathcal{E}^i(\rho))$$

对$i\geqslant 0$。特别地，$X_0=\mathrm{supp}(\rho)$，令

$$T_\rho=\{i\geqslant 1:X_i\supseteq X_0\} \tag{5.11}$$

然后由命题5.7，有对任意i，$j\geqslant 0$，

$$X_{i+j}=\mathcal{E}^i(X_j)\text{，且} \tag{5.12}$$

$$\text{如果 } i,j\in T_\rho\text{，则 } i+j\in T_\rho \tag{5.13}$$

通过ρ是非周期性的假设，有$\gcd(T_\rho)=1$。由基本数论可知，有T_ρ的有限子集$\{m_k\}_{k\in K}$和$\gcd\{m_k\}_{k\in K}=1$，并且有一个整数$M'>0$，使得对于任何$i\geqslant M'$，都存在正整数$\{a_k\}_{k\in K}$，使得

$$i=\sum_{k\in K}a_km_k$$

因此$i\in T_\rho$（根据式（5.13））。

现在令$M=M'+d-1$，其中$d=\dim\mathcal{H}$，并取任意$m\geqslant M$。对于所有$0\leqslant i\leqslant d-1$，已经证明$m-i\in T_\rho$，即$X_{m-i}\supseteq X_0$。因此$X_m\supseteq X_i$（根据式（5.12））且$X_m\supseteq\mathcal{R}_{\mathcal{C}}(\rho)$（根据定理5.12）。因此，$X_m=\mathcal{R}_{\mathcal{C}}(\rho)$，因为反向包含是成立的。 □

基于引理5.43，可以定义非周期状态ρ的饱和时间为

$$s(\rho)=\min\{n\geqslant 1:\mathrm{supp}(\mathcal{E}^n(\rho))=\mathcal{R}_{\mathcal{C}}(\rho)\}$$

下面的引理表明，对于量子马尔可夫链的任何非周期性底部强连通分量B，B中任何状态的饱和时间都有一个共同的上界，从而加强了引理5.43。

引理 5.44 令$\mathcal{C}=\langle\mathcal{H},\mathcal{E}\rangle$是一个量子马尔可夫链。$\mathcal{H}$的子空间$X$是非周期底部强连通

分量，当且仅当存在整数$M>0$，使得对于所有$\rho\in\mathcal{D}(X)$，有

$$\mathrm{supp}(\mathcal{E}^m(\rho))=X$$

对于所有$m\geqslant M$成立。

证明 充分性部分是显而易见的，所以只考虑必要性部分。对于任意$\rho\in\mathcal{D}(X)$，令

$$N(\rho)=\{\sigma\in\mathcal{D}(X):\|\rho-\sigma\|_1<\lambda_{\min}(\mathcal{E}^{s(\rho)}(\rho))\}$$

其中$\|\cdot\|_1$是迹范数，$\lambda_{\min}(\tau)$是τ的最小非零特征值。显然，$N(\rho)$是一个开集。那么$\{N(\rho)\}_{\rho\in\mathcal{D}(X)}$是$\mathcal{D}(X)$的开覆盖。由于$\mathcal{D}(X)$是紧的，可以找到有限数量的密度算子$\{\rho_i\}_{i\in J}\subseteq\mathcal{D}(X)$，使得

$$\mathcal{D}(X)=\bigcup_{i\in J}N(\rho_i)$$

下面，证明对于任何$\rho\in\mathcal{D}(X)$和$\sigma\in N(\rho)$，有

$$\mathrm{supp}(\mathcal{E}^m(\sigma))=X$$

对于所有$m\geqslant s(\rho)$成立。那么通过取$M=\max_{i\in J}s(\rho_i)$，定理成立。

令

$$Y=\mathrm{supp}(\mathcal{E}^{s(\rho)}(\sigma))$$

且P_Y为到Y的投影。由于X是不变的，$Y\subseteq X$。令$P_{\bar{Y}}=P_X-P_Y$，则

$$\begin{aligned}\mathrm{tr}(P_{\bar{Y}}\mathcal{E}^{s(\rho)}(\rho))&=\|P_{\bar{Y}}\mathcal{E}^{s(\rho)}(\rho)P_{\bar{Y}}\|_1\\&=\|P_{\bar{Y}}(\mathcal{E}^{s(\rho)}(\rho)-\mathcal{E}^{s(\rho)}(\sigma))P_{\bar{Y}}\|_1\\&\leqslant\|\mathcal{E}^{s(\rho)}(\rho)-\mathcal{E}^{s(\rho)}(\sigma)\|_1\\&\leqslant\|\rho-\sigma\|_1\\&<\lambda_{\min}(\mathcal{E}^{s(\rho)}(\rho))\end{aligned}$$

根据$\lambda_{\min}$的定义，这只有在$Y=X$时才有可能，因为

$$\mathrm{supp}(\mathcal{E}^{s(\rho)}(\rho))=X$$

换言之，有

$$\mathrm{supp}(\mathcal{E}^{s(\rho)}(\sigma))=X$$

因此，得到

$$\text{supp}(\mathcal{E}^{s(\rho)-1}(\sigma))\subseteq\text{supp}(\mathcal{E}^{s(\rho)}(\sigma)) \text{ 和 } \text{supp}(\mathcal{E}^{s(\rho)}(\sigma))\subseteq\text{supp}(\mathcal{E}^{s(\rho)+1}(\sigma))$$

（根据命题5.7）。所以

$$\text{supp}(\mathcal{E}^{s(\rho)+1}(\sigma))=X$$

通过归纳，可以证明 $\text{supp}(\mathcal{E}^{m}(\sigma))=X$ 对于所有 $m\geqslant s(\rho)$ 成立。 □

下一个引理给出了$\mathcal{C}$中量子态 ρ 的周期 p_ρ 的表征，表明 p_ρ 刚好是最小数 n，使得 ρ 在$\mathcal{C}^n$中是非周期的，其中$\mathcal{C}^n$表示$\mathcal{C}$重复应用 n 次。

引理5.45 令$\mathcal{C}=\langle\mathcal{H},\mathcal{E}\rangle$是一个量子马尔可夫链，并且$\rho\in\mathcal{D}(\mathcal{H})$，使得$p_\rho<\infty$。设

$$W_\rho=\{n\geqslant 1:\rho \text{ 在量子马尔可夫链} \mathcal{C}^n=\langle\mathcal{H},\mathcal{E}^n\rangle \text{ 中是非周期的。}\}$$

其中$\mathcal{E}^n=\mathcal{E}\circ\cdots\circ\mathcal{E}$代表$\mathcal{E}$重复应用 n 次。则

$$p_\rho=\min(W_\rho)$$

此外，对于任意 $n\in W_\rho$ 和 $m\geqslant 1$，也有 $mn\in W_\rho$。

证明 为简单起见，记 $p=p_\rho$ 和

$$T_k=\{m\geqslant 1:\text{supp}(\mathcal{E}^{mk}(\rho))\supseteq\text{supp}(\rho)\}$$

对任意 $k\geqslant 1$ 成立。注意 $\gcd(T_1)=p$。

首先证明 $p\in W_\rho$。观察到对任意 $m\geqslant 1$，如果 $m\in T_1$，那么 $m=m'p$ 对于某些 $m'\in T_p$ 成立。因此 $\gcd(T_1)$可被 $\gcd(T_p)\cdot p$ 整除，因此 $\gcd(T_p)=1$ 如所愿。

为了证明 $p=\min(W_\rho)$，令 $n\in W_\rho$ 是任意选取的。那么 $\gcd(T_n)=1$。请注意，如果 $m\in T_n$，则 $mn\in T_1$。最后，

$$n=\gcd(T_n)\cdot n\geqslant\gcd\{(T_1)\}=p$$

最后，对于任意 $n\in W_\rho$ 和 $m\geqslant 1$，$mn\in W_\rho$ 由引理5.43直接可得。 □

有趣的是，引理5.45可以从状态 ρ 的情况推广到底部强连通分量子空间 B。事实上，这种推广提供了一种定义底部强连通分量周期的方法。令$\mathcal{C}=\langle\mathcal{H},\mathcal{E}\rangle$是一个量子马尔可夫链，$B$ 是$\mathcal{C}$的底部强连通分量。用 p_B 表示$\mathcal{E}$的相应特征向量的支集位于 B 中的外围特征值（振幅为1的特征值）的数量。由于 B 是不变的，这些特征值正是$\mathcal{E}_B$（$\mathcal{E}$在 B 上的限制）的外围特征值。

定理5.46 令$\mathcal{C}=\langle\mathcal{H},\mathcal{E}\rangle$是一个量子马尔可夫链，$B$ 是$\mathcal{C}$的底部强连通分量。

设

$$W_B=\{n\geqslant 1:B\text{ 在量子马尔可夫链}\mathcal{C}^n=\langle\mathcal{H},\mathcal{E}^n\rangle\text{ 中是非周期的}\}$$

则

$$p_B=\min(W_B)$$

特别地，B 是非周期的，当且仅当 $p_B=1$。

证明　记 $p=p_B$。注意到，量子马尔可夫链 $\mathcal{C}_B=\langle B,\mathcal{E}_B\rangle$ 是不可约的。因此 $\mathcal{E}_B$ 的伴随映射 $\mathcal{E}_B^\dagger$ 是单位的，并且由［115］中定理 6.6 可知，$\mathcal{E}_B^\dagger$ 的外围谱正好是

$$\{\exp(2\pi ik/p):0\leqslant k<p\}$$

此外，还存在一族正交投影 $\{P_0,\cdots,P_{p-1}\}$，使得 $\sum_{k=0}^{p-1}P_k=B$，且

$$\mathcal{E}_B^\dagger(P_k)=P_{k\ominus 1}$$

对 $k=0,\cdots,p-1$ 成立，其中 $\ominus$ 表示模 p 减。进一步注意 $\mathcal{E}_B$ 的特征值是 $\mathcal{E}_B^\dagger$ 特征值的复共轭。可以看到 $\mathcal{E}_B^p:=(\mathcal{E}_B)^p$ 有一个平凡的外围谱，更准确地说，1 是唯一的外围特征值，其代数重数为 1。此外，由于 $\mathcal{C}_B$ 是不可约的，根据定理 5.39，它具有唯一的不动点状态 ρ^*，其中 $\mathrm{supp}(\rho^*)=B$。注意到，ρ^* 也是 $\mathcal{E}_B^p$ 的不动点状态，因此是与特征值 1 相关联的归一化特征向量。然后由［117］中的定理 6.7 和定理 6.8，存在 $M>0$ 使得

$$\mathrm{supp}(\mathcal{E}^{mp}(\rho))=\mathrm{supp}(\mathcal{E}_B^{mp}(\rho))=B$$

对于所有 $m\geqslant M$ 和 $\rho\in\mathcal{D}(B)$ 成立。从引理 5.44 得出，B 在 $\mathcal{C}^p$ 中是非周期的，因此 $p_B\in W_B$。

对于任意 $n\in W_B$，需要证明 $p\leqslant n$。由于 B 在 $\mathcal{C}^n=\langle\mathcal{H},\mathcal{E}^n\rangle$ 中是非周期的，根据引理 5.44，存在一个整数 $M>0$，使得

$$\mathrm{supp}(P_k)\subseteq\mathrm{supp}(\mathcal{E}^{mn}(P_k))=\mathrm{supp}(\mathcal{E}_B^{mn}(P_k))$$

对于所有 $m\geqslant M$ 成立。因此，

$$0<\mathrm{tr}(P_k\,\mathcal{E}_B^{mn}(P_k))=\mathrm{tr}(\mathcal{E}_B^{\dagger mn}(P_k)P_k)=\mathrm{tr}(P_{k\ominus mn}P_k)\tag{5.14}$$

因此，p 必须是 n 的因数，从而 $p\leqslant n$。□

鉴于上述定理，只要 B 是底部强连通分量，就可以将 p_B 定义为 B 的周期。

4. 周期分解

现在准备展示本小节的主要结果——底部强连通分量的周期分解，结合定理

5.33，提供了对量子马尔可夫链状态空间的精细分解。

定理 5.47（周期分解）　令$\mathcal{C}=\langle\mathcal{H},\mathcal{E}\rangle$是一个量子马尔可夫链。那么$\mathcal{C}$的每个周期为 $p=p_B$ 的底部强连通分量 B 可以被唯一地分解为一些相互正交的子空间的直和

$$B = B_0\bigoplus\cdots\bigoplus B_{p-1}$$

满足以下性质：

（i）$\mathcal{E}(B_k)=B_{k\oplus 1}$，其中$\oplus$表示模 p 加；

（ii）每个 B_k 是$\mathcal{C}^p=\langle\mathcal{H},\mathcal{E}^p\rangle$的非周期底部强连通分量；

（iii）对于任意带有 $\mathrm{supp}(\rho)\subseteq B$ 的 $\rho\in\mathcal{D}(\mathcal{H})$，令

$$J_\rho = \{k:0 \leqslant k<p,\mathrm{tr}(P_{B_k}\rho)>0\}$$

那么 p_ρ 是最小的 $n\geqslant 1$，使得 $J_\rho=\{i\oplus n:i\in J_\rho\}$。特别地，支集位于同一个 B_i 中的所有状态 ρ 共享相同的周期 p。

证明　将（i）和（ii）留作练习。对于（iii），令

$$J_\rho^n = \{i \oplus n:i\in J_\rho\}$$

特别地，$J_\rho^0=J_\rho$。令 R_ρ 是那些使得 $J_\rho=J_\rho^n$ 的整数 $n\geqslant 1$ 的集合，且 $n^*=\min(R_\rho)$。需要证明 $n^*=p_\rho$。注意到，对于任意 $m,n\in R_\rho$，$m-n\in R_\rho$ 每当 $m>n$。因此，

$$R_\rho = \{mn^*:m \geqslant 1\}$$

此外，从（i）可知，对于任意 $n\geqslant 0$，

$$\mathrm{supp}(\mathcal{E}^n(\rho))\subseteq \bigoplus_{k\in J_\rho^n}B_k \tag{5.15}$$

然后有 $T_\rho\subseteq R_\rho$，其中 T_ρ 由式（5.11）定义。所以 n^* 是 p_ρ 的一个因子。

现在证明 p_ρ 是 n^* 的因子。首先，根据定理 5.46，ρ 在$\mathcal{C}^p$中是非周期的。因此，根据引理 5.43，对于足够大的 m，

$$\mathrm{supp}(\mathcal{E}^{mp}(\rho))=\mathcal{R}_{\mathcal{C}^p}(\rho)$$

另一方面，从（ii）和引理 5.21 可知

$$\mathcal{R}_{\mathcal{C}^p}(\rho)=\bigoplus_{k\in J_\rho}B_k$$

然后从（i）得到

$$\mathrm{supp}(\mathcal{E}^{mp+\ell n^*}(\rho)) = \mathcal{R}_{\mathcal{C}^p}(\rho)$$

对于任意 $\ell \geqslant 1$ 成立，这意味着 p_ρ 是 n^* 的因子。 □

练习 5.15 证明定理 5.47 的（i）和（ii）。

作为本节的结束，对底部强连通分量子空间中量子态的周期做最后的评述。

评述 5.48 定理 5.47 证实了在例 5.42 之后所做的观察。特别地，令 $\mathcal{C}=\langle\mathcal{H},\mathcal{E}\rangle$ 为量子马尔可夫链，B 是 $\mathcal{C}$ 的底部强连通分量。那么

（i）存在 B 的标准正交基，使得基中的每个（纯）态共享相同的周期，等于周期 p_B，与马尔可夫链中的情形一致；

（ii）基态的叠加是马尔可夫链中不存在的一种现象，它导致 B 中的其他纯态可能具有与 p_B 不同的周期，参见例 5.42 中的状态 $|+_{02}\rangle$。对于混合态，这（周期不同）可能是由于概率不确定性，参见例 5.42 中的状态 ρ。注意，后者也出现在经典情形中；

（iii）支集位于 B 中的任何量子态的周期必须是 p_B 的因子；相反，周期 p_B 的任意因子都可以是支集位于 B 中的某个量子态的周期。

5.4 量子马尔可夫链的可达性分析

量子马尔可夫链的图结构在 5.2 节中进行了详细的研究。此外，它们的状态希尔伯特空间的底部强连通分量和周期分解在 5.3 节中给出。这为量子马尔可夫链的可达性分析提供了必要的数学工具。

这一节将研究量子马尔可夫链的几个可达性性质，并根据前两节的结果设计分析这些性质的算法。

5.4.1 可达性概率

首先考虑量子马尔可夫链最简单的可达性：到达子空间 X。这种可达性的概率正式定义如下：

定义 5.49 设 $\langle\mathcal{H},\mathcal{E}\rangle$ 为一个量子马尔可夫链，$\rho\in\mathcal{D}(\mathcal{H})$ 为一个初始状态，而 $X\subseteq\mathcal{H}$ 为一个子空间。那么从 ρ 开始，到达 X 的概率是

$$\Pr(\rho \vDash \Diamond X) = \lim_{i\to\infty} \mathrm{tr}\left(P_X \tilde{\mathcal{E}}^i(\rho)\right) \tag{5.16}$$

其中$\tilde{\mathcal{E}}^i$是 i 个$\tilde{\mathcal{E}}$的复合，而$\tilde{\mathcal{E}}$是如下定义的量子操作：对于所有的密度算子 σ，都有

$$\tilde{\mathcal{E}}(\sigma) = P_X \sigma P_X + \mathcal{E}(P_{X^\perp} \sigma P_{X^\perp})$$

显然，定义 5.49 中的极限是存在的，因为概率

$$\mathrm{tr}(P_X \tilde{\mathcal{E}}^i(\rho))$$

关于 i 是不减的。直观地，$\tilde{\mathcal{E}}$ 可以看作首先进行投影测量$\{P_X, P_{X^\perp}\}$，然后根据测量结果相应地作用恒等算子$\mathcal{I}$或者$\mathcal{E}$。

可达性概率的计算

显然，直接用定义式（5.16）来计算可达性概率

$$\Pr(\rho \vDash \Diamond X)$$

并不容易。但可以基于上一节中给出的底部强连通分量分解算法来计算。

首先注意到式（5.16）中的子空间 X 在$\tilde{\mathcal{E}}$作用下是不变的。因此$\langle X, \tilde{\mathcal{E}}\rangle$是一个量子马尔可夫链。很容易验证

$$\tilde{\mathcal{E}}_\infty(X) = X$$

其中$\tilde{\mathcal{E}}_\infty$是根据式（5.9）定义的$\tilde{\mathcal{E}}$的渐近平均。那么由定理 5.31，可以根据$\tilde{\mathcal{E}}$把 X 分解成一组正交的底部强连通分量。

接下来需要计算命中单个底部强连通分量的极限概率。下面的引理显示了它和初始状态的渐近平均位于同一底部强连通分量的概率之间的联系。

引理 5.50 设$\{B_i\}$为$\mathcal{E}_\infty(\mathcal{H})$的一个底部强连通分量分解，$P_{B_i}$ 为 B_i 上的投影。那么对于每个 i，有

$$\lim_{k\to\infty} \mathrm{tr}(P_{B_i}\mathcal{E}^k(\rho)) = \mathrm{tr}(P_{B_i}\mathcal{E}_\infty(\rho)) \tag{5.17}$$

对于所有的$\rho \in \mathcal{D}(\mathcal{H})$成立。

证明 以 P 记 $T_{\mathcal{E}} = \mathcal{E}_\infty(\mathcal{H})^\perp$上的投影。类似于定理 5.29 的证明，可以看出极限

$$q_i := \lim_{k\to\infty} \mathrm{tr}(P_{B_i}\mathcal{E}^k(\rho))$$

确实存在，而且

$$\mathrm{tr}(P_{B_i}\mathcal{E}_\infty(\rho))\leqslant q_i$$

此外，有

$$\begin{aligned}1=\mathrm{tr}((I-P)\ \mathcal{E}_\infty(\rho))&=\sum_i \mathrm{tr}(P_{B_i}\mathcal{E}_\infty(\rho))\\&\leqslant\sum_i q_i\\&=\lim_{k\to\infty}\mathrm{tr}((I-P)\ \mathcal{E}^k(\rho))=1\end{aligned}$$

这意味着对于每个 i 都有 $q_i=\mathrm{tr}(P_{B_i}\mathcal{E}_\infty(\rho))$。 □

结合引理 5.50 和定理 5.29，得到计算量子马尔可夫链中子空间可达性概率的一种简便方法。

定理 5.51 设 $\langle\mathcal{H},\mathcal{E}\rangle$ 为一个量子马尔可夫链，$\rho\in\mathcal{D}(\mathcal{H})$，而 $X\subseteq\mathcal{H}$ 为一个子空间。那么

$$\Pr(\rho\vDash\Diamond X)=\mathrm{tr}(P_X\tilde{\mathcal{E}}_\infty(\rho))$$

并且这个概率可以在时间 $O(d^6)$ 内计算出来，其中 $d=\dim(\mathcal{H})$

证明

$$\Pr(\rho\vDash\Diamond X)=\mathrm{tr}(P_X\tilde{\mathcal{E}}_\infty(\rho))$$

直接由引理 5.50 和定理 5.29 可得。计算可达性概率的时间复杂性由引理 5.34（i）可得。 □

练习 5.16 详细阐述计算可达性概率 $\Pr(\rho\vDash\Diamond X)$ 的算法并分析其复杂性。

5.4.2 重复可达性概率

现在考虑一种更复杂的可达性性质，即量子马尔可夫链的重复可达性。直观上，重复可达性意味着系统无限经常满足想要的条件。如下所述，量子底部强连通分量分解也可以用于分析量子马尔可夫链的重复可达性。

经典马尔可夫链的重复可达性概念不能直接推广到量子情形中。可以想象，主要困难源于处理重复量子测量的方式，这可能会改变系统的状态。

1. 一个特殊情况

为说明我们对于量子马尔可夫链重复可达性定义的动机，首先考虑一个特殊情

况。如果一个量子马尔可夫链$\langle\mathcal{H},\mathcal{E}\rangle$从一个纯态$|\psi\rangle$开始，如何判断它的演化序列

$$|\psi\rangle\langle\psi|,\mathcal{E}(|\psi\rangle\langle\psi|),\mathcal{E}^2(|\psi\rangle\langle\psi|),\cdots$$

是否到达$\mathcal{H}$的某个子空间 X？为此，应在系统上执行某些量子测量。由于量子测量可以改变被测量系统的状态，至少有两种不同的情况。

- **测量一次**：对于每个$i\geqslant 0$，在从$|\psi\rangle\langle\psi|$到$\mathcal{E}^i(|\psi\rangle\langle\psi|)$的 i 步演化中，投影测量$\{P_X,P_{X^\perp}\}$只在最后执行。
- **测量多次**：测量$\{P_X,P_{X^\perp}\}$在 i 步演化的每一步中都执行。如果观察到对应于P_X的结果，则过程立即终止；否则，继续另一轮$\mathcal{E}$的执行。

下面两个引理给出了上述两种不同情况下重复可达性的简单特性，从中可以看到这两种情况之间的一些有趣的区别。

引理 5.52（测量一次）　设 B 为量子马尔可夫链$\mathcal{C}=\langle\mathcal{H},\mathcal{E}\rangle$的一个底部强连通分量，而 X 为一个不与 B 正交的子空间。那么对于任意的$|\psi\rangle\in B$，下式对于无限多的 i 都成立

$$\mathrm{tr}(P_X\,\mathcal{E}^i(|\psi\rangle\langle\psi|))>0$$

证明　由于 X 不与 B 正交，总能找到一个纯态$|\varphi\rangle\in B$，使得$P_X|\varphi\rangle\neq 0$。现在对于任意的$|\psi\rangle\in B$，如果存在 N 使得对于任意的 $k>N$，都有

$$\mathrm{tr}(P_X\,\mathcal{E}^k(|\psi\rangle\langle\psi|))=0$$

那么

$$|\varphi\rangle\notin\mathcal{R}_{\mathcal{C}}(\mathcal{E}^{N+1}(|\psi\rangle\langle\psi|))$$

这意味着可达空间$\mathcal{R}_{\mathcal{C}}(\mathcal{E}^{N+1}(|\psi\rangle\langle\psi|))$是 B 的一个真不变子空间。这与 B 是一个底部强连通分量的假设相矛盾。因此对于无限多的 i，都有

$$\mathrm{tr}(P_X\,\mathcal{E}^i(|\psi\rangle\langle\psi|))>0$$

□

引理 5.53（测量多次）　设 B 为量子马尔可夫链$\mathcal{C}=\langle\mathcal{H},\mathcal{E}\rangle$的一个底部强连通分量，而 $X\subseteq B$ 为 B 的一个非平凡子空间。那么对于任意的$|\psi\rangle\in B$，有

$$\lim_{i\to\infty}\mathrm{tr}(\mathcal{G}^i(|\psi\rangle\langle\psi|))=0$$

其中量子操作$\mathcal{G}$为$\mathcal{E}$在 $X^\perp$ 上的限制，也就是说，

$$\mathcal{G}(\rho)=P_{X^\perp}\,\mathcal{E}(\rho)P_{X^\perp}\tag{5.18}$$

其中 ρ 为任意密度算子，而 $X^{\perp}$ 是 X 在$\mathcal{H}$中的正交补。

证明　对于任意的 $|\psi\rangle\in B$，断言

$$\rho_{\psi}:=\mathcal{G}_{\infty}(|\psi\rangle\langle\psi|)$$

是一个零算子。若不然，很容易验证 ρ_{ψ} 是$\mathcal{G}$的一个不动点。此外，由于

$$\mathrm{tr}(\mathcal{E}(\rho_{\psi}))=\mathrm{tr}(\mathcal{G}(\rho_{\psi}))+\mathrm{tr}(P_X\,\mathcal{E}(\rho_{\psi})P_X)=\mathrm{tr}(\rho_{\psi})+\mathrm{tr}(P_X\,\mathcal{E}(\rho_{\psi})P_X)$$

因此 $\mathrm{tr}(P_X\,\mathcal{E}(\rho_{\psi}))=0$，因为$\mathcal{E}$是保迹的。因此 $P_X\,\mathcal{E}(\rho_{\psi})=0$，而 ρ_{ψ} 也是$\mathcal{E}$的一个不动点。注意到

$$\mathrm{supp}(\rho_{\psi})\subseteq X^{\perp}\cap B$$

由定理 5.24 可知，这与 B 是一个底部强连通分量的假设矛盾。现在有了上述断言和 $\mathrm{tr}(\mathcal{G}^{i}(|\psi\rangle\langle\psi|))$ 关于 i 是不增的事实，立即得到

$$\lim_{i\to\infty}\mathrm{tr}(\mathcal{G}^{i}(|\psi\rangle\langle\psi|))=0$$

□

注意到式（5.18）定义的量子操作$\mathcal{G}$实际上在单个步骤中模拟了这样的情形：$\mathcal{E}$施加于系统，然后执行测量 $\{P_X,P_{X^{\perp}}\}$，且测量结果对应于 $X^{\perp}$。引理 5.53 实际上表明，如果将 X 设为吸收边界，它包含在底部强连通分量 B 中，那么可达性概率最终会被吸收。

2. 定义重复可达性

现在来考虑在一般情形下如何定义重复可达性的概念，其中初始状态是以密度算子 ρ 表示的混合态。首先，有以下定理。

定理 5.54　设$\mathcal{C}=\langle\mathcal{H},\mathcal{E}\rangle$为一个量子马尔可夫链，$X$ 为$\mathcal{H}$的一个子空间，而$\mathcal{G}$由式（5.18）定义。那么以下两种说法是等价的：

（i）子空间 $X^{\perp}$ 不含有底部强连通分量。

（ii）对于任意的 $\rho\in\mathcal{D}(\mathcal{H})$，有

$$\lim_{i\to\infty}\mathrm{tr}(\mathcal{G}^{i}(\rho))=0$$

证明　类似于引理 5.53 的证明。　□

以上讨论，特别是引理 5.53 和定理 5.54，为定义量子马尔可夫链中重复可达性的一种一般形式提供了依据。

设$\mathcal{C}=\langle\mathcal{H},\mathcal{E}\rangle$为一个量子马尔可夫链。注意到$\mathcal{E}_{\infty}(\mathcal{H})^{\perp}$是一个瞬态子空间。因此，

可以将注意力集中在$\mathcal{E}_\infty(\mathcal{H})$上。下面的定义进一步确定了一个子空间，$X$ 的重复可达性仅与该子空间有关。

定义 5.55 给定$\mathcal{E}_\infty(\mathcal{H})$的子空间 X，令

$$\mathcal{X}(X)=\{|\psi\rangle\in\mathcal{E}_\infty(\mathcal{H}):\lim_{k\to\infty}\operatorname{tr}(\mathcal{G}^k(|\psi\rangle\langle\psi|))=0\}$$

其中$\mathcal{G}$在式（5.18）中定义。

直观地，从$\mathcal{X}(X)$中的状态$|\psi\rangle$开始，重复地运行量子操作$\mathcal{E}$，并在每一步结束时测量$\{P_X,P_{X^\perp}\}$。$\mathcal{X}(X)$的定义式意味着系统最终总是落入 $X^\perp$ 的概率为 0，换句话说，系统无限经常地到达 X。很容易看出$\mathcal{X}(X)$是$\mathcal{H}$的一个子空间。因此，可以在$\mathcal{X}(X)$内正确地定义重复可达性概率。

定义 5.56 设$\mathcal{C}=\langle\mathcal{H},\mathcal{E}\rangle$为一个量子马尔可夫链，$X$ 为$\mathcal{H}$的一个子空间，而 ρ 为$\mathcal{H}$中的一个密度算子。那么状态 ρ 满足重复可达性 $\operatorname{rep}(X)$ 的概率定义为

$$\Pr(\rho\models\operatorname{rep}(X))=\lim_{k\to\infty}\operatorname{tr}(P_{\mathcal{X}(X)}\,\mathcal{E}^k(\rho))\tag{5.19}$$

$\Pr(\rho\models\operatorname{rep}(X))$是良定义的，这是因为$\mathcal{X}(X)$在$\mathcal{E}$下是不变的。根据定理 5.17，我们知道序列

$$\{\operatorname{tr}(P_{\mathcal{X}(X)}\,\mathcal{E}^k(\rho))\}_{k\geqslant 0}$$

是不减的，因此它的极限存在。定义 5.56 不容易理解，为了让读者更好地理解该定义，我们通过下面的方式来进一步研究重复可达性概率的定义式（5.19）：首先，对于任意的 $0\leqslant\lambda<1$，由（5.19）式可知

$$\Pr(\rho\models\operatorname{rep}(X))\geqslant\lambda$$

当且仅当对于任意的 $\epsilon>0$，存在 N 使得对于所有的 $k\geqslant N$，$\mathcal{E}^k(\rho)$落入子空间$\mathcal{X}(X)$的概率大于或等于 $\lambda-\epsilon$。另一方面，已经注意到，从$\mathcal{X}(X)$中的任意状态开始，系统可以无限经常地到达 X。结合这两个观察，得到这样一个直觉：从 ρ 开始，系统会无限经常地到达 X。

练习 5.17 将上面定义的重复可达性与 4.4 节中定义的量子自动机$\mathcal{A}$的无限经常可达性$\mathcal{A}\models\boldsymbol{I}f$进行比较。

下一小节将讨论重复可达性概率的计算问题，以及持续性概率的计算。

5.4.3 持续性概率

本小节的目的是研究量子马尔可夫链的另一种可达性，即持续性。直观地说，持续性意味着从某个时间点开始，想要的条件总能得到满足。

1. 定义持续性

如5.4.2小节所述，可以将注意力集中在$\mathcal{E}_\infty(\mathcal{H})$上，因为$\mathcal{E}_\infty(\mathcal{H})^\perp$是一个瞬态子空间。与定义5.55类似，可以确定一个子空间，X的持续性仅与该子空间真正相关。

定义 5.57　给定$\mathcal{E}_\infty(\mathcal{H})$的子空间$X$，令

$$\mathcal{Y}(X)=\{|\psi\rangle\in\mathcal{E}_\infty(\mathcal{H}):(\exists N\geqslant 0)(\forall k\geqslant N).\operatorname{supp}(\mathcal{E}^k(|\psi\rangle\langle\psi|))\subseteq X\}$$

从定义式可知，$\mathcal{Y}(X)$由那些从其可达的状态在某一时间点N后都在X中的纯态组成。

下面的引理给出了$\mathcal{X}(X)$和$\mathcal{Y}(X)$的特征，并阐明了它们之间的关系。

引理 5.58　对于$\mathcal{E}_\infty(\mathcal{H})$的任意子空间$X$，$\mathcal{X}(X)$和$\mathcal{Y}(X)$都是在$\mathcal{E}$下$\mathcal{H}$的不变子空间。此外，有

（ⅰ）$\mathcal{X}(X)=\mathcal{E}_\infty(X)$；

（ⅱ）$\mathcal{Y}(X)=\bigvee_{B\subseteq X}B=\mathcal{X}(X^\perp)^\perp$，其中$B$遍及所有底部强连通分量，而正交补是在$\mathcal{E}_\infty(\mathcal{H})$中取的。

证明　见附录B，B.4节。　□

下面举一个简单的例子来说明上面定义的子空间$\mathcal{Y}(X)$以及上一小节定义的$\mathcal{X}(X)$。特别地，读者可以从下面的例子中看出它们之间的区别。

例 5.59　重温例5.19和例5.32，其中

$$\mathcal{E}_\infty(\mathcal{H})=\operatorname{span}\{|0\rangle,|1\rangle,|2\rangle,|3\rangle\}$$

（ⅰ）如果$X=\operatorname{span}\{|0\rangle,|1\rangle,|2\rangle\}$，那么

$$\mathcal{E}_\infty(X^\perp)=\operatorname{supp}(\mathcal{E}_\infty(|3\rangle\langle 3|))=B_2$$

且$\mathcal{E}_\infty(X)=\mathcal{E}_\infty(\mathcal{H})$。因此由引理5.58可知，$\mathcal{Y}(X)=B_1$且$\mathcal{X}(X)=\mathcal{E}_\infty(\mathcal{H})$。

（ⅱ）如果$X=\operatorname{span}\{|3\rangle\}$，那么

$$\mathcal{E}_\infty(X^\perp) = B_1 \oplus B_2$$

且$\mathcal{E}_\infty(X) = B_2$。因此由引理 5.58 可得，$\mathcal{Y}(X) = \{0\}$且$\mathcal{X}(X) = B_2$。

现在我们已做好定义量子马尔可夫链的持续性概率的准备了。

定义 5.60　设$\mathcal{C} = \langle \mathcal{H}, \mathcal{E} \rangle$为一个量子马尔可夫链，$X \subseteq \mathcal{H}$为一个子空间，而$\rho$为$\mathcal{H}$中的一个密度算子。那么$\rho$满足持续性性质 pers$(X)$的概率为

$$\Pr(\rho \models \mathrm{pers}(X)) = \lim_{k \to \infty} \mathrm{tr}(P_{\mathcal{Y}(X)} \mathcal{E}^k(\rho))$$

定义 5.60 值得详细解释。由于$\mathcal{Y}(X)$在$\mathcal{E}$下是不变的，根据定理 5.17 可知序列

$$\{\mathrm{tr}(P_{\mathcal{Y}(X)} \mathcal{E}^k(\rho))\}_{k \geqslant 0}$$

是不减的，因此 $\Pr(\rho \models \mathrm{pers}(X))$是良定义的。上述定义可以用类似于定义 5.56 中给出的方式来理解。对于任意的$0 \leqslant \lambda < 1$，

$$\Pr(\rho \models \mathrm{pers}(X)) \geqslant \lambda$$

当且仅当对于任意的$\epsilon > 0$，存在整数 N 使得对于所有的 $k \geqslant N$，$\mathcal{E}^k(\rho)$落入子空间$\mathcal{Y}(X)$的概率$\geqslant \lambda - \epsilon$。此外，始于$\mathcal{Y}(X)$中任意状态的所有可达状态在某一时间点后一定在 X 中。因此，定义 5.60 与我们对持续性的直觉一致，即想要的条件在某个时间点后始终保持不变。

2. 重复可达性概率和持续性概率的计算

现在考虑如何计算量子马尔可夫链中的重复可达性概率和持续性概率。首先，结合定理 5.51 和引理 5.58，可以得到本小节的主要结果。

定理 5.61

（i）重复可达性概率为

$$\begin{aligned}\Pr(\rho \models \mathrm{rep}(X)) &= 1 - \mathrm{tr}(P_{\mathcal{X}(X)^\perp} \mathcal{E}_\infty(\rho)) \\ &= 1 - \Pr(\rho \models \mathrm{pers}(X^\perp))\end{aligned}$$

（ii）持续性概率为

$$\Pr(\rho \models \mathrm{pers}(X)) = \mathrm{tr}(P_{\mathcal{Y}(X)} \mathcal{E}_\infty(\rho))$$

我们能够基于定理 5.61（ii）设计一种计算持续性概率的算法，见算法 6。

算法 6　Persistence(X,ρ)

input：一个量子马尔可夫链$\langle\mathcal{H},\mathcal{E}\rangle$，一个子空间$X\subseteq\mathcal{H}$，以及一个初始状态$\rho\in\mathcal{D}(\mathcal{H})$
output：概率$\Pr(\rho\models\text{pers}(X))$
begin

```
    ρ∞ ← E∞(ρ);
    Y ← E∞(X⊥);
    P ← Y⊥ 上的投影;                (* Y⊥ 为 Y 在 E∞(H) 中的正交补 *)
    return tr(Pρ∞);
```

end

下面的定理说明了算法 6 的正确性和复杂性。

定理 5.62　*给定一个量子马尔可夫链$\langle\mathcal{H},\mathcal{E}\rangle$，一个初始状态$\rho\in\mathcal{D}(\mathcal{H})$，以及一个子空间$X\subseteq\mathcal{H}$，算法 6 在时间$O(d^8)$内计算出持续性概率$\Pr(\rho\models\text{pers}(X))$，其中$d=\dim\mathcal{H}$。*

证明　算法 6 的正确性可由定理 5.61（ii）直接得出。时间复杂性同样由用于计算$\mathcal{E}_\infty(\rho)$和$\mathcal{E}_\infty(X^\perp)$的 Jordan 分解主导，因此是$O(d^8)$。　□

由定理 5.61（i），算法 6 也可以用来计算重复可达性概率$\Pr(\rho\models\text{rep}(X))$。

5.5　检测量子马尔可夫决策过程

前面几节研究了量子马尔可夫链的各种性质并设计了用于检测它们的算法。这些结果可以自然地推广到量子马尔可夫决策过程（qMDP）。本节聚焦系统研究量子马尔可夫决策过程的模型检测算法。注意到量子马尔可夫决策过程可以用作非确定性和并发量子程序的语义模型。本节开发的算法可应用于这些量子程序的终止性分析。

回顾可知，经典的马尔可夫决策过程（MDP）由一组状态S和一组动作 Act 组成。每个动作$\alpha\in\text{Act}$对应一个概率转移函数

$$P_\alpha:S\times S\to[0,1]$$

也就是说，$\langle S,P_\alpha\rangle$形成了一个马尔可夫链。因此，马尔可夫决策过程是一个三元组$\langle S,\text{Act},\{P_\alpha:\alpha\in\text{Act}\}\rangle$。

马尔可夫决策过程不仅允许在执行操作$\alpha\in\text{Act}$时在系统状态之间进行概率选择，还允许在动作 Act 之间进行非确定性选择：在单个状态下可能有多个动作是有效的。因此，引入了调度程序的概念来根据系统先前和当前的状态解决有效动作之间的非确定性。

受马尔可夫决策过程基本思想的启发，现在正式定义量子马尔可夫决策过程及其调度程序。

定义 5.63　一个量子马尔可夫决策过程是一个4元组：

$$\mathcal{M}=\langle \mathcal{H}, \mathrm{Act}, \{\mathcal{E}_\alpha \mid \alpha\in \mathrm{Act}\}, \boldsymbol{M}\rangle$$

其中

- $\mathcal{H}$是一个有限维希尔伯特空间，称为状态空间。$\mathcal{H}$的维度称为$\mathcal{M}$的维度，也就是说 $\dim \mathcal{M}=\dim \mathcal{H}$。
- Act 是一组有限的动作名称。对于每个 $\alpha\in \mathrm{Act}$，都有一个对应的量子操作$\mathcal{E}_\alpha$来描述由动作α引起的系统演化。
- $\boldsymbol{M}$ 是一组有限的量子测量。把 $\boldsymbol{M}$ 中所有可能的观察结果的集合记作 Ω，也就是说，

$$\Omega=\{\langle M, m\rangle : M\in\boldsymbol{M} \text{ 且 } m \text{ 为 } M \text{ 的一个可能结果}\}$$

很明显，对于每个 $\alpha\in \mathrm{Act}$，经典马尔可夫决策过程中的概率转移函数 P_α 被量子马尔可夫决策过程中的量子操作$\mathcal{E}_\alpha$代替。此外，量子马尔可夫决策过程配备了一组量子测量 $\boldsymbol{M}$。直观地说，这些是允许在系统上执行的测量，以获取有关它的经典信息。

例 5.64　在例5.2中，在三个不同的量子马尔可夫链$\langle\mathcal{H},\mathcal{E}_{\mathrm{BF}}\rangle$，$\langle\mathcal{H},\mathcal{E}_{\mathrm{PF}}\rangle$和$\langle\mathcal{H},\mathcal{E}_{\mathrm{BPF}}\rangle$中分别处理了一个量子比特上的三个经典噪声：比特翻转、相位翻转和比特-相位翻转。现在考虑一个量子比特会受到所有这些噪声影响的情况，可以在基$\{|0\rangle,|1\rangle\}$和基$\{|+\rangle,|-\rangle\}$下测量该量子比特。那么系统可以建模为量子马尔可夫决策过程：

$$\mathcal{M}=\langle \mathcal{H}, \mathrm{Act}, \{\mathcal{E}_\alpha \mid \alpha\in \mathrm{Act}\}, \boldsymbol{M}\rangle$$

其中 $\mathrm{Act}=\{\mathrm{BF},\mathrm{PF},\mathrm{BPF}\}$，$\boldsymbol{M}=\{M,M'\}$而 M，M'分别代表$\{|0\rangle,|1\rangle\}$和$\{|+\rangle,|-\rangle\}$下的测量。

此外，量子马尔可夫决策过程的概念也可以看作定义4.1中给出的量子自动机的扩展，但它还允许①在迁移中执行超算子而不只是酉算子，以及②在每一步进行测量以获得有关系统状态的信息。

定义 5.65　量子马尔可夫决策过程$\mathcal{M}$的一个调度程序是一个函数

$$\mathfrak{S}:(\mathrm{Act}\cup\Omega)^*\rightarrow \mathrm{Act}\cup\boldsymbol{M}$$

直观地说，调度程序根据过去的动作和测量结果选择下一个动作或测量。特别地，当 $\mathfrak{S}((\mathrm{Act}\cup\Omega)^*)\subseteq\mathrm{Act}$，即 $\mathfrak{S}$ 只选择动作而不选择测量时，简记 $\mathfrak{S}=\alpha_1\alpha_2\cdots$，其中对于 $i\geqslant 1$，$\alpha_i=\mathfrak{S}(\alpha_1\cdots\alpha_{i-1})$。

现在描述具有初始状态 $\rho\in\mathcal{D}(\mathcal{H})$ 和调度程序 $\mathfrak{S}$ 的量子马尔可夫决策过程$\mathcal{M}$的演变。对于每个词 $w\in(\mathrm{Act}\cup\Omega)^*$，$\mathcal{M}$的状态 $\rho_w^{\mathfrak{S}}$ 以及观察到 w 后到达该状态的概率 $p_w^{\mathfrak{S}}$ 由对 w 的长度进行归纳定义如下：

- $\rho_\epsilon^{\mathfrak{S}}=\rho$ 且 $p_\epsilon^{\mathfrak{S}}=1$，其中 ϵ 是空词。
- 如果 $\mathfrak{S}(w)=\alpha\in\mathrm{Act}$，那么

$$\rho_{w\alpha}^{\mathfrak{S}}=\mathcal{E}_\alpha(\rho_w^{\mathfrak{S}})\quad 且\quad p_{w\alpha}^{\mathfrak{S}}=p_w^{\mathfrak{S}}$$

（注意到所有的超算子$\mathcal{E}_\alpha$，$\alpha\in Act$，都假设是保迹的。）

- 如果 $\mathfrak{S}(w)=M\in\boldsymbol{M}$，那么对于 M 的任意可能的（即满足 $\mathrm{tr}(M_m\rho_w^{\mathfrak{S}}M_m^\dagger)>0$）结果 m，

$$\rho_{wo}^{\mathfrak{S}}=\frac{M_m\rho_w^{\mathfrak{S}}M_m^\dagger}{\mathrm{tr}(M_m\rho_w^{\mathfrak{S}}M_m^\dagger)}\quad 且\quad p_{wo}^{\mathfrak{S}}=p_w^{\mathfrak{S}}\cdot\mathrm{tr}(M_m\rho_w^{\mathfrak{S}}M_m^\dagger)$$

其中 $o=\langle M,m\rangle\in\Omega$。

- 对于其他情形，$p_w^{\mathfrak{S}}=0$ 和 $\rho_w^{\mathfrak{S}}$ 没有定义。

此外，对于每个 $n\geqslant 0$，可以根据调度程序 $\mathfrak{S}$ 定义量子马尔可夫决策过程$\mathcal{M}$在步骤 n 的状态为概率组合

$$\rho(n,\mathfrak{S})=\sum_{w:|w|=n\wedge p_w^{\mathfrak{S}}>0}p_w^{\mathfrak{S}}\rho_w^{\mathfrak{S}}\tag{5.20}$$

5.5.1　不变子空间和可达性概率

本节的目的是研究量子马尔可夫决策过程可达性分析的可判定性和复杂性。前面几节中已经介绍了不变子空间（尤其是底部强连通分量）在量子马尔可夫链的可达性分析中所起的关键作用。这个概念在量子马尔可夫决策过程对应于共同不变子空间（为简单起见，也称为不变子空间）。在本小节中，我们将正式对其进行定义，并借助它进一步介绍可达性的概念。

1. 不变子空间

回顾可知，如果$\mathcal{E}(B)\subseteq B$，则称子空间 B 在超算子$\mathcal{E}$下是不变的。类似地，如果$\mathcal{E}_M(B)\subseteq B$，则称 B 在测量 $M=\{M_1,\cdots,M_k\}$ 下是不变的，其中$\mathcal{E}_M$是 M 诱导的超算子，也就是说，对于任意的ρ，

$$\mathcal{E}_M(\rho)=\sum_{i=1}^{k} M_i\rho M_i^{\dagger} \tag{5.21}$$

注意到 B 是不变的一个等价条件为

$$\mathrm{supp}(M_iP_BM_i^{\dagger})\subseteq B$$

对于所有的 $1\leqslant i\leqslant k$ 成立，其中 P_B 是 B 上的投影。换句话说，每当测量前的状态在 B 中时，所有测量后状态也是如此。

定义 5.66 设 $\mathcal{M}=\langle\mathcal{H},\mathrm{Act},\{\mathcal{E}_\alpha\mid\alpha\in\mathrm{Act}\},\boldsymbol{M}\rangle$ 为一个量子马尔可夫决策过程，而 B 是 $\mathcal{H}$ 的一个子空间。如果对于所有的 $\alpha\in\mathrm{Act}$，B 在超算子 $\mathcal{E}_\alpha$ 下都是不变的，并且它在所有的测量 $M\in\boldsymbol{M}$ 下也是不变的，则称 B 为 $\mathcal{M}$ 的一个不变子空间。

2. 定义可达性

马尔可夫决策过程的可达性问题通常在以下两种不同的场景下进行研究。

- 在有限边界（finite-horizon）场景下，我们考虑系统是否会在第 n 步时满足某个属性。例如，假设一个人反复掷一枚公平的硬币。那么到第 10 次，一直没有正面在上的概率是 2^{-10}。
- 在无限边界（infinite-horizon）场景下，我们考虑系统是否会最终满足某一性质。例如，一个不停扔硬币的人最终会以概率 1 得到一次正面在上。

我们也在量子马尔可夫决策过程中考虑这两种场景。有限边界和无限边界下量子马尔可夫决策过程的可达性概率正式定义如下。

定义 5.67 设 $\mathcal{M}$ 为一个量子马尔可夫决策过程，其状态希尔伯特空间为 $\mathcal{H}$，ρ 为初始状态，$\mathfrak{S}$ 为调度程序，而 B 为 $\mathcal{H}$ 的子空间。那么

（i）有限边界。在第 n 步到达 B 的概率为

$$\Pr^{\mathfrak{S}}(\rho\vDash\Diamond^n B)=\mathrm{tr}(P_B\rho(n,\mathfrak{S})) \tag{5.22}$$

其中 $\rho(n,\mathfrak{S})$ 由式（5.20）给出。

（ii）无限边界。如果 B 是不变的，那么最终到达 B 的概率为

$$\Pr^{\mathfrak{S}}(\rho\vDash\Diamond B)=\lim_{n\to\infty}\Pr^{\mathfrak{S}}(\rho\vDash\Diamond^n B) \tag{5.23}$$

式（5.23）中极限的存在并不显然。它由以下引理保证，该引理表明到达不变子空间的概率是步数的非递减函数。

引理 5.68 设$\mathcal{M}$为一个量子马尔可夫决策过程，其初始状态为ρ而B为一个不变子空间。那么对于任意调度程序$\mathfrak{S}$和$n\geqslant 0$，

$$\mathrm{Pr}^{\mathfrak{S}}(\rho\models\Diamond^{n+1}B)\geqslant\mathrm{Pr}^{\mathfrak{S}}(\rho\models\Diamond^{n}B)\tag{5.24}$$

练习 5.18

（ⅰ）证明引理 5.68。

（ⅱ）不等式（5.24）对于B非不变的情况是否仍然成立？若不成立，找出一个反例。

3. 最优调度程序

经典马尔可夫决策过程中的最优调度程序被定义为可以达到可达性概率上确界的调度程序（如果存在的话）。这一概念可以很容易地推广到量子马尔可夫决策过程。

定义 5.69 设$\mathcal{M}$为一个量子马尔可夫决策过程，ρ为一个初始状态，B为一个不变子空间。那么

（ⅰ）B的可达性概率的上确界为

$$\mathrm{Pr}^{\sup}(\rho\models\Diamond B)=\sup_{\mathfrak{S}}\mathrm{Pr}^{\mathfrak{S}}(\rho\models\Diamond B)\tag{5.25}$$

（ⅱ）如果调度程序$\mathfrak{S}_0$满足

$$\mathrm{Pr}^{\mathfrak{S}_0}(\rho\models\Diamond B)=\mathrm{Pr}^{\sup}(\rho\models\Diamond B)$$

那么$\mathfrak{S}_0$称为ρ的一个最优调度程序。

5.5.2 经典 MDP、POMDP 和 qMDP 的比较

经典 MDP（马尔可夫决策过程）、POMDP（部分可观察马尔可夫决策过程）和 qMDP（量子马尔可夫决策过程）的结构非常相似。本小节用几个简单的例子来展示它们之间的一些细微差别。

首先，很容易看出马尔可夫决策过程（以及概率自动机）和部分可观察马尔可夫决策过程都可以编码为量子马尔可夫决策过程。例如，马尔可夫决策过程$\langle S,\mathrm{Act},\{P_\alpha:\alpha\in\mathrm{Act}\}\rangle$可以通过量子马尔可夫决策过程$\langle\mathcal{H},\mathrm{Act},\{\mathcal{E}_\alpha|\alpha\in\mathrm{Act}\},\boldsymbol{M}\rangle$来模拟，其中

- $\mathcal{H}=\mathrm{span}\{|s\rangle:s\in S\}$。
- 对于任意的$\alpha\in\mathrm{Act}$，当$P_\alpha=[p_{st}]_{s,t\in S}$时，有

$$\mathcal{E}_\alpha=\{\sqrt{p_{st}}\,|t\rangle\langle s|:s,t\in S\}$$

注意在这里$\mathcal{E}_\alpha$是以 Kraus 算子的形式给出。

- $\boldsymbol{M}=\{M\}$，其中$M=\{|s\rangle\langle s|:s\in S\}$是对应于标准正交基$\{|s\rangle:s\in S\}$的测量。

1. 最优调度程序的存在性

众所周知，对于任意给定的马尔可夫决策过程和任意一组目标状态，存在一个对所有初始状态都是最优的无记忆调度程序。然而，在量子情形下，最优调度程序可能根本不存在。

例 5.70 考虑一个量子马尔可夫决策过程$\mathcal{M}=\langle\mathcal{H},\mathrm{Act},\{\mathcal{E}_\alpha|\alpha\in\mathrm{Act}\},\boldsymbol{M}\rangle$，其中$\mathcal{H}=\mathrm{span}\{|0\rangle,|1\rangle,|2\rangle,|3\rangle\}$，$\boldsymbol{M}=\emptyset$，$\mathrm{Act}=\{\alpha,\beta\}$而

$$\mathcal{E}_\alpha=\{\frac{1}{\sqrt{2}}|0\rangle\langle 0|,\frac{1}{\sqrt{2}}|1\rangle\langle 0|,|1\rangle\langle 1|,|2\rangle\langle 2|,|3\rangle\langle 3|\}$$

$$\mathcal{E}_\beta=\{|3\rangle\langle 0|,|2\rangle\langle 1|,|2\rangle\langle 2|,|3\rangle\langle 3|\}$$

令$\rho_0=|0\rangle\langle 0|$及$B=\mathrm{span}\{|2\rangle\}$。那么

$$\mathrm{Pr}^{\mathfrak{S}}(\rho_0\models\Diamond B)<\mathrm{Pr}^{\sup}(\rho_0\models\Diamond B)=1$$

对于所有调度程序$\mathfrak{S}$成立。事实上，如果$\mathfrak{S}=\alpha^\omega$，那么

$$\mathrm{Pr}^{\mathfrak{S}}(\rho_0\models\Diamond B)=0$$

否则，设$\mathfrak{S}=\gamma_1\gamma_2\cdots$，而$k$为第一个使得$\gamma_k=\beta$的索引。那么

$$\mathrm{Pr}^{\mathfrak{S}}(\rho_0\models\Diamond B)=1-0.5^{k-1}<1$$

显然，例 5.70 中最优调度程序不存在是由于缺乏关于当前量子态的精确信息。如果可以确定它是$|0\rangle$还是$|1\rangle$，则可以相应地采取适当的动作：α对应$|0\rangle$，而β对应$|1\rangle$。注意，关于系统状态的这种概率不确定性也使得部分可观察马尔可夫决策过程不可能总是有最优的调度程序。

但是，如下例所示，系统状态中呈现的叠加态也可能导致量子马尔可夫决策过程的最优调度程序不存在。

例 5.71 令$\mathcal{M}$，ρ_0，B同例 5.70，除$\mathcal{E}_\alpha=\{U,|2\rangle\langle 2|,|3\rangle\langle 3|\}$，其中

$$U=\cos\theta(|0\rangle\langle 0|+|1\rangle\langle 1|)+\sin\theta(|0\rangle\langle 1|-|1\rangle\langle 0|)$$

而$\theta=0.6$。注意到$\{U^n|0\rangle:n\in\mathbb{N}\}$在单位圆

$$\{a|0\rangle+b|1\rangle: a,b\in\mathbb{R}, a^2+b^2=1\}$$

上是稠密的。对于任意的 $\epsilon>0$，存在 n，使得

$$\mathcal{E}_\alpha^n(|1\rangle\langle 1|)=|\psi_n\rangle\langle\psi_n|$$

且 $|\langle 1|\psi_n\rangle|>\sqrt{1-\epsilon}$。那么，对于 $\mathfrak{S}=\alpha^n\beta^\omega$，有

$$\Pr^{\mathfrak{S}}(\rho_0\models\Diamond B)>1-\epsilon$$

于是

$$\Pr^{\sup}(\rho_0\models\Diamond B)=1$$

但是由于对于任意的 m 都有 $U^m|0\rangle\neq|1\rangle$，因此最优调度程序不存在。

需要注意的是，在例 5.71 中，系统的任意迁移都没有概率不确定性。但是，没有调度程序可以将初始状态 $|0\rangle$ 准确地变为 $|1\rangle$。

2. 定性分析的鲁棒性

回顾可知，对于马尔可夫决策过程和部分可观察马尔可夫决策过程，在考虑定性可达性问题时，只关心概率矩阵的某一项是否为正，而不关心它的确切值。然而，如下例子所示，超算子非零项的小扰动可能产生不同结果。

例 5.72　令 $\mathcal{M}$，ρ_0，B 定义同例 5.71，除 $\theta=\pi/4$。由于 $U^2|1\rangle=-|2\rangle$，有

$$\Pr_{\mathcal{M}}^{\mathfrak{S}_0}(\rho_0\models\Diamond B)=1$$

其中 $\mathfrak{S}_0=\alpha^2\beta^\omega$。但是，对于任意有理数 $\epsilon>0$，$\cos(\pi/4+\epsilon)\neq 0$。因此对于任意整数 k 和 j，有 $k\theta'\neq(j+0.5)\pi$，其中 $\theta'=\pi/4+\epsilon$。令 $\mathcal{M}'$ 为把 $\mathcal{M}$ 中 θ 变为 θ' 而得到的 qMDP。那么对于 $\mathcal{M}'$ 的任意调度程序 $\mathfrak{S}$，有

$$\Pr_{\mathcal{M}'}^{\mathfrak{S}}(\rho_0\models\Diamond B)<1$$

5.5.3　有限边界下的可达性

现在开始深入研究量子马尔可夫决策过程可达性分析的可判定性。对于可判定的情况，我们将展示解决问题的算法。本小节在有限边界的场景下处理量子马尔可夫决策过程。

1. 定量分析

首先考虑量子马尔可夫决策过程可达性的定量分析问题。

定理 5.73　下面的问题是不可判定的：给定一个量子马尔可夫决策过程$\mathcal{M}$，一个初始状态ρ，一个$\mathcal{H}$的子空间B，以及$p\in[0,1]$，确定是否存在调度程序$\mathfrak{S}$和非负整数n，使得

$$\Pr^{\mathfrak{S}}(\rho\models\Diamond^{n}B)\sim p$$

其中$\sim\in\{>,\geqslant,<,\leqslant\}$。

证明　注意到任意概率有限自动机都可以编码为量子马尔可夫决策过程。那么该定理可立即从概率有限自动机对应的空问题的不可判定性[97]推导出来。　□

2. 定性分析

对于定性分析，有两种变体。

问题 5.1　给定一个量子马尔可夫决策过程$\mathcal{M}$和一个子空间B，

（i）是否存在调度程序$\mathfrak{S}$和整数n，使得对于所有的初始状态ρ，都有$\Pr^{\mathfrak{S}}(\rho\models\Diamond^{n}B)=1$？

（ii）是否存在调度程序$\mathfrak{S}$和整数n，使得对于给定的初始状态ρ，有$\Pr^{\mathfrak{S}}(\rho\models\Diamond^{n}B)=1$？

在展示关于量子马尔可夫决策过程的这个问题的结果之前，先回顾一下关于马尔可夫决策过程的类似问题与结果。问题5.1（ii）对应于经典马尔可夫决策过程的问题可以表述如下：

给定一个马尔可夫决策过程$\mathcal{M}$，其状态为有限集S，给定初始状态s_0和$B\subseteq S$，判断是否存在调度程序$\mathfrak{S}$和整数n，使得对于$\mathfrak{S}$下任意可能的状态序列$s_0s_1s_2\cdots$，存在$j<n$使得$s_j\in B$。

这个问题的多项式时间可判定性直接源于下述事实：可以在多项式时间内找到马尔可夫决策过程的最大可达性问题的最优调度程序[7]。唯一需要做的是检查所有从s_0可达的$S\setminus B$里的状态中是否存在环。对于问题5.1（i）的马尔可夫决策过程对应问题，相同结果也成立。

现在回到量子马尔可夫决策过程。下面的定理表明经典情形和量子情形差异较大。

定理 5.74　对于$|\mathrm{Act}|\geqslant 2$和$B$是不变的，问题5.1（i）和5.1（ii）都是不可判定的。

证明　证明技巧是把矩阵死亡问题（matrix mortality problem）归约为所考虑的问题，矩阵死亡问题可以简单地描述如下：

给定一个矩阵的有限集合 $G=\{M_i\in\mathbb{Z}^{n\times n}:1\leqslant i\leqslant k\}$，是否存在序列 $j_1,\cdots,j_m$，使得 $M_{j_m}M_{j_{m-1}}\cdots M_{j_1}=0$。

众所周知[63]，这个问题对于 $k\geqslant 2$ 是不可判定的。现在，对于上述的一组矩阵 G，构造一个量子马尔可夫决策过程 $\mathcal{M}$ 如下。

- 令 $\mathcal{H}=\text{span}\{|1\rangle,\cdots,|2n\rangle\}$。
- 令 $\text{Act}=\{1,2,\cdots,k\}$。对于每个 $i\in\text{Act}$，令 $\mathcal{E}_i=\{A_i,B_i,C_i\}$，其中

$$A_i=\frac{1}{\sqrt{r_i}}\begin{pmatrix}M_i & 0\\ 0 & 0\end{pmatrix},B_i=\begin{pmatrix}0 & 0\\ 0 & I_{n\times n}\end{pmatrix},C_i=\begin{pmatrix}0 & 0\\ \sqrt{I-M_i^{\dagger}M_i/r_i} & 0\end{pmatrix}$$

  而 r_i 是使得 $I-M_i^{\dagger}M_i/r_i$ 为正算子的正整数。
- $\boldsymbol{M}=\emptyset$。

设 $\mathfrak{S}=j_1j_2\cdots\in\text{Act}^{\omega}$. 很容易证明对于任意初始状态

$$\rho=\begin{pmatrix}\rho_a & *\\ * & \rho_b\end{pmatrix}$$

都有

$$\rho(m,\mathfrak{S})=\begin{pmatrix}A\rho_a A^{\dagger} & 0\\ 0 & *\end{pmatrix}$$

其中

$$A=M_{j_m}\cdots M_{j_1}/\sqrt{r_{j_m}\cdots r_{j_1}}$$

现在令 $B=\text{span}\{|n+1\rangle,\cdots,|2n\rangle\}$。那么存在一个调度程序 $\mathfrak{S}$ 使得对于任意初始状态 ρ 都有

$$\Pr{}^{\mathfrak{S}}(\rho\models\Diamond^{m}B)=1$$

当且仅当存在 $j_1,\cdots,j_m\in\text{Act}$ 使得 $M_{j_m}\cdots M_{j_1}=0$。由于矩阵死亡问题对于 $k\geqslant 2$ 是不可判定的，对于 $|\text{Act}|\geqslant 2$ 和 B 是不变的，问题 5.1（i）是不可判定的。

如果令初始状态为 $I/2n$，归约仍然可行。因此，问题 5.1（ii）也是不可判定的。
□

5.5.4　无限边界下的可达性

现在转而考虑无限边界的情况。首先注意到，概率自动机的极限问题和定量值问题都是不可判定的[30]。对于量子马尔可夫决策过程的可达性概率的上确界，有以下

相应的结果。

定理 5.75　下面两个问题是不可判定的：给定一个量子马尔可夫决策过程$\mathcal{M}$，一个初始状态ρ和一个不变子空间B，

（ⅰ）（定性可达性）判断$\Pr^{\sup}(\rho\models\Diamond B)=1$是否成立。

（ⅱ）（定量可达性）判断对于给定的$p\in(0,1)$，$\Pr^{\sup}(\rho\models\Diamond B)>p$是否成立。

练习 5.19　证明定理 5.75。

此外，从概率自动机中的定量存在问题是不可判定的这一事实[30]，可以推出量子马尔可夫决策过程中的相应问题也是不可判定的。然而，正如下述定理所示，量子马尔可夫决策过程中的定性存在问题也是不可判定的。这与经典情况的结果形成鲜明对比，因为众所周知对于马尔可夫决策过程这个问题在复杂性类 P 中，而对于部分可观察马尔可夫决策过程，则在 EXPTIME 完全类中。

定理 5.76　以下两个问题是不可判定的：给定一个量子马尔可夫决策过程$\mathcal{M}$，一个初始状态ρ和一个不变子空间B，

（ⅰ）（定性存在）判断是否存在调度程序$\mathfrak{S}$使得$\Pr^{\mathfrak{S}}(\rho\models\Diamond B)=1$。

（ⅱ）（定量存在）判断是否存在调度程序$\mathfrak{S}$使得$\Pr^{\mathfrak{S}}(\rho\models\Diamond B)>p$，对于一个给定的$p\in(0,1)$成立。

证明　定量存在问题的不可判定性，由概率自动机相应的结果得到。对于定性存在问题的分析，可对有限边界下量子马尔可夫决策过程的可达性问题进行归约。设$\mathcal{M}=\langle\mathcal{H},\mathrm{Act},\{\mathcal{E}_\alpha\mid\alpha\in\mathrm{Act}\},\boldsymbol{M}\rangle$为一个量子马尔可夫决策过程，其中$\boldsymbol{M}=\emptyset$，设$B$为一个不变子空间。构造一个新的量子马尔可夫决策过程$\mathcal{M}'=\langle\mathcal{H}',\mathrm{Act}',\{\mathcal{E}'_\alpha:\alpha\in\mathrm{Act}'\},\emptyset\rangle$如下：

- $\mathcal{H}'=\mathcal{H}\oplus\mathrm{span}\{|f\rangle,|s\rangle\}$。
- $\mathrm{Act}'=\mathrm{Act}\cup\{\kappa\}$，其中$\kappa$为一个新的动作。
- 对于任意的$\alpha\in\mathrm{Act}'$和$\sigma\in\mathcal{D}(\mathcal{H}')$，有

$$\mathcal{E}'_\alpha(\sigma)=\begin{cases}\mathcal{E}_\alpha(P_{\mathcal{H}}\sigma P_{\mathcal{H}})+\sum\limits_{x\in\{f,s\}}|x\rangle\langle x|\sigma|x\rangle\langle x|, & \text{如果 } \alpha\in Act\\ \mathrm{tr}(\sigma P_{B^s})|s\rangle\langle s|+[1-\mathrm{tr}(\sigma P_{B^s})]|f\rangle\langle f|, & \text{如果 } \alpha=\kappa\end{cases}$$

其中$P_{B^s}=P_B+|s\rangle\langle s|$。

很容易看出，$\mathrm{span}\{|f\rangle\}$和$\mathrm{span}\{|s\rangle\}$都是$\mathcal{M}'$的不变子空间，并且进入这两个子空间的唯一方法就是执行$\mathcal{E}'_\kappa$。而且，一旦执行$\mathcal{E}'_\kappa$，系统状态将一直位于这两个子空间中。

因此，对于任何初始状态 $\rho\in\mathcal{D}(\mathcal{H})$，下面两条是等价的：

（ⅰ）存在$\mathcal{M}$的一个调度程序 $\mathfrak{S}$ 和一个整数 n，使得 $\Pr^{\mathfrak{S}}(\rho\models\Diamond^n B)=1$。

（ⅱ）存在$\mathcal{M}'$的一个调度程序 $\mathfrak{S}'$，使得 $\Pr^{\mathfrak{S}'}(\rho\models\Diamond B')=1$，其中 $B'=\text{span}\{|s\rangle\}$。

由于第一个问题被证明是不可判定的（定理 5.74），所以第二个问题也是如此。

□

注意，初始状态 ρ 在定理 5.76 所考虑的问题中是给定的。现在提出一种定性存在问题的变体，其初始状态可以任取。

问题 5.2 给定一个量子马尔可夫决策过程$\mathcal{M}$和一个不变子空间 B，是否存在调度程序 $\mathfrak{S}$，使得对于所有的初始状态 ρ 都有 $\Pr^{\mathfrak{S}}(\rho\models\Diamond B)=1$。

在研究这个问题之前，首先指出这两个版本的定性存在问题（定理 5.76 中给定初始状态 ρ 的问题和对于所有初始状态的问题 5.2）在经典情形下的对应问题难度相同，因为假设马尔可夫决策问题只有有限个状态，可以一一对其检查。然而，由于量子马尔可夫决策过程的状态希尔伯特空间是一个连续统，量子情形与之差异巨大。

解决问题 5.2 需要一些技术准备，表述为下面两个引理。

引理 5.77 设$\langle\mathcal{H},\mathcal{E}\rangle$为一个量子马尔可夫链，$X$ 为$\mathcal{H}$的子空间。那么对于$\mathcal{H}$的任何子空间 Y，

$$Y\subseteq\mathcal{E}^{\dagger}(X)^{\perp}\quad\text{当且仅当}\quad\mathcal{E}(Y)\subseteq X^{\perp}\tag{5.26}$$

其中$\mathcal{E}^{\dagger}$表示超算子$\mathcal{E}$的对偶。特别地，有

- $\mathcal{E}(\mathcal{E}^{\dagger}(X)^{\perp})\subseteq X^{\perp}$。
- 如果 X 是不变的，那么

$$X\subseteq\mathcal{E}^{\dagger}(X^{\perp})^{\perp}\cap\mathcal{E}^{\dagger}(X)$$

证明 对于任意子空间 Y，

$$\begin{aligned}&Y\subseteq\mathcal{E}^{\dagger}(X)^{\perp}\\ \text{当且仅当}\quad&\text{tr}(P_Y\,\mathcal{E}^{\dagger}(P_X))=0\\ \text{当且仅当}\quad&\text{tr}(\mathcal{E}(P_Y)P_X)=0\\ \text{当且仅当}\quad&\mathcal{E}(Y)\subseteq X^{\perp}\end{aligned}$$

那么很容易得到$\mathcal{E}(\mathcal{E}^{\dagger}(X)^{\perp})\subseteq X^{\perp}$。

如果 X 是不变的，那么$\mathcal{E}(X)\subseteq X$，且由式（5.26）可得 $X\subseteq\mathcal{E}^{\dagger}(X^{\perp})^{\perp}$。此外，对于任意的$|\psi\rangle\in\mathcal{E}^{\dagger}(X)^{\perp}$，都有

$$\mathrm{tr}(P_X\,\mathcal{E}(|\psi\rangle\langle\psi|))=0$$

因此，由定理 5.17 可知 $\mathrm{tr}(P_X|\psi\rangle\langle\psi|)=0$，因此 $|\psi\rangle\in X^{\perp}$。从而 $X\subseteq\mathcal{E}^{\dagger}(X)$。□

对于一个有限序列 $s=s_1s_2\cdots s_k\in \mathrm{Act}^*$，把对应量子操作的复合记为 $\mathcal{E}_s=\mathcal{E}_{s_k}\circ\cdots\circ\mathcal{E}_{s_2}\circ\mathcal{E}_{s_1}$。

引理 5.78　*设 $\mathcal{M}=\langle\mathcal{H},\mathrm{Act},\{\mathcal{E}_\alpha|\alpha\in\mathrm{Act}\},\boldsymbol{M}\rangle$ 为一个量子马尔可夫决策过程，其中 $|\boldsymbol{M}|=\emptyset$，设 B 为一个不变子空间，而 $\mathfrak{S}=s^{\omega}$，其中 $s\in\mathrm{Act}^*$ 给定。如果 $\mathcal{E}_s^{\dagger}(B)=\mathcal{H}$，那么对于任意的 ρ，都有*

$$\mathrm{Pr}^{\mathfrak{S}}(\rho\vDash\Diamond B)=1$$

证明　注意到 $\mathcal{C}=\langle\mathcal{H},\mathcal{E}_s\rangle$ 是一个量子马尔可夫链，而 B 为它的一个不变子空间。我们断言不存在包含于 $B^{\perp}$ 的底部强连通分量。否则，假设 $B'\subseteq B^{\perp}$ 是一个这样的底部强连通分量。那么 $\mathcal{E}_s(B')\subseteq B^{\perp}$，并且由引理 5.77 可知 $B'\subseteq\mathcal{E}_s^{\dagger}(B)^{\perp}$，与 $\mathcal{E}_s^{\dagger}(B)=\mathcal{H}$ 矛盾。于是该引理可由定理 5.54 推得。□

现在可以展示关于问题 5.2 的结果了。

定理 5.79　*给定一个量子马尔可夫决策过程 $\mathcal{M}=\langle\mathcal{H},\mathrm{Act},\{\mathcal{E}_\alpha|\alpha\in\mathrm{Act}\},\boldsymbol{M}\rangle$ 和一个 $\mathcal{M}$ 的不变子空间 B，以下两条是等价的：*

（ⅰ）存在调度程序 $\mathfrak{S}$，使得对于所有的初始状态 ρ，都有 $\mathrm{Pr}^{\mathfrak{S}}(\rho\vDash\Diamond B)=1$。

（ⅱ）$\mathcal{M}$ 的不变子空间都不含于 $B^{\perp}$。

此外，如果（ii）成立，那么存在有限记忆最优调度程序 $\mathfrak{S}=s^{\omega}$，其中 $s\in\mathrm{Act}^*$。

证明　(i)⇒(ii)显而易见。现在证明(ii)⇒(i)对于 $\boldsymbol{M}=\emptyset$ 的特殊情形。假设 $B^{\perp}$ 中不包含 $\mathcal{M}$ 的不变子空间。为简化记号，记 $X_s=\mathcal{E}_s^{\dagger}(B)$，其中 $s\in\mathrm{Act}^*$。令

$$D=\{\dim X_s : s\in\mathrm{Act}^*\}$$

以及 $s\in\arg\max D$。我们断言 $X_s=\mathcal{H}$，那么（i）可由引理 5.78 推得。假若不然，令 $Y=\mathcal{E}_s(X_s^{\perp})$。对于任意的 $u\in\mathrm{Act}^*$，由 $\mathcal{E}_u^{\dagger}(B)\supseteq B$ 的事实可知

$$X_{su}=\mathcal{E}_s^{\dagger}(\mathcal{E}_u^{\dagger}(B))\supseteq\mathcal{E}_s^{\dagger}(B)=X_s$$

因此，由 X_s 的维度的最大值可得 $X_s=X_{su}$，于是有

$$X_s^{\perp}=X_{su}^{\perp}=\mathcal{E}_s^{\dagger}(X_u)^{\perp}$$

那么由引理 5.77，有 $Y\subseteq X_u^{\perp}$ 以及 $\mathcal{E}_u(Y)\subseteq\mathcal{E}_u(X_u^{\perp})\subseteq B^{\perp}$。

令

$$\mathcal{F}=\frac{1}{|\mathrm{Act}|}\sum_{\alpha\in \mathrm{Act}}\mathcal{E}_{\alpha}$$

并令$\mathcal{C}_{\mathcal{F}}=\langle\mathcal{H},\mathcal{F}\rangle$为一个量子马尔可夫链。已经证明了对于任意的$u\in \mathrm{Act}^*$，都有$\mathcal{E}_u(Y)\subseteq B^{\perp}$。因此$\mathcal{R}_{\mathcal{C}_{\mathcal{F}}}(Y)$是$\mathcal{M}$的包含于$B^{\perp}$的一个不变子空间，与假设（ii）矛盾。

对于$\boldsymbol{M}\neq\emptyset$的一般情形，构造一个新的$\mathcal{H}$上的量子马尔可夫决策过程$\mathcal{M}'$，其中$\mathrm{Act}'=\mathrm{Act}\cup\boldsymbol{M}$且$\boldsymbol{M}'=\emptyset$，对于每个$M\in\boldsymbol{M}$，超算子$\mathcal{E}_M$由式（5.21）定义。于是定理同上可证。 □

由定理5.79可知，问题5.2被归约为量子马尔可夫决策过程某个不变子空间的存在性。在此基础上，可以设计一个算法来检测最优调度程序的存在性，见算法7。

算法7 找到一个普遍最优调度程序

input：一个量子马尔可夫决策过程$\mathcal{M}=\langle\mathcal{H},\mathrm{Act},\{\mathcal{E}_\alpha|\alpha\in\mathrm{Act}\},\boldsymbol{M}\rangle$和一个不变子空间$B\subsetneq\mathcal{H}$

output：一个串$s\in(\mathrm{Act}\cup\boldsymbol{M})^*$，它见证了是否有一个普遍最优调度程序

```
begin
    d←dim H;  s←ϵ;
    S←∪_{i=1}^{d} (Act∪M)^i;
    repeat
        令 u* ∈ arg max{dim X_{su} : u ∈ S};
        s'←s;  s←su*;
    until dim X_s = dim X_{s'};
    if dim X_s < d then
        return ϵ
    else
        return s
    end
end
```

算法7的正确性和复杂性如下所示。

定理5.80 给定一个量子马尔可夫决策过程$\mathcal{M}=\langle\mathcal{H},\mathrm{Act},\{\mathcal{E}_\alpha|\alpha\in\mathrm{Act}\},\boldsymbol{M}\rangle$和一个$\mathcal{M}$的不变子空间$B$，

（i）如果不存在调度程序$\mathfrak{S}$使得对于所有的初始状态ρ都有$\Pr^{\mathfrak{S}}(\rho\models\Diamond B)=1$，算法7将返回$\epsilon$。否则将返回$s\neq\epsilon$，使得$\mathfrak{S}^*=s^{\omega}$是一个普遍最优调度程序。

（ii）算法7的时间复杂性是$O(d^7N^d)$，其中$N=|\mathrm{Act}|+|\boldsymbol{M}|$。

证明 算法的正确性直接源于定理5.79的证明。循环最多重复d次，因为X_s的维度

在循环终止前每次至少增加 1。在每次迭代中，对每个 u 计算 X_{su} 的复杂性为 $O(d^6)$，因为最多有 d^2 次矩阵向量乘法，并且每次花费 $O(d^4)$。因此整个算法的复杂性为 $O(d \cdot N^d \cdot d^6) = O(d^7 N^d)$。□

在本章的最后，我们想指出当前研究的局限性和有待进一步研究的问题。

- 虽然在定义 5.49 和定义 5.67 中使用了时序逻辑记号，但我们还没有正式定义一个时序逻辑来描述量子马尔可夫链和决策过程的动态性质。的确，相关文献未曾涉及适用于此目的的时序逻辑。读者可以在上一章的结束语中看到关于这个问题更详细的讨论。
- 第 4 章和本章给出的量子自动机和量子马尔可夫链及决策过程可达性分析的所有算法都是经典的，也就是说，它们被设计为在经典计算机上执行。为同一目的设计可以改进第 4 章和本章相应算法复杂性的量子算法将是一个非常有趣的研究课题。

5.6　文献注记

研究量子马尔可夫链可达性的最早动机来自量子程序分析。在[118]中首次研究了以酉变换为循环体的量子 while-循环的终止性。[118]的主要结果在[123]中被推广到以超算子为循环体的一般量子循环的情况，其中量子马尔可夫链被用作其语义模型。这些量子程序的终止性分析会自然地引发对量子马尔可夫链可达性问题的研究。此外，Li 等人[81]对非确定性量子程序的终止进行了分析，扩展了 Hart、Sharir 和 Pnueli[67]对于概率程序的一些研究结果。Yu 等人[123]研究了具有公平条件的并发量子程序的终止性。

然而，本章的内容是从模型检测的角度来进行介绍的，而不是从程序分析的角度。定理 5.12 首先在[123]中得到了证明。在 5.2 节到 5.4 节中，除了 5.3.3 小节以外的其他结果都取自 Ying 等人的文献[120]。5.3.3 小节基于 Guan 等人的文献[61]。5.5 节中给出的结果来自[121]。

需要指出的是，文献[61，120，121，123]中的一些主要结果是由其他作者在不同语境下独立得到的。相当多的文献对量子马尔可夫链和决策过程进行了研究，此处提供一个（非完整的）近期参考文献列表：[3，10，14，26，27，28，47，107]。

第6章

模型检测超算子值马尔可夫链

前两章研究了用于检测量子自动机和量子马尔可夫链以及决策过程（可达性）的技术。第4~5章中的系统动态过程已经从酉变换逐渐推广到单个超算子，再到以交错方式执行的一族超算子。

本章专门研究一类更复杂的量子系统，该系统被建模为所谓的超算子值马尔可夫链（SVMC）。这些系统的动态过程也由量子马尔可夫决策过程中的一族超算子来描述，但其执行是根据有向图排列的，而并非简单交织在一起。

超算子值马尔可夫链也可以以不同的方式被视为经典马尔可夫链的推广。粗略地讲，马尔可夫链可以被看作有向图，其中单位间隔中的实数与每个边相关联，可以认为这是边所代表动作发生的概率。在超算子值马尔可夫链中，这样的实数被（不必保迹）超算子替换。正如下文中的示例所示，这种新的马尔可夫链模型在模型化量子程序和量子通信协议的高级结构方面非常有用。

由于超算子值马尔可夫链下的有向图是经典结构，因此可以根据图自然地定义用于指定其动态性质的时序逻辑：动作执行中的时间点由图的节点表示，执行动作的效果由与相应边关联的超算子建模。就像用于指定概率系统性质的时序逻辑一样，这种逻辑是定量的而不是定性的（布尔值的）。

本章将介绍分析建模为超算子值马尔可夫链的量子系统所需的数学工具，并开发一系列算法来检测它们的时序逻辑性质。

6.1 超算子值马尔可夫链

首先定义超算子值马尔可夫链模型。在此类模型中，必须区分两个层次的状态。在更高层次上，状态是指超算子值马尔可夫链的有向图的一个节点。因此，该层次的状态空间是经典的。然而，这些经典状态之间的转换由理解为在（固定）量子系统上执行的量子操作的超算子标记。在较低的层次上，有一个希尔伯特空间 $\mathcal{H}$ 作为这个量子系统的状态空间。本章假设 $\mathcal{H}$ 是有限维的。

1. 超算子代数

作为准备，首先考察 $\mathcal{H}$ 上超算子的代数结构。令 $\mathcal{SO}(\mathcal{H})$ 是 $\mathcal{H}$ 上的（迹非增）超算子的集合，包括 $\mathcal{E}$，$\mathcal{F}$，…。显然，$(\mathcal{SO}(\mathcal{H}),0,+)$ 和 $(\mathcal{SO}(\mathcal{H}),\mathrm{Id},\circ)$ 都是幺半群，其中 Id 和 0 分别是 $\mathcal{H}$ 上的单位超算子和空超算子，$\circ$ 是如下定义的超算子的组合：

$$(\mathcal{E}\circ\mathcal{F})(\rho)=\mathcal{E}(\mathcal{F}(\rho))$$

对任意$\rho\in\mathcal{D}(\mathcal{H})$成立，其中$\mathcal{D}(\mathcal{H})$是$\mathcal{H}$上的密度算子集合。我们总是省略符号$\circ$并直接把$\mathcal{E}\circ\mathcal{F}$写作$\mathcal{E}\mathcal{F}$。操作$\circ$是关于+（左右）可分配的：

$$\mathcal{E}(\mathcal{F}_1+\mathcal{F}_2)=\mathcal{E}\mathcal{F}_1+\mathcal{E}\mathcal{F}_2,(\mathcal{F}_1+\mathcal{F}_2)\mathcal{E}=\mathcal{F}_1\mathcal{E}+\mathcal{F}_2\mathcal{E}$$

因此（$\mathcal{SO}(\mathcal{H}),+,\circ$)形成一个半环。

此外，在$\mathcal{SO}(\mathcal{H})$上定义"迹序"$\lesssim$：令$\mathcal{E}\lesssim\mathcal{F}$，如果对任意$\rho\in\mathcal{D}(\mathcal{H})$，

$$\mathrm{tr}(\mathcal{E}(\rho))\leqslant\mathrm{tr}(\mathcal{F}(\rho))$$

直观地，$\mathcal{E}\lesssim\mathcal{F}$当且仅当执行$\mathcal{E}$的成功概率始终不大于执行$\mathcal{F}$的成功概率，无论初始状态如何。令$\eqsim$为$\lesssim\cap\gtrsim$，即

$$\mathcal{E}\eqsim\mathcal{F}\quad\text{当且仅当 }\mathcal{E}\lesssim\mathcal{F}\text{ 并且 }\mathcal{E}\gtrsim\mathcal{F}$$

很明显，$\eqsim$是一个等价关系。

下一个引理表明$\lesssim$的顺序会被右复合操作保留。

引理 6.1　令$\mathcal{E},\mathcal{F},\mathcal{G}\in\mathcal{SO}(\mathcal{H})$。如果$\mathcal{E}\lesssim\mathcal{F}$，则$\mathcal{E}\mathcal{G}\lesssim\mathcal{F}\mathcal{G}$。

练习 6.1

（i）证明上述引理。

（ii）$\lesssim$的顺序是否被左复合操作保留？如果是，请证明；如果不是，找一个反例。

2. 超算子值马尔可夫链的定义和例子

有了上面介绍的概念，就可以定义本节的关键模型了。假设有原子命题的有限集合 AP。值得注意的是，本章考虑的原子命题是关于经典态的，而不是关于第 4 章中的量子态。

定义 6.2（超算子值马尔可夫链）　一个带标签的超算子值马尔可夫链$\mathcal{M}$是元组$(S,\boldsymbol{Q},L)$，其中

- S是一组有限的（经典）状态；
- $\mathcal{H}$是有限维希尔伯特空间；
- $\boldsymbol{Q}$：$S\times S\to\mathcal{SO}(\mathcal{H})$是转移超算子矩阵，其中对每个$s\in S$，有

$$\sum_{t\in S}\boldsymbol{Q}[s,t]\eqsim\mathcal{I}$$

- $L:S\to 2^{AP}$是标签函数。

超算子值马尔可夫链中的转移超算子矩阵 $\boldsymbol{Q}$ 在功能上类似于经典马尔可夫链（MC）中的转移概率矩阵。实际上，它比马尔可夫链表达能力更强，因为当 $\mathcal{H}$ 是一维时，超算子值马尔可夫链就是马尔可夫链。

为了进一步展示超算子值马尔可夫链的表达能力，我们提供一些示例，其中涵盖了具有简单循环的量子程序、递归量子程序和量子通信协议。

例 6.3（量子循环程序） 一个简单的量子循环程序如下：

l_0 : $q:=\mathcal{F}(q)$;
l_1 : **while** $M[q]$ **do**
l_2 : $\quad q:=\mathcal{E}(q)$;
l_3 : **end**

其中 $M=0\cdot|0\rangle\langle 0|+1\cdot|1\rangle\langle 1|$。这个程序的直观含义描述如下。首先在 l_0 行通过保迹的超算子 $\mathcal{F}$ 初始化量子系统 q 的状态。在 l_1 行，一个两输出的投影测量 M 被作用于 q。如果观察到结果 0，则程序在 l_3 行终止；否则，继续执行 l_2，在 q 上执行保迹超算子 $\mathcal{E}$，然后程序返回到行 l_1 并继续另一个迭代。

我们现在构造一个超算子值马尔可夫链来描述程序。令 $\mathcal{H}=\text{span}\{|0\rangle,|1\rangle\}$，$S=\{l_i:0\leqslant i\leqslant 3\}$，且 $\boldsymbol{Q}$ 被定义为

$$\boldsymbol{Q}(l_0,l_1)=\mathcal{F}\quad \boldsymbol{Q}(l_1,l_3)=\mathcal{E}^0=\{|0\rangle\langle 0|\}\quad \boldsymbol{Q}(l_1,l_2)=\mathcal{E}^1=\{|1\rangle\langle 1|\}$$
$$\boldsymbol{Q}(l_2,l_1)=\mathcal{E}\quad \boldsymbol{Q}(l_3,l_3)=\text{Id}$$

此外，令 $\text{AP}=S$，且对每个 $s\in S, L(s)=\{s\}$。这个超算子值马尔可夫链如图 6.1 所示。

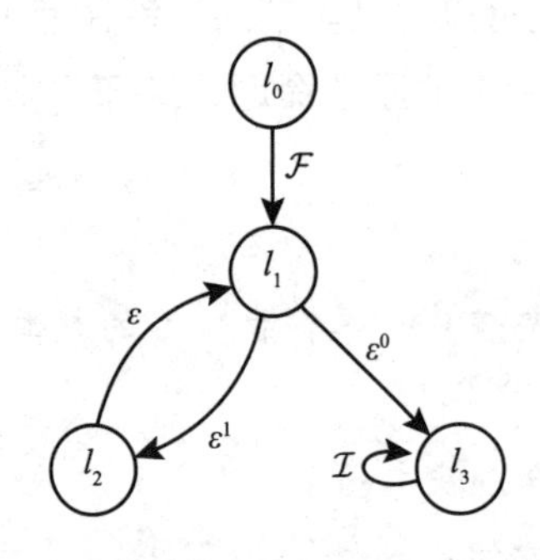

图 6.1 用于量子循环程序的超算子值马尔可夫链

例 6.4（递归量子程序） 假设 Alice 和 Bob 想要在他们之间随机选择一个领导者，通过将量子比特系统 q 看作硬币。Alice 的协议如下。她首先根据观测量

$$M_{\mathrm{A}}=0\cdot|\psi\rangle\langle\psi|+1\cdot|\psi^{\perp}\rangle\langle\psi^{\perp}|$$

测量系统 q，其中$\{|\psi\rangle,|\psi^{\perp}\rangle\}$是 $\mathcal{H}_q$ 的正交基。如果观察到结果为 0，则她获胜。否则，她将量子比特 q 交给 Bob 并让他决定。Bob 的协议类似，除了他的测量是

$$M_{\mathrm{B}}=0\cdot|\varphi\rangle\langle\varphi|+1\cdot|\varphi^{\perp}\rangle\langle\varphi^{\perp}|$$

其中$\{|\varphi\rangle,|\varphi^{\perp}\rangle\}$是 $\mathcal{H}_q$ 的另一组正交基，使得$|\langle\psi|\varphi\rangle|\notin\{0,1\}$。

我们可以将该协议描述为以下带有过程调用的量子程序。

Global variables *winner*: string, q: qubit

Program Alice	**Program** Bob
switch $M_A[q]$ **do**	**switch** $M_B[q]$ **do**
case 0:	**case** 0:
winner: = ‘A’;	*winner*: = ‘B’;
case 1:	**case** 1:
Call Bob;	Call Alice;
end	**end**

这个程序的语义可以用图 6.2 中的超算子值马尔可夫链来描述，其中转移超算子矩阵 $\boldsymbol{Q}$ 由下式给出：

$$\boldsymbol{Q}[s_{\mathrm{a}},t_{\mathrm{a}}]=\{|\psi\rangle\langle\psi|\}\quad\boldsymbol{Q}[s_{\mathrm{a}},s_{\mathrm{b}}]=\{|\psi^{\perp}\rangle\langle\psi^{\perp}|\}$$
$$\boldsymbol{Q}[s_{\mathrm{b}},t_{\mathrm{b}}]=\{|\varphi\rangle\langle\varphi|\}\quad\boldsymbol{Q}[s_{\mathrm{b}},s_{\mathrm{a}}]=\{|\varphi^{\perp}\rangle\langle\varphi^{\perp}|\}$$

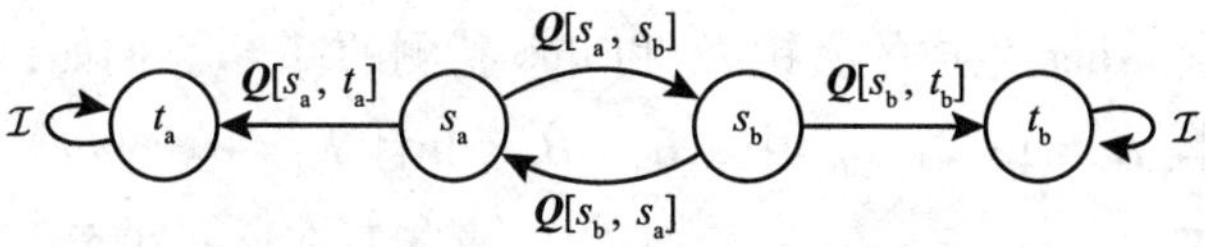

图 6.2　领导选举协议的超算子值马尔可夫链

直观地，状态 s_{a}（或 s_{b}）对应程序中 Alice（或 Bob）即将执行测量 M_{A}（或 M_{B}）的位置，而状态 t_{a}（或 t_{b}）对应 Alice（或 Bob）被选为获胜者。
容易验证

$$\boldsymbol{Q}[s_{\mathrm{a}},t_{\mathrm{a}}]+\boldsymbol{Q}[s_{\mathrm{a}},s_{\mathrm{b}}]\eqsim\mathcal{I}\text{ 和 }\boldsymbol{Q}[s_{\mathrm{b}},s_{\mathrm{a}}]+\boldsymbol{Q}[s_{\mathrm{b}},t_{\mathrm{b}}]\eqsim\mathcal{I}$$

保证了 $\boldsymbol{Q}$ 的归一化条件。

例 6.5（量子密钥分发协议） BB84 是 Bennett 和 Brassard 于 1984 年开发的第一个量子密钥分发协议[15]，提供了一种可证明安全的方式来在两方（例如 Alice 和 Bob）之间创建私钥。基本的 BB84 协议描述如下：

（i）Alice 随机创建两个比特串 $\widetilde{B}_a$ 和 $\widetilde{K}_a$，每个的大小为 n。

（ii）Alice 准备一串量子位 $\tilde{q}$，大小为 n，使得 $\tilde{q}$ 的第 i 个量子位为 $|x_y\rangle$，其中 x 和 y 分别是 $\widetilde{B}_a$ 和 $\widetilde{K}_a$ 的第 i 位，且 $|0_0\rangle=|0\rangle, |0_1\rangle=|1\rangle, |1_0\rangle=|+\rangle=(|0\rangle+|1\rangle)/\sqrt{2}, |1_1\rangle=|-\rangle=(|0\rangle-|1\rangle)/\sqrt{2}$。

（iii）Alice 将量子比特串 $\tilde{q}$ 发送给 Bob。

（iv）Bob 随机生成大小为 n 的比特串 $\widetilde{B}_b$。

（v）Bob 根据他生成的比特确定的测量基，测量从 Alice 收到的每个量子比特：如果 $\widetilde{B}_b$ 的第 i 位是 k，那么他用 $\{|k_0\rangle, |k_1\rangle\}$ 测量 $\tilde{q}$ 的第 i 个量子比特，其中 $k=0$，1。设测量结果为 $\widetilde{K}_b$，这也是一串大小为 n 的比特串。

（vi）Bob 将他选择的测量基 $\widetilde{B}_b$ 发送回 Alice，Alice 在收到信息后将她的测量基 $\widetilde{B}_a$ 发送给 Bob。

（vii）Alice 和 Bob 确定在哪个位置比特串 $\widetilde{B}_a$ 和 $\widetilde{B}_b$ 相等。他们丢弃那些对应于 $\widetilde{B}_a$ 和 $\widetilde{B}_b$ 的比特不相等的 $\widetilde{K}_a$ 和 $\widetilde{K}_b$ 中的比特。

执行完上面的基本 BB84 协议后，$\widetilde{K}_a$ 和 $\widetilde{K}_b$ 剩下的比特应该是一样的，前提是使用的是理想信道，不存在窃听者。

在 $n=1$ 的最简单情况下，基本 BB84 协议的超算子值马尔可夫链如图 6.3 所示，其中 $\mathrm{Set}^{|\psi\rangle}$ 是 1 量子比特超算子，它将目标量子比特设为 $|\psi\rangle$，$\mathcal{X}=\{X\}$ 和 $\mathcal{Z}=\{Z\}$ 分别是 Pauli-X 和 Pauli-Z 超算子，且 $\mathcal{E}^i=\{|i\rangle\langle i|\}, i=0,1,+,-$。使用 s 态的下标来表示 Alice 选择的基 B_a、Alice 生成的密钥 K_a 和 Bob 猜测的基 B_b。例如，在 s_0 中，$B_a=0$；在 s_{01} 中，$B_a=0$ 且 $K_a=1$；在 s_{101} 中，$B_a=B_b=1$ 且 $K_a=0$。令 $\mathrm{AP}=S\cup\{\mathrm{abort}\}$ 和 $L(s)=\{\mathrm{abort}\}$，如果 $s\in\{s_{001}, s_{011}, s_{100}, s_{110}\}$，意味着在这些状态下，Alice 和 Bob 的基不同，因此协议将在不生成任何密钥的情况下中止。对于其他状态 s，自然地让 $L(s)=\{s\}$。

使用状态 succ 和 fail 分别表示 BB84 协议的成功和不成功终止。以状态 s_{101} 为例来说明基本思想。由于在 s_{101} 处 Alice 和 Bob 的基都是 $\{|+\rangle, |-\rangle\}$，他们会将密钥比特作为协议生成的最终密钥。因此，如果 Bob 的测量结果是 0，对应超算子 $\mathcal{E}^+$，那么协议成功，因为 Alice 和 Bob 确实共享相同的密钥比特 0；否则协议会失败，因为它们以不同的比特结束（Alice 为 0，Bob 为 1）。这解释了为什么有 $\boldsymbol{Q}[s_{101}, \mathrm{succ}]=\mathcal{E}^+$ 而 $\boldsymbol{Q}[s_{101}, \mathrm{fail}]=\mathcal{E}^-$。

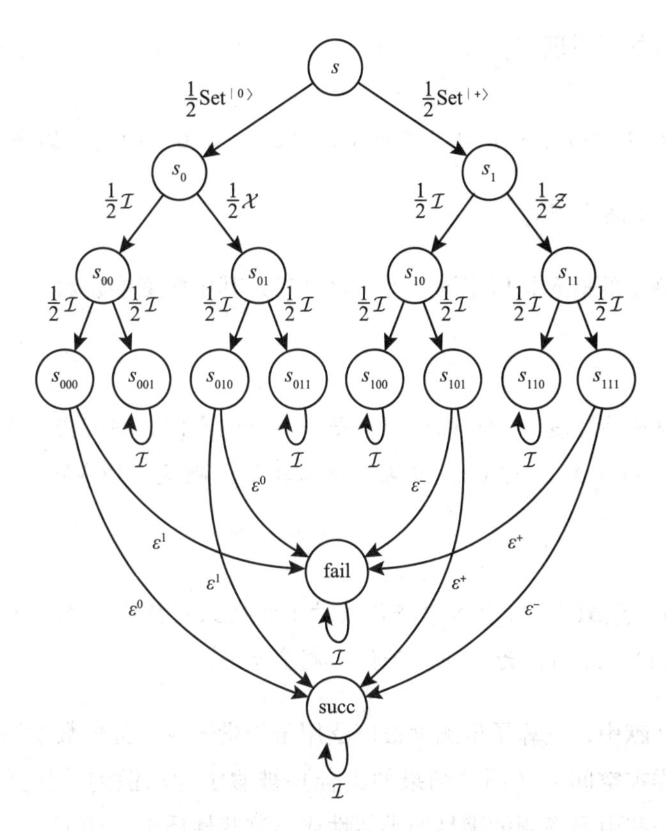

图 6.3　$n=1$ 时基本 BB84 协议的超算子值马尔可夫链

6.2　超算子值马尔可夫链上的正算子值测度

为经典马尔可夫链定义概率时序逻辑的先决条件是对无限路径集存在合适的概率测度。Vardi[109] 通过定义对应有限路径柱集的概率引入了这种测度。然后通过使用 Carathéodory-Hahn 扩展定理，将概率测度扩展到由这些柱集生成的 σ 代数。

本节的目的是为超算子值马尔可夫链定义一个适当的正算子值测度，其构造类似于 Vardi 的概率测度。为了更好地理解，建议读者在阅读本节之前先回顾 2.4.2 小节。

1. 正算子值测度的定义

令

$$\mathcal{P}(\mathcal{H})=\{M\in\mathcal{L}(\mathcal{H}):0\sqsubseteq M\sqsubseteq I\}$$

是概率测度中单位区间［0，1］的量子类比，其中 I 和 0 分别是 $\mathcal{H}$ 上的恒等算子和零算子。这里线性算子之间的 Löwner 偏序是通过令 $M\sqsubseteq N$，当且仅当 $N-M$ 为正来定义的。令 $\mathcal{P}(\mathcal{H})^n$ 是 $\mathcal{P}(\mathcal{H})$ 上的大小为 n 的行向量集合，并将 Löwner 顺序 $\sqsubseteq$ 逐分量扩展到它。那么有如下引理。

引理 6.6　集合$(\mathcal{P}(\mathcal{H})^n, \sqsubseteq)$是具有最小元（0，…，0）的完全偏序集。

练习 6.2　证明上述引理。

正算子值测度的概念是概率测度的直接推广，其中概率的实数值被表示量子效应的正算子代替。

定义 6.7（正算子值测度）　令（Ω，Σ）是一个可测空间，即Ω是一个非空集，Σ是Ω上的σ代数。函数$\Delta:\Sigma\to\mathcal{P}(\mathcal{H})$被认为是正算子值测度（POVM），如果$\Delta$满足以下性质：

（ⅰ）$\Delta(\Omega)=I$；

（ⅱ）$\Delta(\biguplus_i A_i)=\sum_i\Delta(A_i)$对于$\Sigma$中任何成对不相交且可数序列$A_1$，$A_2$，…成立。称三元组（$\Omega$，$\Sigma$，$\Delta$）为（正算子值）测度空间。

在物理学文献中，正算子值测度被广泛用于为量子测量提供数学描述，并且在大多数情况下，样本空间Ω（测量结果的集合）被假定为离散的，甚至是有限的。正算子值测度有一些由概率测度满足的类似性质，这些性质汇总如下。

引理 6.8　令（Ω，Σ，Δ）是一个测度空间。则

（ⅰ）$\Delta(\emptyset)=0$；

（ⅱ）$\Delta(A^C)+\Delta(A)=I$，其中A^C是Ω中A的补集；

（ⅲ）（单调性）对任意A，$A'\in\Sigma$，如果$A\subseteq A'$，则$\Delta(A)\sqsubseteq\Delta(A')$；

（ⅳ）（连续性）对任意在Σ里的序列A_1，A_2，…，

- 如果$A_1\subseteq A_2\subseteq\cdots$，则$\Delta(A_1)\sqsubseteq\Delta(A_2)\sqsubseteq\cdots$，且

$$\Delta(\bigcup_{i\geq 1}A_i)=\lim_{i\to\infty}\Delta(A_i)$$

- 如果$A_1\supseteq A_2\supseteq\cdots$，则$\Delta(A_1)\sqsupseteq\Delta(A_2)\sqsupseteq\cdots$，且

$$\Delta(\bigcap_{i\geq 1}A_i)=\lim_{i\to\infty}\Delta(A_i)$$

证明　只证明（iv）的第一项，其他结论留给读者作为练习。假设$A_1\subseteq A_2\subseteq\cdots$。对$n=1$，2，…，令

$$B_n=A_n\setminus\bigcup_{i<n}A_i$$

那么每对 B_i 和 B_j 是不相交的，前提是 $i\neq j$，并且对于每个 n，$A_n=\biguplus_{i\leqslant n}B_i$。因此，

$$\Delta(A_n)=\sum_{i\leqslant n}\Delta(B_i)$$

由 Δ 的可加性可得。最后，

$$\Delta(\bigcup_{i\geqslant 1}A_i)=\Delta(\biguplus_{i\geqslant 1}B_i)=\sum_{i\geqslant 1}\Delta(B_i)=\lim_{n\to\infty}\Delta(A_n)$$

这里极限的存在性由引理 6.6 保证。 □

2. 由超算子值马尔可夫链确定的正算子值测度

现在考虑如何从一个超算子值马尔可夫链构建一个适合定量推理其行为的正算子值测度。令 $\mathcal{M}=(S,\boldsymbol{Q},L)$ 是一个超算子值马尔可夫链。类似于迁移系统（见 2.1 节）和经典马尔可夫链（见 2.4.2 小节）的情况，可以定义：

- $\mathcal{M}$ 的路径 $\pi=s_0s_1\cdots$ 是 S 中的无限状态序列。
- 有限路径 $\hat{\pi}$ 是路径的有限长度前缀，且它的长度表示为 $|\hat{\pi}|$，被定义为其中的状态数。
- 用 $\pi(i)$ 表示路径 π 的第 i 个状态，如果 $i<|\hat{\pi}|$，$\hat{\pi}(i)$ 表示有限路径 $\hat{\pi}$ 的第 i 个状态。

请注意，从 0 开始索引路径或有限路径中的状态。从状态 s 开始的 $\mathcal{M}$ 的所有无限和有限路径的集合被分别表示为 $\mathrm{Path}^{\mathcal{M}}(s)$ 和 $\mathrm{Path}_{\mathrm{fin}}^{\mathcal{M}}(s)$。

对于每个 $s\in S$ 构造一个正算子值测度 $\Delta_s^{\mathcal{M}}$ 如下。作为第一步，对于任意有限路径 $\hat{\pi}=s_0\cdots s_n\in\mathrm{Path}_{\mathrm{fin}}^{\mathcal{M}}(s)$，定义

$$m_s(\hat{\pi})=\begin{cases}I, & 若\ n=0\\ \boldsymbol{Q}[s_0,s_1]^\dagger\circ\cdots\circ\boldsymbol{Q}[s_{n-1},s_n]^\dagger(I), & 否则\end{cases}$$

其中 $\boldsymbol{Q}[s,t]^\dagger$ 表示 $\boldsymbol{Q}[s,t]$ 的伴随。接下来，对于每个 $\hat{\pi}\in\mathrm{Path}_{\mathrm{fin}}^{\mathcal{M}}(s)$ 定义柱集 $\mathrm{Cyl}(\hat{\pi})\subseteq\mathrm{Path}^{\mathcal{M}}(s)$ 为

$$\mathrm{Cyl}(\hat{\pi})=\{\pi\in\mathrm{Path}^{\mathcal{M}}(s):\hat{\pi}\ 是\ \pi\ 的前缀\}$$

也就是 s 中以 $\hat{\pi}$ 为前缀的所有无限路径的集合。令

$$\mathfrak{S}^{\mathcal{M}}(s)=\{\mathrm{Cyl}(\hat{\pi}):\hat{\pi}\in\mathrm{Path}_{\mathrm{fin}}^{\mathcal{M}}(s)\}\cup\{\emptyset\}$$

且 $\Delta_s^{\mathcal{M}}$ 是从 $\mathfrak{S}^{\mathcal{M}}(s)$ 到 $\mathcal{P}(\mathcal{H})$ 的映射，定义为 $\Delta_s^{\mathcal{M}}(\emptyset)=0$ 且

$$\Delta_s^{\mathcal{M}}(\mathrm{Cyl}(\hat{\pi}))=m_s(\hat{\pi})\tag{6.1}$$

读者应该注意到，上述结构与2.4.2小节中给出的结构非常相似。唯一的区别是之前使用的实数在这里被正算子代替。

例6.9　重温例6.4中的超算子值马尔可夫链。对于有限路径 $s_a t_a$ 和 $s_a s_b s_a t_a$，它们在 $\Delta_{s_a}^{\mathcal{M}}$ 下对应的算子是：

$$\Delta_{s_a}^{\mathcal{M}}(\mathrm{Cyl}(s_a t_a)) = \boldsymbol{Q}[s_a, t_a]^{\dagger}(I) = |\psi\rangle\langle\psi|$$

$$\begin{aligned}\Delta_{s_a}^{\mathcal{M}}(\mathrm{Cyl}(s_a s_b s_a t_a)) &= \boldsymbol{Q}[s_a, s_b]^{\dagger} \circ \boldsymbol{Q}[s_b, s_a]^{\dagger} \circ \boldsymbol{Q}[s_a, t_a]^{\dagger}(I) \\ &= \boldsymbol{Q}[s_a, s_b]^{\dagger} \circ \boldsymbol{Q}[s_b, s_a]^{\dagger}(|\psi\rangle\langle\psi|) \\ &= |\langle\psi|\varphi^{\perp}\rangle|^2 \cdot \boldsymbol{Q}[s_a, s_b]^{\dagger}(|\varphi^{\perp}\rangle\langle\varphi^{\perp}|) \\ &= |\langle\psi|\varphi^{\perp}\rangle|^2 \cdot |\langle\psi^{\perp}|\varphi^{\perp}\rangle|^2 \cdot |\psi^{\perp}\rangle\langle\psi^{\perp}|\end{aligned}$$

第二步是将上面定义的映射 $\Delta_s^{\mathcal{M}}$ 扩展到由有限路径的柱面扩展生成的无限路径的 σ 代数上的正算子值测度。这可以通过类似于Vardi对经典马尔可夫链[109]所做的工作来完成（另见2.4.2小节）。更准确地说，有以下定理。

定理6.10（扩展定理）　式（6.1）中定义的映射 $\Delta_s^{\mathcal{M}}$ 可以唯一地扩展成 $\mathfrak{S}^{\mathcal{M}}(s)$ 生成的 σ 代数上的正算子值测度，也用 $\Delta_s^{\mathcal{M}}$ 表示。

3. 扩展定理的证明

本节的其余部分专门用于证明上述定理。这个证明相当复杂，初读者可略过，直接进入下一节。

要证明定理6.10，需要一些向量测度的定义和结果[40]。令 Ω 是一个非空集合。Ω 上的半代数 $\mathfrak{S}$ 是幂集 2^{Ω} 的子集，具有以下性质：

（i）$\emptyset \in \mathfrak{S}$；

（ii）A，$B \in \mathfrak{S}$ 隐含 $A \cap B \in \mathfrak{S}$；

（iii）A，$B \in \mathfrak{S}$ 隐含 $A \setminus B = \biguplus_{i=1}^{n} A_i$ 对于一些不相交的 A_1，…，$A_n \in \mathfrak{S}$ 成立。

代数是在并运算和减法运算下仍封闭的半代数，σ 代数是一个在补运算和可数并运算下也封闭的代数。给定一个半代数 $\mathfrak{S}$，用 $\mathcal{R}(\mathfrak{S})$（$\sigma(\mathfrak{S})$）表示 $\mathfrak{S}$ 生成的代数（相应地，σ 代数），即所有包含 $\mathfrak{S}$ 作为子集的代数（相应地，σ 代数）的交集。显然，$\sigma(\mathfrak{S}) = \sigma(\mathcal{R}(\mathfrak{S}))$。

回顾Banach空间是一个完备赋范向量空间。

定义6.11　令 $T \subseteq 2^{\Omega}$，且 δ 是一个从 T 到Banach空间 $\mathcal{B}$ 的函数。称 δ 为可数可加向

量测度，或简单地称为向量测度，如果对于 T 的成对不相交成员的任意序列 $(A_i)_{i\geq 1}$ 使得 $\biguplus_{i\geq 1}A_i\in T$，都有

$$\delta(\biguplus_{i\geq 1}A_i)=\sum_{i\geq 1}\delta(A_i)$$

定义 6.12 令 $\mathcal{R}$ 是 Ω 上的代数，且 δ: $\mathcal{R}\to\mathcal{B}$ 是一个向量测度。令 μ 是 $\mathcal{R}$ 上的有限非负实值测度。那么 δ 称为 μ 连续的，如果对于 $\mathcal{R}$ 中任何序列 $(A_i)_{i\geq 1}$，

$$\lim_i \mu(A_i)=0 \quad 隐含 \lim_i \delta(A_i)=0$$

在经典马尔可夫链的情况下，用于证明类似扩展定理的主要工具是 Carathéodory-Hahn 扩展定理。但是这里需要 Kluvanek 在向量测度理论中证明的该扩展定理的推广。

定理 6.13（Carathéodory-Hahn-Kluvanek 扩展定理） 令 $\mathcal{R}$ 是 Ω 上的代数，且 δ: $\mathcal{R}\to\mathcal{B}$ 是有界向量测度。如果在 $\mathcal{R}$ 上存在一个有限且非负的实值测度 μ，使得 δ 是 μ 连续的，那么 δ 可以在 $\mathcal{R}$ 生成的 σ 代数上唯一地扩展为向量测度 δ': $\sigma(\mathcal{R})\to\mathcal{B}$，使得

$$\delta'(A)=\delta(A)\ 对所有\ A\in\mathcal{R}\ 成立$$

现在我们准备证明定理 6.10。为此，首先注意到 $\mathcal{H}$ 上 Hermitian 算子的集合 $\mathrm{Herm}(\mathcal{H})$ 是一个 Banach 空间，而 $\mathfrak{S}^{\mathcal{M}}(s)$ 是一个在 $\mathrm{Path}^{\mathcal{M}}(s)$ 上的半代数。然后有以下引理。

引理 6.14 式（6.1）中定义的映射 $\Delta_s^{\mathcal{M}}$，视为从 $\mathfrak{S}^{\mathcal{M}}(s)$ 到 $\mathrm{Herm}(\mathcal{H})$ 的映射，是有界向量测度。

证明 只需要检查 $\Delta_s^{\mathcal{M}}$ 是可数可加的。令 $\emptyset\neq A=\biguplus_{i\geq 1}A_i$ 对于 $\mathfrak{S}^{\mathcal{M}}(s)$ 中的不相交序列 $(A_i)_{i\geq 1}$ 成立，且 $A\in\mathfrak{S}^{\mathcal{M}}(s)$。需要证明

$$\Delta_s^{\mathcal{M}}(A)=\sum_{i\geq 1}\Delta_s^{\mathcal{M}}(A_i) \tag{6.2}$$

我们断言在序列 $(A_i)_{i\geq 1}$ 中只有有限多个非空集。用反证法证明。假设 $A=\mathrm{Cyl}(\hat{\pi}_0)$，并且对于每个 $i\geq 1$，$A_i=\mathrm{Cyl}(\hat{\pi}_i)$ 每当 $A_i\neq\emptyset$，其中 $\hat{\pi}_i\in\mathrm{Path}_{\mathrm{fin}}^{\mathcal{M}}(s)$，且 $\hat{\pi}_0$ 是每个 $\hat{\pi}_i$ 的前缀（$i\geq 1$）。由于 A_i 是不相交的，对于不同的 i，$j\geq 1$，$\hat{\pi}_i$ 不能是 $\hat{\pi}_j$ 的前缀。令 $\Pi=\{\hat{\pi}_i: i\geq 1, A_i\neq\emptyset\}$。对任意 $\hat{\pi}\in\mathrm{Path}_{\mathrm{fin}}^{\mathcal{M}}(s)$，令

$$\mathrm{Ind}_{\hat{\pi}} = \{i \geqslant 1 : A_i \neq \emptyset, \mathrm{Cyl}(\hat{\pi}) \supseteq A_i\}, \text{且}$$
$$K = \{\hat{\pi} \in \mathrm{Path}_{\mathrm{fin}}^{\mathcal{M}}(s) : \mathrm{Ind}_{\hat{\pi}} \text{ 是无限的}\}$$

显然，$K \cap \Pi = \emptyset$。注意到 $\hat{\pi}_0 \in K$，且对任意 $\hat{\pi} \in K$，因为

$$\mathrm{Ind}_{\hat{\pi}} = \biguplus_{t \in S} \mathrm{Ind}_{\hat{\pi}t}$$

存在 $t_{\hat{\pi}} \in S$ 使得 $\hat{\pi}t_{\hat{\pi}} \in K$。因此可以将 $\hat{\pi}_0$ 扩展到无限路径 $\pi \in \mathrm{Path}^{\mathcal{M}}(s)$ 使得任何 π 的 $|\hat{\pi}| \geqslant |\hat{\pi}_0|$ 的有限长度前缀 $\hat{\pi}$ 不包含在 Π 中。那么对于任何 i，$\pi \notin A_i$，与 $\pi \in A$ 的事实相矛盾。

有了这个断言，可以不失一般性地假设 $A_i \neq \emptyset$，当且仅当 $i \leqslant n$ 对于某个 n 成立。令 $N = \max\{|\hat{\pi}_i| : 1 \leqslant i \leqslant n\}$ 且 $\Pi_N = \{\hat{\pi} \in \Pi : |\hat{\pi}| = N\}$。显然，可以将 Π_N 划分为几个不相交的子集，这样每个子集都包含具有相同 $N-1$ 长度前缀的 $|S|$ 个元素，也就是说，存在一个集合 $\{\hat{\pi}_1', \cdots, \hat{\pi}_{I_N}'\}$ 使得对于每个 $1 \leqslant i \leqslant I_N$，$|\hat{\pi}_i'| = N-1$，且

$$\Pi_N = \biguplus_{i=1}^{I_N} \Pi_N^i, \text{其中 } \Pi_N^i = \{\hat{\pi}'_i t : t \in S\}$$

从 Π 中删除 Π_N，并将 $\hat{\pi}_i'$，$1 \leqslant i \leqslant I_N$ 添加到其中。用 $\Pi_{\leqslant N-1}$ 表示结果集。那么 $\Pi_{\leqslant N-1}$ 中的每个元素的长度都小于 N，且很容易检查

$$\sum_{\hat{\pi} \in \Pi_N} m_s(\hat{\pi}) = \sum_{i=1}^{I_N} m_s(\hat{\pi}_i'), \text{因此} \sum_{\hat{\pi} \in \Pi} m_s(\hat{\pi}) = \sum_{\hat{\pi} \in \Pi_{\leqslant N-1}} m_s(\hat{\pi})$$

以这种方式进行，可以构造一个集合序列 $\Pi_{\leqslant i}$，$|\hat{\pi}_0| < i \leqslant N$，使得对于任意 i，

$$\sum_{\hat{\pi} \in \Pi_{\leqslant i}} m_s(\hat{\pi}) = \sum_{\hat{\pi} \in \Pi_{\leqslant i-1}} m_s(\hat{\pi})$$

其中 $\Pi_{\leqslant N} = \Pi$。注意到 $\Pi_{\leqslant |\hat{\pi}_0|} = \{\hat{\pi}_0\}$。最后有

$$\sum_{i \geqslant 1} \Delta_s^{\mathcal{M}}(A_i) = \sum_{\hat{\pi} \in \Pi} m_s(\hat{\pi}) = m_s(\hat{\pi}_0) = \Delta_s^{\mathcal{M}}(A)$$

这就完成了引理的证明。 □

定理 6.10 的证明　令 $\mathcal{R} = \mathcal{R}(\mathfrak{S}^{\mathcal{M}}(s))$ 是 $\mathfrak{S}^{\mathcal{M}}(s)$ 生成的代数。显然，有

$$\mathcal{R} = \{A : A = \biguplus_{i=1}^{n} A_i \text{ 对于某一 } n \geqslant 0, A_i \in \mathfrak{S}^{\mathcal{M}}(s)\}$$

通过定义

$$\Delta_s^{\mathcal{M}}(\biguplus_{i=1}^{n} A_i) = \sum_{i=1}^{n} \Delta_s^{\mathcal{M}}(A_i)$$

将映射 $\Delta_s^{\mathcal{M}}$ 扩展到 $\mathcal{R}$，这是从 $\mathcal{R}$ 到 $\mathrm{Herm}(\mathcal{H})$ 的有界向量测度。令 μ_s 是一个定义如下的映射：

- $\mu_s(\emptyset)=0$，并且对于任意 $A=\mathrm{Cyl}(\hat{\pi})\in\mathfrak{S}^{\mathcal{M}}(s)$，

  $$\mu_s(A)=\mathrm{tr}(m_s(\hat{\pi})\cdot\rho)$$

  其中 $\rho=I/(\dim\mathcal{H})$ 是 $\mathcal{D}(\mathcal{H})$ 中的最大混合状态；
- 对于 $\mathfrak{S}^{\mathcal{M}}(s)$ 中任何不相交的集合 A_1，…，A_n，

  $$\mu_s(\biguplus_{i=1}^{n} A_i)=\sum_{i=1}^{n}\mu_s(A_i)$$

那么 μ_s 确实是 $\mathcal{R}$ 上的一个有限且非负的实值测度，因为

$$\mu_s(\mathrm{Path}^{\mathcal{M}}(s))=\mu_s(\mathrm{Cyl}(s))=\mathrm{tr}(I\cdot\rho)=1$$

请注意，如果 $\lim_{i\to\infty}\mathrm{tr}(M_i\cdot\rho)=0$，其中 $(M_i)_{i\geqslant 1}$ 是正算子序列，则 $\lim_{i\to\infty}M_i=0$，这意味着 $\Delta_s^{\mathcal{M}}$ 是 μ_s 连续的。

现在使用定理6.13，可以将 $\Delta_s^{\mathcal{M}}$ 唯一地扩展为向量测度 $\Delta_s^{\mathcal{M}}$：$\sigma(\mathfrak{S}^{\mathcal{M}}(s))\to\mathrm{Herm}(\mathcal{H})$。在下文中，我们证明扩展测度实际上在 $\mathcal{P}(\mathcal{H})$ 中取值。由 $\Delta_s^{\mathcal{M}}$ 的可加性，足以证明 $0\sqsubseteq\Delta_s^{\mathcal{M}}(A)$ 对所有 $A\in\sigma(\mathfrak{S}^{\mathcal{M}}(s))$ 成立，也就是说，对于任意 $\rho\in\mathcal{D}(\mathcal{H})$，$\mathrm{tr}(\Delta_s^{\mathcal{M}}(A)\cdot\rho)\geqslant 0$。令 μ_ρ：$\sigma(\mathfrak{S}^{\mathcal{M}}(s))\to\mathbb{R}$ 被定义为

$$\forall A\in\sigma(\mathfrak{S}^{\mathcal{M}}(s)):\mu_\rho(A)=\mathrm{tr}(\Delta_s^{\mathcal{M}}(A)\cdot\rho)$$

显然，μ_ρ 是 $\sigma(\mathfrak{S}^{\mathcal{M}}(s))$ 上的实值测度且它在 $\mathfrak{S}^{\mathcal{M}}(s)$ 上的限制是概率测度，记为 $\mu_\rho\mid\mathfrak{S}^{\mathcal{M}}(s)$。现在根据概率测度的 Carathéodory 定理，$\mu_\rho\mid\mathfrak{S}^{\mathcal{M}}(s)$ 可以唯一地扩展到 $\sigma(\mathfrak{S}^{\mathcal{M}}(s))$ 上的概率测度 μ'_ρ。然后通过这种扩展的唯一性，有

$$\mathrm{tr}(\Delta_s^{\mathcal{M}}(A)\cdot\rho)=\mu_\rho(A)=\mu'_\rho(A)\geqslant 0$$ □

4. 正算子值测度与 Vardi 概率测度的关系

正如在2.4节中看到的，概率模型检测计算给定性质的概率需要一个附加到模型的具体初始分布。相反，在本章中，我们计算一个与初始量子态无关的性质对应的正算子（正算子值测度的值）。一个问题自然而然出现了：这两种方法之间的关系是什么？

本节通过证明以下结论来回答这个问题：当应用于初始量子态 ρ 时，上一节中对给

定超算子值马尔可夫链 $\mathcal{M}$ 定义的正算子值测度，正好精确给出对应经典马尔可夫链定义的 Vardi 概率测度，该经典马尔可夫链通过为 $\mathcal{M}$ 配备 ρ 自然获得。

给定超算子值马尔可夫链 $\mathcal{M}=(S,\boldsymbol{Q},L)$、经典态 $s\in S$ 和量子态 $\rho\in\mathcal{D}(\mathcal{H})$，可以构造一个(可数无限态)马尔可夫链 $\mathcal{M}_{s,\rho}=(\overline{S},P)$，其中 $\overline{S}\subseteq S\times(\mathcal{D}(\mathcal{H})\cup\{0\})$ 和 $P:\overline{S}\times\overline{S}\to[0,1]$ 定义如下：

(ⅰ) $\langle s,\rho\rangle\in\overline{S}$；

(ⅱ) 如果 $\langle r,\sigma\rangle\in\overline{S}$ 则 $\langle t,\tau\rangle\in\overline{S}$ 对所有 $t\in S$ 成立，其中

$$\tau=\frac{\boldsymbol{Q}[r,t](\sigma)}{\mathrm{tr}(\boldsymbol{Q}[r,t](\sigma))}$$

且

$$P(\langle r,\sigma\rangle,\langle t,\tau\rangle)=\mathrm{tr}(\boldsymbol{Q}[r,t](\sigma))$$

在本章中，我们稍微滥用符号，令 $\frac{\tau}{\mathrm{tr}(\tau)}=0$ 每当 $\mathrm{tr}(\tau)=0$。

(ⅲ) $\overline{S}$ 是满足 (i) 和 (ii) 的最小集合，对于所有 $\langle r,0\rangle\in\overline{S},P(\langle r,0\rangle,\langle r,0\rangle)=1$。

现在对于任意 $\pi=s_0s_1\cdots\in S^{\omega}$ 和 $s_0=s$，很容易看出路径 $\pi_{\rho}=\langle s_0,\rho_0\rangle\langle s_1,\rho_1\rangle\cdots\in\overline{S}^{\omega}$，其中 $\rho_0=\rho$ 且对所有 $i\geqslant1$，

$$\rho_i=\frac{\boldsymbol{Q}[s_{i-1},s_i](\rho_{i-1})}{\mathrm{tr}(\boldsymbol{Q}[s_{i-1},s_i](\rho_{i-1}))}$$

相反，$\overline{S}^{\omega}$ 中的任意 π_{ρ} 都通过省略量子态部分来确定 S^{ω} 中的唯一路径 π。对任意 $A\subseteq S^{\omega}$，令

$$A_{\rho}=\{\pi_{\rho}\in\overline{S}^{\omega}:\pi\in A\}$$

则 $A\in\sigma(\mathfrak{S}^{\mathcal{M}}(s))$ 当且仅当 $A_{\rho}\in\sigma(\mathfrak{S}^{\mathcal{M}_{s,\rho}}(\langle s,\rho\rangle))$。

定理 6.15 对于任意超算子值马尔可夫链 $\mathcal{M}=(S,\boldsymbol{Q},L)$、$s\in S$ 和 $\rho\in\mathcal{D}(\mathcal{H})$，上面定义的 $\mathcal{M}_{s,\rho}$ 实际是一个马尔可夫链。此外，对于任意可测集 $A\in\sigma(\mathfrak{S}^{\mathcal{M}}(s))$，

$$\mathrm{tr}(\Delta_s^{\mathcal{M}}(A)\cdot\rho)=\boldsymbol{P}^{\mathcal{M}_{s,\rho}}(A_{\rho})\tag{6.3}$$

其中 $\boldsymbol{P}^{\mathcal{M}_{s,\rho}}$ 是定义在 $\mathcal{M}_{s,\rho}$ 上的 Vardi 概率测度。

证明 对于任意 $\langle r,\sigma\rangle\in\overline{S}$ 和 $\sigma\neq0$，计算

$$\sum_{\langle t,\tau\rangle\in\bar{S}} P(\langle r,\sigma\rangle,\langle t,\tau\rangle)=\sum_{t\in S}\mathrm{tr}(\boldsymbol{Q}[r,t](\sigma))$$
$$=\mathrm{tr}\left(\left[\sum_{t\in S}\boldsymbol{Q}[r,t]\right](\sigma)\right)$$
$$=\mathrm{tr}(\sigma)=1$$

这保证了 $\mathcal{M}_{s,\rho}$ 是一个马尔可夫链。

为了证明式 (6.3)，证明其对于 $\mathfrak{S}^{\mathcal{M}}(s)$ 中的柱面集成立即可。对于任意有限路径 $\hat{\pi}=s_0\cdots s_n\in\mathrm{Path}_{\mathrm{fin}}^{\mathcal{M}}(s)$，令 $\hat{\pi}_\rho=\langle s_0,\rho_0\rangle\cdots\langle s_n,\rho_n\rangle$ 以类似于上面的 π_ρ 的方式定义。通过对 $i\leqslant n$ 的互归纳容易证明

$$\rho_i=\frac{(\boldsymbol{Q}[s_{i-1},s_i]\circ\cdots\circ\boldsymbol{Q}[s_0,s_1](\rho)}{\mathrm{tr}((\boldsymbol{Q}[s_{i-1},s_i]\circ\cdots\circ\boldsymbol{Q}[s_0,s_1](\rho))}\tag{6.4}$$

且

$$\boldsymbol{P}^{\mathcal{M}_{s,\rho}}(\mathrm{Cyl}(\hat{\pi}_\rho^i))=\mathrm{tr}(\boldsymbol{Q}[s_{i-1},s_i]\circ\cdots\circ\boldsymbol{Q}[s_0,s_1](\rho))\tag{6.5}$$

其中 $\hat{\pi}_\rho^i=\langle s_0,\rho_0\rangle\cdots\langle s_i,\rho_i\rangle$ 是 $\hat{\pi}_\rho$ 的第 $i+1$ 个前缀。那么,有

$$\mathrm{tr}(\Delta_s^{\mathcal{M}}(\mathrm{Cyl}(\hat{\pi}))\cdot\rho)=\mathrm{tr}(\boldsymbol{Q}[s_0,s_1]^\dagger\circ\cdots\circ\boldsymbol{Q}[s_{n-1},s_n]^\dagger(I)\cdot\rho)$$
$$=\mathrm{tr}(\boldsymbol{Q}[s_{n-1},s_n]\circ\cdots\circ\boldsymbol{Q}[s_0,s_1](\rho))$$
$$=\boldsymbol{P}^{\mathcal{M}_{s,\rho}}(\mathrm{Cyl}(\hat{\pi}_\rho))$$

这样就完成了定理的证明。 □

6.3 正算子值时序逻辑

本节定义概率时序逻辑的量子扩展,以描述建模为超算子值马尔可夫链的量子系统的动态性质。特别是,我们对两种流行的逻辑感兴趣,即计算树逻辑(CTL)和线性时序逻辑(LTL),分别为以下两小节的主题。

读者应该简要回顾一下 2.2 节和 2.4.2 小节以便更好地理解本节。

6.3.1 量子计算树逻辑

首先介绍概率计算树逻辑(PCTL)[65] 的量子扩展,该逻辑是经典计算树逻辑 CTL[43] 的扩展。

定义 6.16 量子计算树逻辑(QCTL)的语法如下

$$\Phi \quad ::= \quad a \mid \neg\Phi \mid \Phi\wedge\Phi \mid \mathbb{Q}_{\sim M}[\phi]$$
$$\phi \quad ::= \quad X\Phi \mid \Phi U \Phi$$

其中 $a\in \mathrm{AP}$ 是原子命题，$\sim\ \in\{\sqsubseteq,\sqsupseteq,=\}$，且 $M\in\mathcal{P}(\mathcal{H})$。称 Φ 为状态公式，ϕ 为路径公式。

从定义可以看出，我们的逻辑和概率计算树逻辑非常相似，唯一的区别是概率计算树逻辑中的公式$\mathbb{P}_{\sim p}[\phi]$（它断言始于某个状态的路径满足路径公式 ϕ 的概率受到 $\sim p$ 的约束，其中 $0\leqslant p\leqslant 1$），在量子计算树逻辑中被替换为$\mathbb{Q}_{\sim M}[\phi]$（它断言始于满足公式 ϕ 的某个状态的路径对应的正算子值测度值是受 $\sim M$ 约束，其中 $0\sqsubseteq M\sqsubseteq I$）。请注意，$\mathbb{P}_{\sim p}[\phi]$是通过将 M 视为 $p\cdot I$ 的$\mathbb{Q}_{\sim M}[\phi]$ 的特例。

定义 6.17 令 $\mathcal{M}=(S,\boldsymbol{Q},L)$ 是一个超算子值马尔可夫链。对于任意状态 $s\in S$，可满足性关系$\models$归纳定义为

$$\begin{aligned}
s\models a &\quad 当且仅当\quad a\in L(s)\\
s\models\neg\Phi &\quad 当且仅当\quad s\not\models\Phi\\
s\models\Phi\wedge\Psi &\quad 当且仅当\quad s\models\Phi \text{ 且 } s\models\Psi\\
s\models\mathbb{Q}_{\sim M}[\phi] &\quad 当且仅当\quad Q^{\mathcal{M}}(s,\phi)\sim M
\end{aligned}$$

其中

$$Q^{\mathcal{M}}(s,\phi)=\Delta_s^{\mathcal{M}}(\{\pi\in \mathrm{Path}^{\mathcal{M}}(s)\mid \pi\models\phi\})$$

且对任意路径 $\pi\in\mathrm{Path}^{\mathcal{M}}(s)$，

$$\begin{aligned}
\pi\models X\Phi &\quad 当且仅当\quad \pi(1)\models\Phi\\
\pi\models\Phi U\Psi &\quad 当且仅当\quad \exists i\in\mathbb{N}.\,(\pi(i)\models\Psi\wedge\forall j<i.\,(\pi(j)\models\Phi))
\end{aligned}$$

与概率计算树逻辑类似，可以验证对于超算子值马尔可夫链 $\mathcal{M}$ 中的每个路径公式 ϕ 和每个状态 s，集合

$$\{\pi\in\mathrm{Path}^{\mathcal{M}}(s)\mid\pi\models\phi\}$$

在 $\mathfrak{S}^{\mathcal{M}}(s)$生成的 σ 代数中。像往常一样，引入一些语法糖来简化符号：

- 虚假 ff：$=a\wedge\neg a$，同义反复 tt：$=\neg$ ff；
- 析取 $\Psi_1\vee\Psi_2:=\neg(\neg\Psi_1\wedge\neg\Psi_2)$；
- 最终算子$\Diamond\Psi$：$=\mathrm{tt}U\Psi$，和总是算子$\Box\Psi$：$=\neg\Diamond\neg\Psi$。

例 6.18 重新审视上一节中的例子，以展示量子计算树逻辑的表达能力。

(i) 见例 6.3. 量子计算树逻辑公式$\mathbb{Q}_{\sqsupseteq M}[\Diamond l_3]$ 断言例 6.3 中的循环程序终止事件对应的正算子值测度值的下界是 M。也就是说，对于每个 i，

$$l_i \models \mathbb{Q}_{\sqsupseteq M}[\Diamond l_3]$$

表示从任意初始量子态 ρ 和程序行 l_i 开始，终止概率不小于 tr（$M\rho$）。特别是它处处终止的性质可以描述为$\mathbb{Q}_{=I}[\Diamond l_3]$。

(ii) 例 6.4 量子计算树逻辑公式$\mathbb{Q}_{\sqsupseteq M}[\Diamond t_a]$($\mathbb{Q}_{\sqsupseteq M}[\Diamond t_b]$) 断言领导者选举协议以 Alice（相应地 Bob）作为获胜者而终止的对应正算子值测度值的下界为 M。

(iii) 例 6.5 基本 BB84 协议的正确性可以表述为

$$s \models \mathbb{Q}_{=0}[\Diamond \text{fail}] \wedge \mathbb{Q}_{=\frac{1}{2}I}[\Diamond \text{succ}]$$

这意味着协议永远不会（概率为 0）失败，并且它将以二分之一概率在共享密钥处成功终止。

6.3.2 线性时序逻辑

现在转而考虑另一种时序逻辑，即线性时序逻辑（LTL）。它的语法已经在第 2 章中给出。在此重述以供参考：

$$\psi ::= a \mid \neg \psi \mid \psi_1 \wedge \psi_2 \mid \boldsymbol{X}\psi \mid \psi_1 \boldsymbol{U} \psi_2$$

其中 $a \in \mathrm{AP}$。

定义 6.19 对于任何无限序列 $\pi \in (2^{\mathrm{AP}})^{\omega}$，可满足性关系$\models$归纳定义为

$$\begin{aligned}
\pi \models a \quad & \text{当且仅当} \quad a \in L(\pi(0)) \\
\pi \models \neg \psi \quad & \text{当且仅当} \quad \pi \not\models \psi \\
\pi \models \psi_1 \wedge \psi_2 \quad & \text{当且仅当} \quad \pi \models \psi_1 \text{ 且 } \pi \models \psi_2 \\
\pi \models \boldsymbol{X}\psi \quad & \text{当且仅当} \quad \pi|_1 \models \psi \\
\pi \models \psi_1 \boldsymbol{U} \psi_2 \quad & \text{当且仅当} \quad \exists i \in \mathbb{N}. (\pi|_i \models \psi_2 \wedge \forall j < i. (\pi|_j \models \psi_1))
\end{aligned}$$

其中 $\pi|_i$是 π 的第 $i+1$ 个后缀，即 $\pi|_i = A_i A_{i+1} \cdots$ 每当 $\pi = A_0 A_1 \cdots$。

还为线性时序逻辑公式定义了语法糖，例如 ff、tt、析取以及“最终”和“总是”算子。

例 6.20 例 6.18 中所述的性质也可以使用线性时序逻辑公式表示。例如，在领导人选举协议，$\Diamond t_a$ 代表 Alice 最终为胜利者的事件。

6.4 检测超算子值马尔可夫链的算法

本节聚焦于开发用于针对超算子值马尔可夫链由量子计算树逻辑或线性时序逻辑公式所描述的性质的模型检测算法。

6.4.1 模型检测量子计算树逻辑公式

本节从量子计算树逻辑模型检测开始。复习 2.3 节和 2.4.3 小节会对读者有所帮助，因为本小节和下一小节中介绍的算法基本上是前文介绍的算法的推广。

1. 量子计算树逻辑模型检测问题

与经典情况一样，给定超算子值马尔可夫链 $\mathcal{M}=(S,\boldsymbol{Q},L)$ 中的状态 s 和量子计算树逻辑表达的状态公式 $\boldsymbol{\Phi}$，模型检测 s 是否满足 $\boldsymbol{\Phi}$ 本质上是确定 s 是否属于可满足集 $\mathrm{Sat}(\boldsymbol{\Phi})$，归纳定义如下：

$$\begin{aligned}
\mathrm{Sat}(a) &= \{s\in S: a\in L(s)\}\\
\mathrm{Sat}(\neg\Psi) &= S\backslash\mathrm{Sat}(\Psi)\\
\mathrm{Sat}(\Psi\wedge\Phi) &= \mathrm{Sat}(\Psi)\cap\mathrm{Sat}(\Phi)\\
\mathrm{Sat}(\mathbb{Q}_{\sim A}[\phi]) &= \{s\in S: Q^{\mathcal{M}}(s,\phi)\sim A\}
\end{aligned}$$

2. 量子计算树逻辑模型检测算法

检测大多数量子计算树逻辑公式的算法与概率模型检测中的算法相同。唯一的区别是$\mathbb{Q}_{\sim A}[\phi]$ 的情况。下面将详细说明如何利用前几节中的结果来计算此类公式的可满足集。为此，需要针对以下两种情况计算 $Q^{\mathcal{M}}(s,\ \phi)$。

情况 1： $\phi=\boldsymbol{X\Phi}$。根据定义 6.17，

$$\{\pi\in\mathrm{Path}^{\mathcal{M}}(s):\pi\models\boldsymbol{X\Phi}\}=\biguplus_{t\in\mathrm{Sat}(\Phi)}\mathrm{Cyl}(st)$$

因此

$$\begin{aligned}
Q^{\mathcal{M}}(s,\boldsymbol{X\Phi}) &= \Delta_s^{\mathcal{M}}\Big(\biguplus_{t\in\mathrm{Sat}(\Phi)}\mathrm{Cyl}(st)\Big)=\sum_{t\in\mathrm{Sat}(\Phi)}\Delta_s^{\mathcal{M}}(\mathrm{Cyl}(st))\\
&= \sum_{t\in\mathrm{Sat}(\Phi)}\boldsymbol{Q}[s,t]^{\dagger}(I)
\end{aligned}$$

这可以很容易地计算出来，因为根据定义的递归性质，可以假设 $\mathrm{Sat}(\boldsymbol{\Phi})$是已知的。

情况 2： $\phi=\Phi U\Psi$。在这种情况下，对任意 $s\in S$ 和 $k\geqslant 0$ 定义：

$$\Pi_s = \{\pi\in \mathrm{Path}^{\mathcal{M}}(s):\pi\models \Phi U\Psi\}$$

$$\Pi_s^k = \{\pi\in \mathrm{Path}^{\mathcal{M}}(s):\exists i\leqslant k.\ (\pi(i)\models\Psi\wedge\forall j<i.\ (\pi(j)\models\Phi))\}$$

显然，序列$(\Pi_s^k)_{k\geqslant 0}$相对于$\subseteq$是非递减的，并且$\cup_{k\geqslant 0}\Pi_s^k=\Pi_s$。因此从引理 6.8（iv）可知，

$$\Delta_s^{\mathcal{M}}(\Pi_s)=\lim_{k\to\infty}\Delta_s^{\mathcal{M}}(\Pi_s^k) \tag{6.6}$$

通过对 k 的归纳，可以证明对于每一个 k 和 s，$\Pi_s^k=\emptyset$ 或者它是一些柱面集合的不相交并，具体来说，有

$$\Pi_s^k = \biguplus_{\hat{\pi}\in A_s^k}\mathrm{Cyl}(\hat{\pi})$$

其中

$$A_s^k=\begin{cases}\{s\}, & 若\ s\in\mathrm{Sat}(\Psi)\\ \emptyset, & 若(s\notin\mathrm{Sat}(\Phi)\cup\mathrm{Sat}(\Psi))\vee(k=0\wedge s\notin\mathrm{Sat}(\Psi))\\ \biguplus_{t\in S}sA_t^{k-1}, & 若(s\in\mathrm{Sat}(\Phi)\backslash\mathrm{Sat}(\Psi))\wedge k\geqslant 1\end{cases}$$

其中 sA_t^{k-1} 表示通过在 A_t^{k-1} 中的字符串前面加上 s 获得的字符串集合。所以在前两种情况下，分别有 $\Delta_s^{\mathcal{M}}(\Pi_s^k)=I$ 和 $\Delta_s^{\mathcal{M}}(\Pi_s^k)=0$。并且，如果 $s\in\mathrm{Sat}(\Phi)\backslash\mathrm{Sat}(\Psi)$ 和 $k\geqslant 1$，有

$$\begin{aligned}\Delta_s^{\mathcal{M}}(\Pi_s^k)&=\sum_{\hat{\pi}\in A_s^k}\Delta_s^{\mathcal{M}}(\mathrm{Cyl}(\hat{\pi}))\\&=\sum_{t\in S}\sum_{\hat{\pi}'\in A_t^{k-1}}m_s(s\hat{\pi}')=\sum_{t\in S}\sum_{\hat{\pi}'\in A_t^{k-1}}\boldsymbol{Q}[s,t]^{\dagger}(m_t(\hat{\pi}'))\\&=\sum_{t\in S}\sum_{\hat{\pi}'\in A_t^{k-1}}\boldsymbol{Q}[s,t]^{\dagger}(\Delta_t^{\mathcal{M}}(\mathrm{Cyl}(\hat{\pi}')))=\sum_{t\in S}\boldsymbol{Q}[s,t]^{\dagger}(\Delta_t^{\mathcal{M}}(\Pi_t^{k-1}))\end{aligned} \tag{6.7}$$

令 $S^?=\mathrm{Sat}(\Phi)\backslash\mathrm{Sat}(\Psi)$。以下定理描述了一种计算作为超算子族不动点的可满足集的方法。

定理 6.21 令 $f:\mathcal{L}(\mathcal{H})^{S^?}\to\mathcal{L}(\mathcal{H})^{S^?}$ 是一个映射使得对任意 $X\in\mathcal{L}(\mathcal{H})^{S^?}$ 和 $s\in S^?$，

$$f(X)_s=\sum_{t\in S^?}\boldsymbol{Q}[s,t]^{\dagger}(X_t)+\sum_{t\in\mathrm{Sat}(\Psi)}\boldsymbol{Q}[s,t]^{\dagger}(I)$$

则

（ⅰ）在 $\mathcal{P}(\mathcal{H})^{S^?}$ 中，相对于序 $\sqsubseteq$，$f(X)$ 有唯一的最小不动点，用 μf 表示；

（ii）对所有 $s\in S^?$，$(\mu f)_s=Q^{\mathcal{M}}(s,\boldsymbol{\Phi U\Psi})$；

（iii）给定任意 $M\in\mathcal{P}(\mathcal{H})$ 和 $s\in S^?$，是否有

$$M\sim(\mu f)_s\quad 对于\ \sim\in\{\sqsubseteq,\sqsupseteq,=\}$$

可在时间 $O(|S|^4d^8)$ 内判定，其中 $d=\dim\mathcal{H}$ 是 $\mathcal{H}$ 的维度。

证明 对于（i），检查 $f(X)$ 确实将 $\mathcal{P}(\mathcal{H})^{S^?}$ 映射到 $\mathcal{P}(\mathcal{H})^{S^?}$。令 $X\in\mathcal{P}(\mathcal{H})^{S^?}$，则对任意 $s\in S^?$，

$$f(X)_s\sqsubseteq\sum_{t\in S^?}\boldsymbol{Q}[s,t]^\dagger(I)+\sum_{t\in\mathrm{Sat}(\Psi)}\boldsymbol{Q}[s,t]^\dagger(I)\sqsubseteq\sum_{t\in S}\boldsymbol{Q}[s,t]^\dagger(I)=I$$

其中第一个不等式来自 $X_t\sqsubseteq I$ 的事实，最后一个等式来自归一化条件

$$\sum_{t\in S}\boldsymbol{Q}[s,t]\approx\mathcal{I}$$

进一步注意，函数 f 是关于偏序 $\sqsubseteq$Scott 连续的。然后由引理 6.6 和 Kleene 不动点定理，$f(X)$ 有一个（唯一的）最小不动点，可以写成

$$\mu f=\lim_{k\to\infty}f^k(\vec{0})$$

其中 $\vec{0}\in\mathcal{P}(\mathcal{H})^{S^?}$ 对所有 $s\in S^?$ 都有 $\vec{0}_s=0$。

对于（ii），注意到

$$Q^{\mathcal{M}}(s,\boldsymbol{\Phi U\Psi})=\Delta_s^{\mathcal{M}}(\Pi_s)$$

然后根据公式（6.6），通过归纳可以证明对于任意 $k\geqslant 0$ 和 $s\in S^?$，

$$\Delta_s^{\mathcal{M}}(\Pi_s^k)=f^k(\vec{0})_s\tag{6.8}$$

固定任意 $s\in S^?$。当 $k=0$ 时，有

$$f^0(\vec{0})_s=0=\Delta_s^{\mathcal{M}}(\Pi_s^0)$$

由于 $s\notin\mathrm{Sat}(\Psi)$。现在假设公式（6.8）对 k 成立。则

$$\begin{aligned}\Delta_s^{\mathcal{M}}(\Pi_s^{k+1})&=\sum_{t\in S}\boldsymbol{Q}[s,t]^\dagger(\Delta_t^{\mathcal{M}}(\Pi_t^k))\\&=\sum_{t\in S^?}\boldsymbol{Q}[s,t]^\dagger(\Delta_t^{\mathcal{M}}(\Pi_t^k))+\sum_{t\in\mathrm{Sat}(\Psi)}\boldsymbol{Q}[s,t]^\dagger(I)\\&=\sum_{t\in S^?}\boldsymbol{Q}[s,t]^\dagger(f^k(\vec{0})_t)+\sum_{t\in\mathrm{Sat}(\Psi)}\boldsymbol{Q}[s,t]^\dagger(I)\\&=f(f^k(\vec{0}))_s=f^{k+1}(\vec{0})_s\end{aligned}$$

其中第一个等式来自式（6.7），第三个等式来自归纳假设。

（iii）的证明过于复杂，将其推迟到附录 C.1。 □

3. 量子计算树逻辑模型检测的复杂性

回想一下 2.4.3 小节，针对具有 n 状态的经典马尔可夫链，对概率计算树逻辑公式 Φ 进行模型检测的总体时间复杂度关于 $|\Phi|$ 是线性的，关于 n 是多项式的，其中 $|\Phi|$ 的大小定义为 Φ 中逻辑连接词和时序算子的数量加上时序算子的大小之和[76]。

现在考虑上面给出的量子计算树逻辑模型检测算法的复杂性。令 $d=\dim\mathcal{H}$. 算法的最大额外成本是直到算子，但根据定理 6.21，其量级为 n^4d^8。因此，对超算子值马尔可夫链模型检测量子计算树逻辑公式 Φ 的复杂性关于 $|\Phi|$ 仍然是线性的，是关于 n 和 d 的多项式。因此有以下定理。

定理 6.22　给定超算子值马尔可夫链 $\mathcal{M}=(S,\boldsymbol{Q},L)$，$s\in S$ 和量子计算树逻辑公式 Φ，模型检测问题 $s\models\Phi$ 可以在时间 $O(\mathrm{poly}(n)\cdot\mathrm{poly}(d)\cdot|\Phi|)$ 内解决，其中 $n=|S|$ 和 $d=\dim\mathcal{H}$。

评述 6.23　请注意，在经典情况下，可以从马尔可夫链的底层图计算集合

$$\mathrm{Sat}(\mathbb{P}_{=0}[\boldsymbol{\Phi U\Psi}])$$

因此，导出的方程组具有唯一解。但是，如下面的练习 6.3 所示，这种方法在量子情况下不起作用。

尽管如此，仍然可以通过找出 S^0 和 S^I 来简化计算，这里

$$S\setminus(\mathrm{Sat}(\Psi)\cup\mathrm{Sat}(\Phi))\subseteq S^0\subseteq\mathrm{Sat}(\mathbb{Q}_{=0}[\boldsymbol{\Phi U\Psi}])$$

和

$$\mathrm{Sat}(\Psi)\subseteq S^I\subseteq\mathrm{Sat}(\mathbb{Q}_{=I}[\boldsymbol{\Phi U\Psi}])$$

分别由算法 8 和算法 9 计算。那么可以在定理 6.21 中设置 $S^?=S\setminus(S^0\cup S^I)$。

算法 8　计算 S^0 的算法

---

input：$\mathrm{Sat}(\Phi)$ 和 $\mathrm{Sat}(\Psi)$
output：S 的子集 S^0 使得 $S\setminus\mathrm{Sat}(\Psi)\setminus\mathrm{Sat}(\Phi)\subseteq S^0\subseteq\mathrm{Sat}(\mathbb{Q}_{=0}[\boldsymbol{\Phi U\Psi}])$

```
begin
    R←{s:没有从 s 到在 Sat(Ψ)里的状态的直接路径};
    R←R∪(S\Sat(Φ)\Sat(Ψ));
    done←false;
    while done=false do
        R'←R∪{s∈S\R:Σ_{t∈R}Q[s,t]+Q[s,s]≈Id};
        if(R'=R)then done←true;
        R←R';
    end
    return R;
end
```

算法 9　计算 S' 的算法

input：Sat(Φ)和 Sat(Ψ)

output：S 的子集 S' 使得 $\mathrm{Sat}(\Psi)\subseteq S'\subseteq \mathrm{Sat}(\mathbb{Q}_{=I}[\Phi U\Psi])$

```
begin
    R←Sat(Ψ);
    done←false;
    while done=false do
        R'←R∪{s∈Sat(Φ)\R:Σ_{t∈R}Q[s,t]+Q[s,s]≈Id};
        if(R'=R)then done←true;
        R←R';
    end
    return R;
end
```

练习 6.3　令超算子值马尔可夫链如图 6.4 所示，其中 $\mathcal{E}_i=\{|i\rangle\langle i|\},i=0,1$。令 $\mathrm{Sat}(\Phi)=\{s_1\}$和 $\mathrm{Sat}(\Psi)=\{s_2\}$。则

$$\mathrm{Sat}(\mathbb{Q}_{=0}[\Phi U\Psi])=\{s_0\},\qquad \mathrm{Sat}(\mathbb{Q}_{=I}[\Phi U\Psi])=\{s_2\}$$

证明方程 $X_{s_1}=\mathcal{E}_1^\dagger(X_{s_1})+\mathcal{E}_0^\dagger(I)$有不止一个解。

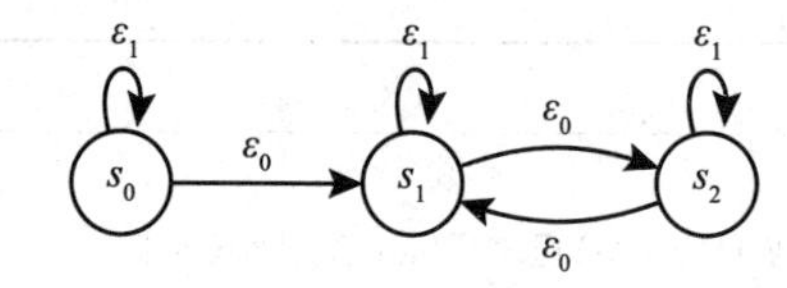

图 6.4　显示定理 6.21 中方程组解的非唯一性的超算子值马尔可夫链

例 6.24 此例子主要对照例 6.3、例 6.4 和例 6.5 的超算子值马尔可夫链对例 6.18 中列出的性质进行模型检测。

（ⅰ）量子循环程序。只检测性质$\mathbb{Q}_{\sqsupseteq M}[\Diamond l_3]$。令 $\mathcal{F}=\{|+\rangle\langle i|: i=0,1\}$是将目标量子位设置为$|+\rangle=(|0\rangle+|1\rangle)/\sqrt{2}$的超算子，$\mathcal{E}^i=\{|i\rangle\langle i|\}, i=0$，1 且 $\mathcal{E}=\mathcal{X}$是泡利-X 超算子。首先计算 $\mathrm{Sat}(l_3)=\{l_3\}$ 和 $\mathrm{Sat}(\mathrm{tt})=\{l_0,l_1,l_2,l_3\}$。所以 $S^? =\{l_0,l_1,l_2\}$。按以下步骤进行：

$$X_{l_0}=\sum_{i=0}^{1}|i\rangle\langle +|X_{l_1}|+\rangle\langle i|=\langle +|X_{l_1}|+\rangle\cdot I \tag{6.9}$$

$$X_{l_1}=\mathcal{E}^1(X_{l_2})+\mathcal{E}^0(I)=\langle 1|X_{l_2}|1\rangle\cdot|1\rangle\langle 1|+|0\rangle\langle 0| \tag{6.10}$$

$$X_{l_2}=\mathcal{E}^{\dagger}(X_{l_1})=\sigma_x\cdot X_{l_1}\cdot\sigma_x \tag{6.11}$$

将式(6.11)代入式(6.10)，有

$$X_{l_1}=\langle 0|X_{l_1}|0\rangle\cdot|1\rangle\langle 1|+|0\rangle\langle 0|$$

这意味着 $X_{l_1}=I$。那么也有 $X_{l_0}=X_{l_2}=I$，所以

$$l_i\models\mathbb{Q}_{\sqsupseteq M}[\Diamond l_3]$$

对所有 $0\leqslant i\leqslant 3$ 和 $M\sqsubseteq I$ 成立。

（ⅱ）递归量子程序。考虑路径公式$\Diamond t_a$。令$|\psi\rangle=|0\rangle$，$|\psi^{\perp}\rangle=|1\rangle$，$|\varphi\rangle=|+\rangle$，且$|\varphi^{\perp}\rangle=|-\rangle$。那么方程组如下：

$$X_{s_a}=|0\rangle\langle 0|+|1\rangle\langle 1|X_{s_b}|1\rangle\langle 1|$$

$$X_{s_b}=|-\rangle\langle -|X_{s_a}|-\rangle\langle -|$$

因此 $X_{s_a}=|0\rangle\langle 0|+\frac{1}{3}|1\rangle\langle 1|$，且 $X_{s_b}=\frac{2}{3}|-\rangle\langle -|$，这意味着

$$s_a\models\mathbb{Q}_{=|0\rangle\langle 0|+\frac{1}{3}|1\rangle\langle 1|}[\Diamond t_a] \text{ 且 } s_b\models\mathbb{Q}_{=\frac{2}{3}|-\rangle\langle -|}[\Diamond t_a]$$

（ⅲ）BB84 协议。将分别计算 $Q^{\mathcal{M}}(s,\Diamond \mathrm{succ})$和 $Q^{\mathcal{M}}(s,\Diamond \mathrm{fail})$。对于 $Q^{\mathcal{M}}(s,\Diamond \mathrm{succ})$，首先从算法 8 和算法 9 得到 $S^0=\{s_{001},s_{011},s_{100},s_{110},\mathrm{fail}\}$，和 $S^I=\{\mathrm{succ}\}$。然后表 6.1 对每个 $t\in S^? =S\backslash S^0\backslash S^I$ 和 $0\leqslant k\leqslant 4$ 计算了式（6.6）中的 $\Delta_t^{\mathcal{M}}(\Pi_t^k)$。例如，项 $\Delta_s^{\mathcal{M}}(\Pi_s^4)$计算如下：

表 6.1　基本 BB84 协议中 $\Delta_t(\Pi_t^k)$、$t \in S^?$ 和 $0 \leqslant k \leqslant 4$ 的值

$k \backslash t$	s	s_0	s_1	s_{00}	s_{01}	s_{10}	s_{11}	s_{000}	s_{010}	s_{101}	s_{111}
0	0	0	0	0	0	0	0	0	0	0	0
1	0	0	0	0	0	0	0	$\|0\rangle\langle 0\|$	$\|1\rangle\langle 1\|$	$\|+\rangle\langle +\|$	$\|-\rangle\langle -\|$
2	0	0	0	$\frac{1}{2}\|0\rangle\langle 0\|$	$\frac{1}{2}\|1\rangle\langle 1\|$	$\frac{1}{2}\|+\rangle\langle +\|$	$\frac{1}{2}\|-\rangle\langle -\|$	$\|0\rangle\langle 0\|$	$\|1\rangle\langle 1\|$	$\|+\rangle\langle +\|$	$\|-\rangle\langle -\|$
3	0	$\frac{1}{2}\|0\rangle\langle 0\|$	$\frac{1}{2}\|+\rangle\langle +\|$	$\frac{1}{2}\|0\rangle\langle 0\|$	$\frac{1}{2}\|1\rangle\langle 1\|$	$\frac{1}{2}\|+\rangle\langle +\|$	$\frac{1}{2}\|-\rangle\langle -\|$	$\|0\rangle\langle 0\|$	$\|1\rangle\langle 1\|$	$\|+\rangle\langle +\|$	$\|-\rangle\langle -\|$
4	$\frac{1}{2}I$	$\frac{1}{2}\|0\rangle\langle 0\|$	$\frac{1}{2}\|+\rangle\langle +\|$	$\frac{1}{2}\|0\rangle\langle 0\|$	$\frac{1}{2}\|1\rangle\langle 1\|$	$\frac{1}{2}\|+\rangle\langle +\|$	$\frac{1}{2}\|-\rangle\langle -\|$	$\|0\rangle\langle 0\|$	$\|1\rangle\langle 1\|$	$\|+\rangle\langle +\|$	$\|-\rangle\langle -\|$

$$\Delta_s^{\mathcal{M}}(\Pi_s^{\ 4}) = \boldsymbol{Q}[s,s_0]^\dagger(\Delta_{s_0}^{\mathcal{M}}(\Pi_{s_0}^3) + \boldsymbol{Q}[s,s_1]^\dagger(\Delta_{s_1}^{\mathcal{M}}(\Pi_{s_1}^3)$$
$$= \frac{1}{4}[(\mathrm{Set}^{|0\rangle})^\dagger(|0\rangle\langle 0|) + (\mathrm{Set}^{|+\rangle})^\dagger(|+\rangle\langle +|)]$$
$$= \frac{1}{4}(I+I) = \frac{1}{2}I$$

进一步注意到 $\Delta_t(\Pi_t^{\ k}) = \Delta_t(\Pi_t^{\ 4})$ 对任意 $t \in S^?$ 和 $k>4$ 成立。因此有

$$Q^{\mathcal{M}}(s, \Diamond \mathrm{succ}) = \frac{1}{2}I$$

类似地，可以计算 $Q^{\mathcal{M}}(s, \Diamond \mathrm{fail}) = 0$，因此

$$s \models \mathbb{Q}_{=0}[\Diamond \mathrm{fail}] \wedge \mathbb{Q}_{=\frac{1}{2}I}[\Diamond \mathrm{succ}]$$

符合预期。

6.4.2　模型检测线性时序逻辑性质

上一小节已经说明了如何验证量子计算树逻辑性质。在本小节中，将描述线性时序逻辑公式的模型检测技术，它允许表达和分析一大类重要性质，例如重复可达性、受限顺序可达性、嵌套直到性质或这些性质的连接。

1. 超算子值马尔可夫链的线性时序逻辑模型检测问题

线性时序逻辑模型检测问题可以表述如下。给定超算子值马尔可夫链 $\mathcal{M}=(S,\boldsymbol{Q},L)$、$s \in S$ 和线性时序逻辑公式 ψ，计算

$$\mathrm{Qr}_s^{\ \mathcal{M}}(\psi) := \Delta_s^{\mathcal{M}}(\{\pi \in \mathrm{Path}^{\mathcal{M}}(s) \mid L(\pi) \models \psi\})$$

同样，可以验证对于任意 ψ 和超算子值马尔可夫链 $\mathcal{M}$ 中的每个状态 s，集合

$$\{\pi \in \mathrm{Path}^{\mathcal{M}}(s) \mid L(\pi) \models \psi\}$$

在 $\mathfrak{S}^{\mathcal{M}}(s)$ 生成的 σ 代数中。

2. 奇偶校验超算子值马尔可夫链

在第 2 章中已经看到，线性时序逻辑公式可以转换为（非确定性的）Buchi 自动机。然而，出于对超算子值马尔可夫链进行模型检测的目的，使用（确定性的）奇偶校验自动机来表示线性时序逻辑公式。请注意，其他确定性 ω 自动机也将执行相同的任务。

定义 6.25（奇偶校验自动机）　（确定性）奇偶校验自动机（PA）是元组 $\mathcal{A}=(A,\bar{a},t,\mathrm{pri})$，其中

（ⅰ）A 是自动机状态的有限集，而 $\bar{a}\in A$ 是初始状态；

（ⅱ）$t:A\times 2^{\mathrm{AP}}\to A$ 是转移函数；

（ⅲ）$\mathrm{pri}:A\to\mathbb{N}$是一个优先级函数。这里$\mathbb{N}$表示自然数集。

$\mathcal{A}$ 的路径是一个无限序列 $\sigma=a_0L_0a_1L_1\cdots\in(A\times 2^{\mathrm{AP}})^{\omega}$ 使得 $a_0=\bar{a}$ 且对于所有 $i\geqslant 0$，$t(a_i,\ L_i)=a_{i+1}$。通过如下设置将优先级函数扩展到路径

$$\mathrm{pri}(\sigma):=\liminf_{i\to\infty}\mathrm{pri}(a_i)$$

用 $\mathrm{Path}^{\mathcal{A}}$ 表示 $\mathcal{A}$ 的所有路径的集合。$\mathcal{A}$ 接受的语言定义为

$$\mathcal{L}(\mathcal{A}):=\{L_0L_1\cdots\in(2^{\mathrm{AP}})^{\omega}\mid\ \exists\sigma=a_0L_0a_1L_1\cdots\in\mathrm{Path}^{\mathcal{A}}.\ \mathrm{pri}(\sigma)\text{ 是偶数}\}$$

对于线性时序逻辑公式 ψ，用$\mathcal{A}_{\psi}$表示接受满足 ψ 的词的 PA，也就是

$$\mathcal{L}(\mathcal{A}_{\psi})=\{\eta\in(2^{\mathrm{AP}})^{\omega}\mid\eta\models\psi\}$$

将线性时序逻辑公式转换为奇偶校验自动机的有效方法存在于［98，102，104］等文献。

我们还需要考虑具有奇偶校验条件的超算子值马尔可夫链。

定义 6.26（奇偶校验超算子值马尔可夫链） 如果超算子值马尔可夫链 $\mathcal{M}=(S,\boldsymbol{Q},L)$配备了优先级函数 pri：$S\to\mathbb{N}$，则它被称为奇偶校验超算子值马尔可夫链（PSVMC）。$\mathcal{M}$ 在 $s\in S$ 处的值定义为

$$\mathrm{Val}^{\mathcal{M}}(s)=\Delta_s^{\mathcal{M}}(\{\pi\in\mathrm{Path}^{\mathcal{M}}\mid\mathrm{pri}(\pi)\text{ 是偶数}\})$$

这里令

$$\mathrm{pri}(\pi):=\liminf_{i\to\infty}\mathrm{pri}(s_i)$$

前提是 $\pi=s_0s_1s_2\cdots$。当标记函数 L 无关紧要时，也用（S，$\boldsymbol{Q}$，pri）表示这样的超算子值马尔可夫链。

下面描述如何将所考虑的超算子值马尔可夫链与代表我们所关心的性质的 PA 结合起来。

定义 6.27（SVMC-PA 乘积） 具有相同原子命题集合 AP 的超算子值马尔可夫链（SVMC）$\mathcal{M}=(S,\boldsymbol{Q},L)$和奇偶校验自动机（PA）$\mathcal{A}=(A,\bar{a},t,\mathrm{pri})$的乘积是一个奇偶校验超算子值马尔可夫链 $\mathcal{M}\otimes\mathcal{A}:=(S',\boldsymbol{Q},\mathrm{pri}')$，其中

（ⅰ）$S'=S\times A$；

（ⅱ）$\boldsymbol{Q}'[(s,a),(s',a')]=\boldsymbol{Q}[s,s']$如果$t(a,L(s))=a'$，否则为0；

（ⅲ）$\mathrm{pri}'((s,a))=\mathrm{pri}(a)$。

通过假设$\mathcal{A}$是确定性的，很容易检测对任何$(s,a)\in S'$，

$$\sum_{(s',a')\in S'}\boldsymbol{Q}'[(s,a),(s',a')]=\sum_{s'\in S}\boldsymbol{Q}[s,s']\approx\mathrm{Id}$$

因此，上面定义的乘积$\mathcal{M}\otimes\mathcal{A}$确实是奇偶校验超算子值马尔可夫链。以下引理表明，该乘积的值正是与原始模型中考虑的性质对应的正算子值测度值。

引理 6.28 给定超算子值马尔可夫链$\mathcal{M}=(S,\boldsymbol{Q},L)$和线性时序逻辑公式$\psi$，对于任意$s\in S$，有

$$\mathrm{Qr}_s^{\mathcal{M}}(\psi)=\mathrm{Val}^{\mathcal{M}'}((s,\bar{a}))$$

其中$\mathcal{M}':=\mathcal{M}\otimes\mathcal{A}_\psi$，$\bar{a}$是$\mathcal{A}_\psi$的初始状态。

证明 令$\mathcal{A}_\psi=(A,\bar{a},t,\mathrm{pri})$且$\mathcal{M}'=(S',\boldsymbol{Q}',\mathrm{pri}')$。首先证明，对于任意$s\in S$，以下两个集合之间存在双射：

$$R_s:=\{\pi\in\mathrm{Path}^{\mathcal{M}}(s)\mid L(\pi)\in\mathcal{L}(\mathcal{A}_\psi)\}$$

$$R'_s:=\{\pi'\in\mathrm{Path}^{\mathcal{M}'}((s,\bar{a}))\mid\mathrm{pri}'(\pi')\text{ 是偶数}\}$$

令$\pi=s_0s_1\cdots\in R_s$。根据定义6.25，存在唯一序列$a_0a_1\cdots$与$a_0=\bar{a}$，使得$a_0L(s_0)a_1L(s_1)\cdots$是$\mathcal{A}_\psi$优先级为偶数的路径。令π'定义为对于所有$i\geqslant0,\pi'(i)=(s_i,a_i)$。那么根据定义，$\mathrm{pri}'(\pi')$是偶数，所以$\pi'\in R'_s$。

令$\pi'\in R'_s$。那么存在$\pi:=s_0s_1\cdots\in\mathrm{Path}^{\mathcal{M}}$和$a_0a_1\cdots\in A^\omega$，其中$s_0=s$且$a_0=\bar{a}$，使得对于每个$i\geqslant0$，$\pi'(i)=(s_i,a_i)$。通过定义6.27，$t(a_i,L(s_i))=a_{i+1}$。因此$\sigma:=a_0L(s_0)a_1L(s_1)\cdots\in\mathrm{Path}^{\mathcal{A}_\psi}$。此外，请注意$\mathrm{pri}(\sigma)=\mathrm{pri}'(\pi')$是偶数。因此$\pi\in R_s$。

最后，容易观察到R_s和R'_s之间的双射保留了有限路径前缀的超算子。也就是说，对于每个$\pi\in R_s$及其对应的路径$\pi'\in R'_s$，以及每个$i\geqslant0$，我们有

$$\boldsymbol{Q}[\pi(i),\pi(i+1)]=\boldsymbol{Q}'[\pi'(i),\pi'(i+1)]$$

因此有

$$\Delta_s^{\mathcal{M}}(R_s)=\Delta_{(s,\bar{a})}^{\mathcal{M}'}(R'_s)$$

这意味着

$$\mathrm{Qr}_s^{\mathcal{M}}(\psi)=\mathrm{Val}^{\mathcal{M}'}((s,\bar{a}))$$

注意到 $L(\pi)\in\mathcal{L}(\mathcal{A}_\psi)$，当且仅当 $L(\pi)\models\psi$。 □

3. 超算子值马尔可夫链的线性时序逻辑模型检测算法的基本思想

通过引理6.28，超算子值马尔可夫链的线性时序逻辑模型检测问题归结为计算奇偶校验超算子值马尔可夫链的值。因此在下文中，只关注后一个问题。

到目前为止，模型检测方法的工作方式与经典马尔可夫链相同。会失败的是包含奇偶校验超算子值马尔可夫链评估的后续部分。根据经典 PMC（奇偶校验马尔可夫链）进行模型检测的想法非常简单：如果无限频繁出现的最低优先级是偶数，则接受 PMC 的路径。从 s 开始，如果 s 和 s' 在同一个底部强连通分量中，s' 被无限访问的概率往往是 1。不包含在任何底部强连通分量中的状态（瞬态）将被无限访问的概率为 0。因此，可以按如下方式执行 PMC 的模型检测。

(ⅰ) 使用基于图的算法识别一组底部强连通分量，并令 $\mathrm{ACC}=\emptyset$。

(ⅱ) 对于每个底部强连通分量 B，检测发生在 B 状态上的最低优先级是否为偶数。如果是，将 B 添加到 ACC：$\mathrm{ACC}\leftarrow\mathrm{ACC}\cup B$。

(ⅲ) 对任意状态 s，如果 $s\in\mathrm{ACC}$，则 $\mathrm{Val}^{\mathcal{M}}(s)=1$。否则，$\mathrm{Val}^{\mathcal{M}}(s)$ 是 s 到达 ACC 中任何状态的概率。也就是说，如果 s 是底部强连通分量 $B\not\subseteq\mathrm{ACC}$ 的状态，则 $\mathrm{Val}^{\mathcal{M}}(s)=0$，瞬态处的值可以通过求解线性方程组来计算。

请注意，奇偶校验超算子值马尔可夫链也有一组经典状态，并且转移超算子还可以在这些状态上诱导出底层图。因此，一个问题自然而然出现了：是否可以根据奇偶校验超算子值马尔可夫链的底层图结构来定义底部强连通分量的概念（就像在经典情况下一样），并使用上述技术来计算其值？不幸的是，这个想法行不通，如下例所示。

例 6.29 考虑图 6.5 中的两个奇偶校验马尔可夫链。左边是经典的，其中 $0<p<1$，而右边是量子的，其中 $\varepsilon_0:=\{|0\rangle\langle 0|\}$ 和 $\varepsilon_1:=\{|1\rangle\langle 1|\}$。显然，两个模型都具有相同的经典状态空间，并且具有完全相同的底层图。因此，如果根据底层图为奇偶校验超算子值马尔可夫链定义底部强连通分量，那么它们具有相同的一组底部强连通分量。但是，我们将看到这种底部强连通分量技术对奇偶校验超算子值马尔可夫链的评估没有帮助。

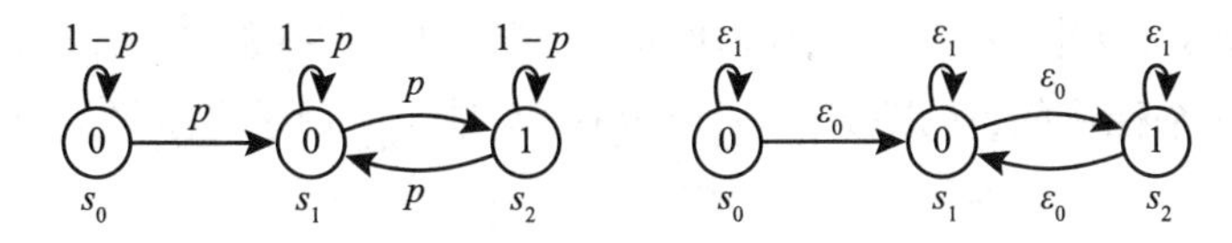

图 6.5 显示基础图的底部强连通分量分解不适用于模型检测奇偶校验超算子值马尔可夫链的示例，状态内的数字表示其优先级

在经典模型中，s_0 是一个瞬态，最终会达到唯一的底部强连通分量 $\{s_1, s_2\}$。因此，标记 s_0 的优先级是无关紧要的。从底部强连通分量的任何状态，这两个状态被无限频繁访问的概率是 1。因此，从任一状态无限可达最低优先级 0 的概率通常为 1，因此奇偶校验马尔可夫链的值也是 1。

相比之下，在量子模型中，注意对于 $i \in \{0,1\}$ 有 $\mathcal{E}_i\mathcal{E}_i = \mathcal{E}_i$ 和 $\mathcal{E}_i\mathcal{E}_{1-i} = 0$。很容易验证，如果从 s_0 开始，无限路径 $(s_0)^\omega$ 对应如下非零正算子值测度值

$$\lim_{n\to\infty}\mathcal{E}_1^n(I) = |1\rangle\langle 1|$$

永远不会到达集合 $\{s_1, s_2\}$。因此，s_0 根本不应被视为瞬态。此外，由于 $(s_0)^\omega$ 的优先级为 0，因此该路径也对奇偶校验超算子值马尔可夫链的值有贡献。另一方面，如果从 s_1 开始，有两条非零测度的无限路径，即 $(s_1)^\omega$（对应的正算子值测度值为 $|1\rangle\langle 1|$，优先级为 0），以及 $(s_1s_2)^\omega$（对应的正算子值测度值为 $|0\rangle\langle 1|$，优先级为 0）。因此，奇偶校验超算子值马尔可夫链在状态 s_1 的值为 $|0\rangle\langle 0| + |1\rangle\langle 1| = I$。然而，如果从 s_2 开始，$(s_2)^\omega$ 具有相应的正算子值测度值 $|1\rangle\langle 1|$ 和优先级 1，并且 $(s_2s_1)^\omega$ 具有相应的正算子值测度值 $|0\rangle\langle 0|$ 和优先级 0。因此，s_2 的值是 $|0\rangle\langle 0|$，与 s_1 的值不同。

因此，基于底层图的底部强连通分量分解的算法不适用于奇偶校验超算子值马尔可夫链：既不能确定地到达底部强连通分量，也不能确定底部强连通分量的所有状态都具有相同的值。此外，底部强连通分量状态的值可能既不是 0 也不是 I。相当令人惊讶的是，通过将 $\mathcal{M}$ 的行为编码到作用于扩展希尔伯特空间的量子马尔可夫链（这是经典状态空间和量子空间的张量积），则在第 5 章定义的底部强连通分量子空间可用于计算奇偶校验超算子值马尔可夫链值。

令 $\mathcal{M} = (S, \boldsymbol{Q}, \mathrm{pri})$ 为 $\mathcal{H}$ 上的奇偶校验超算子值马尔可夫链，其中

$$\boldsymbol{Q}[s,t] = \{E_i^{s,t} \mid i \in I^{s,t}\}$$

定义一个超算子

$$\mathcal{E}_{\mathcal{M}} = \{|t\rangle\langle s| \otimes E_i^{s,t} \mid s,t \in S, i \in I^{s,t}\} \tag{6.12}$$

作用在 $\mathcal{H}_C\otimes\mathcal{H}$ 上，其中 $\mathcal{H}_c$ 是一个 $|S|$ 维希尔伯特空间，具有标准正交基 $\{|s\rangle \mid s\in S\}$。很容易检测 $\mathcal{E}_{\mathcal{M}}$ 是保迹的，所以 $(\mathcal{E}_{\mathcal{M}},\mathcal{H}_C\otimes\mathcal{H})$ 确实是一个量子马尔可夫链。令

$$\mathcal{E}_{\mathcal{M}}^{\infty}=\lim_{N\to\infty}\frac{1}{N}\sum_{n=1}^{N}\mathcal{E}_{\mathcal{M}}^{n}$$

由于 $\mathcal{E}_{\mathcal{M}}$ 是保迹的，所以 $\mathcal{E}_{\mathcal{M}}^{\infty}$ 是良定义的。

下面的引理表明，对于从奇偶校验超算子值马尔可夫链导出的量子马尔可夫链，只要初始状态是乘积形式，经典系统和量子系统在进化过程中将保持可分离（解纠缠）。

引理 6.30 令 $\mathcal{M}=(S,\boldsymbol{Q},\mathrm{pri})$ 是 $\mathcal{H}$ 上的奇偶校验超算子值马尔可夫链，$s\in S$，且 $\rho\in\mathcal{D}(\mathcal{H})$。那么对于任意 $n\geqslant 0$，$\mathcal{E}_{\mathcal{M}}^{n}(|s\rangle\langle s|\otimes\rho)$ 根据经典状态是块对角化的。具体来说，

$$\mathcal{E}_{\mathcal{M}}^{n}(|s\rangle\langle s|\otimes\rho)=\sum_{t\in S}|t\rangle\langle t|\otimes\boldsymbol{Q}^{n}[s,t](\rho)$$

练习 6.4 证明上述引理。

4. 底部强连通分量

由式（6.12）中 $\mathcal{E}_{\mathcal{M}}$ 的形式，很容易证明对于 $\mathcal{E}_{\mathcal{M}}$ 的任何不动点状态 σ，即 $\mathcal{E}_{\mathcal{M}}(\sigma)=\sigma$，它也有如下形式

$$\sigma=\sum_{s\in S}|s\rangle\langle s|\otimes\sigma_s$$

因此，$\mathcal{E}_{\mathcal{M}}$ 的任意底部强连通分量 B 都可以被一些形为 $|s\rangle|\psi\rangle$ 的纯态张成，其中 $s\in S$ 和 $|\psi\rangle\in\mathcal{H}$。令

$$C(B)=\{s\in S\mid |s\rangle|\psi\rangle\in B\ 对于某一\ |\psi\rangle\in\mathcal{H}\}$$

是支集在 B 中的一组经典状态。

利用从奇偶校验超算子值马尔可夫链派生的超算子的经典量子分离（引理 6.30），我们将证明它们的底部强连通分量分解的一些很好的特性，这是后面讨论的关键。首先，我们注意到：两个底部强连通分量 X 和 Y 是正交的（记为 $X\perp Y$），除非它们具有相同的经典状态支集。

引理 6.31 对于 $\mathcal{E}_{\mathcal{M}}$ 的任意两个底部强连通分量 X 和 Y，如果 $C(X)\neq C(Y)$，那么 $X\perp Y$。

证明 见附录C.2。 □

给定$k\in\mathbb{N}$，令$\mathcal{BSCC}_k$是$\mathcal{E}_{\mathcal{M}}$的所有最小优先级为$k$的底部强连通分量张成的空间，即

$$\mathcal{BSCC}_k=\bigvee\{B\text{ 是 }\mathcal{E}_{\mathcal{M}}\text{ 的底部强连通分量}:\min\{\mathrm{pri}(s)\mid s\in C(B)\}=k\}$$

类似地，令$\mathcal{BSCC}_{k^-}$和$\mathcal{BSCC}_{k^+}$分别是最小优先级小于和大于k的所有底部强连通分量张成的空间。然后由引理6.31，$\mathcal{BSCC}_k$、$\mathcal{BSCC}_{k^-}$和$\mathcal{BSCC}_{k^+}$是成对正交的。因此状态空间$\mathcal{H}_C\otimes\mathcal{H}$可以被唯一地分解为

$$\mathcal{H}=T\oplus\mathcal{BSCC}_k\oplus\mathcal{BSCC}_{k^-}\oplus\mathcal{BSCC}_{k^+}$$

其中T是$\mathcal{E}_{\mathcal{M}}$的最大瞬态子空间。在下文中，用$P_T$、$P_k$、$P_{k^-}$和$P_{k^+}$分别表示到$T$、$\mathcal{BSCC}_k$、$\mathcal{BSCC}_{k^-}$和$\mathcal{BSCC}_{k^+}$上的投影。则

$$P_T+P_k+P_{k^-}+P_{k^+}=I_{\mathcal{H}_c\otimes\mathcal{H}}$$

即$\mathcal{H}_c\otimes\mathcal{H}$上的恒等算子。

现在给出一些对我们的讨论至关重要的关键引理。为了可读性，这些技术引理的证明被推迟到附录C.3~C.6。令

$$S_k:=\{s\in S\mid \mathrm{pri}(s)=k\},\qquad S_{k+}:=\{s\in S\mid \mathrm{pri}(s)>k\}$$

类似地定义S_{k^-}。并用◇和□分别表示应用于状态集的“最终”和“始终”模型算子。也就是说，

$$\Diamond S_k:=\{\pi\in S^\omega\mid \exists i\geqslant 0,\pi(i)\in S_k\}$$

此外，令

$$\Delta^{\mathcal{M}}(E):=\sum_{s\in S}|s\rangle\langle s|\otimes\Delta_s^{\mathcal{M}}(E)$$

其中E是S^ω的可测子集。

引理6.32 令$\mathcal{M}=(S,\boldsymbol{Q},\mathrm{pri})$为$\mathcal{H}$上的奇偶校验超算子值马尔可夫链。

(i) 对任意$\hat{\pi}=s_0s_1\cdots s_n$和$S^\omega$的可测子集$E$，令

$$\hat{\pi}^\frown E:=\{s_0\cdots s_{n-1}\pi\mid \pi\in E\wedge\pi(0)=s_n\}$$

是由$\hat{\pi}$的长度为n的前缀与E中的那些以$\hat{\pi}$的最后一个状态为开始的单词连接而成的单词集。则

$$\Delta^{\mathcal{M}}(\hat{\pi}^\frown E)=\mathcal{P}_{s_0}\mathcal{E}_{\mathcal{M}}^{\dagger}\cdots\mathcal{P}_{s_{n-1}}\mathcal{E}_{\mathcal{M}}^{\dagger}(|s_n\rangle\langle s_n|\otimes\Delta_{s_n}^{\mathcal{M}}(E)),$$

其中$\mathcal{P}_s$是投影超算子$\mathcal{P}_s:=\{P_s\}$且$P_s:=|s\rangle\langle s|\otimes I$。特别地，

$$\Delta^{\mathcal{M}}(\mathrm{Cyl}(\hat{\pi}))=\mathcal{P}_{s_0}\mathcal{E}_{\mathcal{M}}^{\dagger}\cdots\mathcal{P}_{s_{n-1}}\mathcal{E}_{\mathcal{M}}^{\dagger}(P_{s_n})$$

（ⅱ）对于任意$k\in\mathbb{N}$和$s\in S$，令

$$R_{k,s}=\Delta_s^{\mathcal{M}}(\{\pi\in\mathrm{Path}^{\mathcal{M}}\mid\mathrm{pri}(\pi)=k\})\tag{6.13}$$

以及$R_k=\sum_{s\in S}|s\rangle\langle s|\otimes R_{k,s}$。则对于任何$n\geqslant 0, R_k=\mathcal{E}_{\mathcal{M}}^{n\dagger}(R_k)$。特别地，$R_k$是$\mathcal{E}_{\mathcal{M}}^{\infty\dagger}$的不动点为：

$$R_k=\mathcal{E}_{\mathcal{M}}^{\infty\dagger}(R_k)$$ □

证明 见附录C.3。

引理6.33 对任意$k\in\mathbb{N}$，

（ⅰ）$P_x\cdot\Delta^{\mathcal{M}}(\Diamond S_x)\cdot P_x=P_x$对$x\in\{k,k^-,k^+\}$成立；

（ⅱ）$P_x\cdot\Delta^{\mathcal{M}}(\Diamond S_y)\cdot P_x=0$对$x,y\in\{k,k^-,k^+\}$和$y<x$成立，其中令$k^-<k<k^+$。

证明 见附录C.4。 □

引理6.34 对任意$x\in\{k,k^-,k^+\}$，$P_x\cdot\Delta^{\mathcal{M}}(\Box\Diamond S_x)\cdot P_x=P_x$。

证明 见附录C.5。 □

以下引理对我们的目的至关重要。请注意，对任意$\rho\in\mathcal{D}(\mathcal{H})$，$\mathrm{tr}(R_{k,t}\cdot\rho)$表示$k$是可以从初始状态$|t\rangle\langle t|\otimes\rho$无限可达的最低优先级的概率，其中$R_{k,t}$在式(6.13)中定义。这个引理本质上是说如果从$\mathcal{BSCC}_k$开始，这样的概率将为1（假设$\mathrm{tr}(\rho)=1$，否则，概率为$\mathrm{tr}(\rho)$），如果从$\mathcal{BSCC}_{k^-}$或$\mathcal{BSCC}_{k^+}$开始，它将是0。因此，每个$k$的$\mathcal{BSCC}_k$就像经典马尔可夫链中的标准底部强连通分量。

引理6.35 对任意$x\in\{k,k^-,k^+\}$，

$$P_xR_kP_x=\delta_{x,k}P_x$$

其中$\delta_{x,k}=1$（若$x=k$），否则为0。

证明 见附录C.6。

有了上面的引理，我们现在开始证明本小节的主要定理。 □

定理 6.36 令 $\mathcal{M}=(S,\boldsymbol{Q},\mathrm{pri})$ 为奇偶校验超算子值马尔可夫链。则对任意 $s\in S$,

$$\mathrm{Val}^{\mathcal{M}}(s)=\mathcal{E}_s^{\dagger}\circ\mathcal{E}_{\mathcal{M}}^{\infty\dagger}(P_{\mathrm{even}})$$

其中

$$P_{\mathrm{even}}:=\sum_{\{k\in\mathrm{pri}(S)\mid k\text{ is even}\}}P_k$$

且 $\mathcal{E}_s:=\{|s\rangle\otimes I\}$。

证明 对任意偶数 k 和 $\rho\in\mathcal{D}(\mathcal{H})$，令

$$\rho_s^{\infty}=\mathcal{E}_{\mathcal{M}}^{\infty}(\mathcal{E}_s(\rho))$$

是 $\mathcal{E}_{\mathcal{M}}$ 的不动点态。然后由引理 6.31 和定理 5.29 可得，$P_T\rho_s^{\infty}P_T=0$，且 ρ_s^{∞} 对于 $\mathcal{BSCC}_k$、$\mathcal{BSCC}_{k^-}$和$\mathcal{BSCC}_{k^+}$是块对角化的，即

$$\rho_s^{\infty}=P_k\rho_s^{\infty}P_k+P_{k-}\rho_s^{\infty}P_{k-}+P_{k+}\rho_s^{\infty}P_{k+}$$

因此由引理 6.35 可知，

$$\begin{aligned}\mathrm{tr}(R_{k,s}\cdot\rho)&=\mathrm{tr}(R_k\cdot P_k\rho_s^{\infty}P_k)+\mathrm{tr}(R_k\cdot P_{k^-}\rho_s^{\infty}P_{k-})+\mathrm{tr}(R_k\cdot P_{k+}\rho_s^{\infty}P_{k+})\\&=\mathrm{tr}(P_k\cdot\rho_s^{\infty})\end{aligned}$$

则 $R_{k,s}=\mathcal{E}_s^{\dagger}\circ\mathcal{E}_{\mathcal{M}}^{\infty\dagger}(P_k)$，所以 $\mathrm{Val}^{\mathcal{M}}(s)=\mathcal{E}_s^{\dagger}\circ\mathcal{E}_{\mathcal{M}}^{\infty\dagger}(P_{\mathrm{even}})$正如预期的那样。 □

例 6.37（重温例 6.29） 令 $\mathcal{M}$ 为图 6.5 右侧所示的奇偶校验超算子值马尔可夫链，其中 $\mathcal{E}_0=\{|0\rangle\langle 0|\}$ 和 $\mathcal{E}_1=\{|1\rangle\langle 1|\}$。那么编码 $\mathcal{M}$ 的超算子是

$$\begin{aligned}\mathcal{E}_{\mathcal{M}}=\quad&\{|s_1\rangle\langle s_0|\}\otimes\mathcal{E}_0+\{|s_0\rangle\langle s_0|\}\otimes\mathcal{E}_1\\&+\{|s_1\rangle\langle s_1|\}\otimes\mathcal{E}_1+\{|s_2\rangle\langle s_1|\}\otimes\mathcal{E}_0\\&+\{|s_1\rangle\langle s_2|\}\otimes\mathcal{E}_0+\{|s_2\rangle\langle s_2|\}\otimes\mathcal{E}_1\end{aligned}$$

$\mathcal{E}_{\mathcal{M}}$ 的最大瞬态空间为 $T=\mathrm{span}\{|s_0\rangle|0\rangle\}$，且底部强连通分量为

$$B_1=\mathrm{span}\{|s_0\rangle|1\rangle\}\qquad B_2=\mathrm{span}\{|s_1\rangle|1\rangle\}$$
$$B_3=\mathrm{span}\{|s_1\rangle|0\rangle,|s_2\rangle|0\rangle\}\qquad B_4=\mathrm{span}\{|s_2\rangle|1\rangle\}$$

因此$\mathcal{BSCC}_0=\bigvee\{B_1,B_2,B_3\}$，且

$$P_0=|s_0\rangle\langle s_0|\otimes|1\rangle\langle 1|+|s_1\rangle\langle s_1|\otimes I+|s_2\rangle\langle s_2|\otimes|0\rangle\langle 0|$$

此外，对任意 $n\geq 1$ 计算得

$$\mathcal{E}_{\mathcal{M}}^{2n-1}=\mathcal{F}_0\otimes\mathcal{E}_0+\mathcal{F}\otimes\mathcal{E}_1,\qquad \mathcal{E}_{\mathcal{M}}^{2n}=\mathcal{F}_1\otimes\mathcal{E}_0+\mathcal{F}\otimes\mathcal{E}_1$$

其中 $\mathcal{F}_0=\{|s_1\rangle\langle s_0|,|s_2\rangle\langle s_1|,|s_1\rangle\langle s_2|\}$，$\mathcal{F}_1=\{|s_2\rangle\langle s_0|,|s_1\rangle\langle s_1|,|s_2\rangle\langle s_2|\}$，且 $\mathcal{F}=\{|s_0\rangle\langle s_0|,|s_1\rangle\langle s_1|,|s_2\rangle\langle s_2|\}$。因此

$$\mathcal{E}_{\mathcal{M}}^{\infty}=\frac{\mathcal{F}_0+\mathcal{F}_1}{2}\otimes\mathcal{E}_0+\mathcal{F}\otimes\mathcal{E}_1$$

$$\mathcal{E}_{\mathcal{M}}^{\infty\dagger}(P_0)=I\otimes|0\rangle\langle 0|+(|s_0\rangle\langle s_0|+|s_1\rangle\langle s_1|)\otimes|1\rangle\langle 1|$$

注意到 $\mathcal{E}_s=\{|s\rangle\otimes I\}$。由此可见，

$$\mathrm{Val}^{\mathcal{M}}(s)=\mathcal{E}_s^{\dagger}\circ\mathcal{E}_{\mathcal{M}}^{\infty\dagger}(P_0)=\begin{cases}I & \text{若 } s=s_0\vee s=s_1\\ |0\rangle\langle 0| & \text{若 } s=s_2\end{cases}$$

与例 6.29 中给出的非正式讨论一致。

5. 计算奇偶校验超算子值马尔可夫链的算法

现在准备提出一种算法来计算奇偶校验超算子值马尔可夫链的值。

首先，回忆一下超算子 $\mathcal{E}=\{E_i|i\in I\}$ 的矩阵表示为

$$M_{\mathcal{E}}=\sum_{i\in I}E_i\otimes E_i^*$$

令 $M_{\mathcal{E}}=KJK^{-1}$ 是 $M_{\mathcal{E}}$ 的 Jordan 分解，其中 $J=\oplus_k J_{\lambda_k}$ 且 J_{λ_k} 是对应于特征值 λ_k 的 Jordan 块。定义

$$J^{\infty}=\bigoplus_{\{k|\lambda_k=1\}}J_{\lambda_k}\tag{6.14}$$

那么 $KJ^{\infty}K^{-1}$ 就是下式的矩阵表示

$$\mathcal{E}^{\infty}=\lim_{N\to\infty}\frac{1}{N}\sum_{n=1}^{N}\mathcal{E}^n$$

定理 6.38　给定 $\mathcal{H}$ 上的奇偶校验超算子值马尔可夫链 $\mathcal{M}=(S,\boldsymbol{Q},\mathrm{pri})$ 和经典状态 $s\in S$，算法 10 计算 $\mathrm{Val}^{\mathcal{M}}(s)$ 的时间为 $O(n^8d^8)$，其中 $n=|S|$ 和 $d=\dim\mathcal{H}$。

算法 10 计算奇偶校验超算子值马尔可夫链的值

```
input: H 上的一个奇偶校验超算子值马尔可夫链 M=(S,Q,pri)和一个经典态 s∈S
output: Val^M(s)
begin
    (*计算 E_M 和 E_M^∞*)
    E_M←0;
    for t,t'∈S do
        E_M←E_M+{|t'⟩⟨t|}⊗Q[t,t'];
    end
    E_M^∞←由在式(6.14)里的矩阵表示确定的超算子值;
    (*计算 P_even*)
    P_even←0;
    I_c ← ∑_{t∈S} |t⟩⟨t|;
    B←GetBSCCs(E_M,I_c⊗I_H);
    for B∈B do
        if min{pri(t)|t∈C(B)}是偶数 then
            P_even←P_even+P_B,其中 P_B 是在 B 上的投影;
        end
    end
    M←E_M^∞†(P_even);
    return⟨s|⊗I·M·|s⟩⊗I
end
```

证明 算法 10 的正确性直接来自定理 6.36。程序 GetBSCCs，就是那个给定超算子 $\mathcal{E}$ 和 $\mathcal{E}$ 的不变子空间，在该子空间中输出一组完整的正交底部强连通分量的过程，是 5.3 节程序 Decompose 的修订版。

算法 10 中最耗时的部分是计算 $\mathcal{E}_{\mathcal{M}}^{\infty}$，即与式（6.14）中给出的矩阵表示相对应的超算子。通过以下步骤来完成：

（i）计算 $\mathcal{E}_{\mathcal{M}}$ 的矩阵表示 M。时间复杂度为

$$\sum_{s,t\in S} m_{s,t} d^4 = O(n^2 d^6)$$

其中 $m_{s,t} := |I^{s,t}| \leqslant d^2$ 是 $\boldsymbol{Q}[s,t]$ 中 Kraus 算子的数量。

（ii）使用式（6.14）计算 $\mathcal{E}_{\mathcal{M}}^{\infty}$ 的矩阵表示。请注意，对于 $m\times m$ 矩阵，Jordan 分解的时间复杂度为 $O(m^4)$，而矩阵 M 的大小为 $n^2d^2\times n^2d^2$。这一步需要时间 $O(n^8d^8)$。

（iii）将矩阵表示转换为 $\mathcal{E}_{\mathcal{M}}^{\infty}$，这需要时间 $O(n^4d^4)$。

程序 GetBSCCs($\mathcal{E}$,P)

```
input：作用于 Ĥ 的一个超算子 ℰ 和在 ℰ 的某个不变子空间 H_P⊆Ĥ 上的投影 P
output：一个 H_P 中 ℰ 的正交底部强连通分量的完备集
  begin
    𝒳←{X∈ℒ(H_P) |ℰ(X)=X} 的一个基;
    F←∅;
    for X∈𝒳 do
      X_R←(X+X†)/2;X_I←(X-X†)/2i;
      P_R^+←具有正特征值的 X_R 在特征空间上的投影;
      P_I^+←具有正特征值的 X_I 在特征空间上的投影;
      X_R^+←P_R^+ X_R P_R^+;X_R^-←X_R^+ -X_R;
      X_I^+←P_I^+ X_I P_I^+;X_I^-←X_I^+ -X_I;
                              (* 它们都是正的,且 X=X_R^+ -X_R^- +i(X_I^+ -X_I^-) *)
      for Y∈{X_R^+,X_R^-,X_I^+,X_I^-} ∧ Y≠0 do
        F←F∪{Y/tr(Y)};                              (* ℰ 的不动点态 *)
      end
    end
    if |F|=1 then
      return{supp(Y)};                               (* Y 是 F 的唯一元素 *)
    else
      Y_1,Y_2←F 的两个任意不同的元素;
      P^+←具有正特征值的在 Y_1-Y_2 特征空间上的投影;
      P^-←P-P^+;
      ℰ^+←𝒫^+∘ℰ;                                      (* 𝒫^+ 是超算子{P^+} *)
      ℰ^-←𝒫^-∘ℰ;                                      (* 𝒫^- 是超算子{P^-} *)
      return GetBSCCs(ℰ^+,𝒫^+) ∪ GetBSCCs(ℰ^-,𝒫^-);
    end
  end
```

最后，对于程序 GetBSCCs($\mathcal{E}_{\mathcal{M}}$,$I_{\hat{\mathcal{H}}}$)其中 $I_{\hat{\mathcal{H}}}=\mathcal{H}_C\otimes\mathcal{H}$，最耗时的步骤是计算矩阵 $I_{\hat{\mathcal{H}}}\otimes I_{\hat{\mathcal{H}}}-M$ 的零空间。这可以通过高斯消元来完成，复杂度为 $O((n^2d^2)^3)=O(n^6d^6)$。请注意，该程序的每次递归调用都会将子空间的维数至少减少一。计算 GetBSCCs($\mathcal{E}_{\mathcal{M}}$,$I_{\hat{\mathcal{H}}}$)的复杂度为 $O(n^7d^7)$。 □

乍一看，算法 10 的时间复杂度 $O(n^8d^8)$看起来非常高。但是，请注意，d 维 Hilbert 空间上的典型超算子具有多达 d^2 个 Kraus 算子，每个算子都是一个 $d\times d$ 复矩阵。因此，奇偶校验超算子值马尔可夫链 $\mathcal{M}=(S,\boldsymbol{Q},\mathrm{pri})$ 的输入大小 K 实际上是 $O(n^2\,d^4)$。因此算法 10 的时间复杂度其实是 $O(K^4)$。

请注意，为了计算 $\mathcal{E}_{\mathcal{M}}^{\infty}$，将 M($\mathcal{E}_{\mathcal{M}}$ 的矩阵表示）分解为 Jordan 块是非常昂贵的。

因此，对于实际实现，近似方法可能更可取。具体来说，从

$$\mathcal{E}_{\mathcal{M}}^{\infty}=\lim_{N\to\infty}\frac{1}{N}\sum_{n=1}^{N}\mathcal{E}_{\mathcal{M}}^{n}$$

可以推导出它的矩阵表示 $M^{\infty}=\lim_{N\to\infty}M_N$，其中

$$M_N:=\frac{1}{N}\sum_{n=1}^{N}M^n$$

然后计算 M_0，M_1，M_2，…直到满足以下条件的 N：

$$\| M_N-M_{N-1}\|_{\max}<\varepsilon$$

其中 ε 是预先给定的精度，从而获得 M^{∞} 的近似值。请注意，M_N 可以通过对如下等式使用动态规划方法计算

$$M_N=\begin{cases}M & 若\ N=1\\ \frac{1}{N}((N-1)M_{N-1}+M^N) & 若\ N>1\end{cases}$$

在随机模型检测中，这种基于值迭代的方法使用频繁。

例 6.39 作为一个完整的例子，图 6.6（左）描绘了一个超算子值马尔可夫链 $\mathcal{M}$，其中 $\mathrm{AP}=\{s_0,s_1\}$ 且对于每个 $s,L(s)=\{s\}$。令

$$\psi=\Box(s_0\wedge\neg s_1)$$

对应的奇偶校验自动机 $\mathcal{A}$ 显示在图 6.6 的右侧，其中为了简单起见，使用逻辑公式表示一组转换。例如，$a_1\xrightarrow{\text{true}}a_1$ 表示对于任意 $L\subseteq\mathrm{AP}$，$a_1\xrightarrow{L}a_1$。那么 $\mathcal{M}$ 和 $\mathcal{A}$ 的乘积 $\mathcal{M}\otimes\mathcal{A}$ 可以表示为图 6.7。容易计算出 $\mathcal{E}_{\mathcal{M}\otimes\mathcal{A}}$ 的最大瞬态空间为

$$T=\mathrm{span}\{|s_0,a_0,1\rangle,|s_1,a_0,+\rangle,|s_1,a_0,-\rangle,|s_0,a_1,1\rangle,|s_1,a_1,-\rangle\}$$

且底部强连通分量为：$B_1=\mathrm{span}\{|s_0,a_0,0\rangle\}$，$B_2=\mathrm{span}\{|s_0,a_1,0\rangle\}$ 和 $B_3=\mathrm{span}\{|s_1,a_1,+\rangle\}$。注意到 $\mathrm{pri}(a_0)=0$ 和 $\mathrm{pri}(a_1)=1$，因此 $\mathcal{BSCC}_0=B_1$，且 $P_{\text{even}}=|s_0,a_0,0\rangle\langle s_0,a_0,0|$。此外，计算得

$$\mathcal{E}_{\mathcal{M}\otimes\mathcal{A}}^{\dagger}(P_{\text{even}})=P_{\text{even}}$$

且

$$\mathcal{E}_{\mathcal{M}\otimes\mathcal{A}}^{\infty\dagger}(P_{\text{even}})=P_{\text{even}}$$

令 $\mathcal{E}_{(s,a_0)}=\{|s,a_0\rangle\otimes I\}$。则

$$\mathrm{Qr}_s^{\mathcal{M}}(\psi)=\mathrm{Val}^{\mathcal{M}\otimes\mathcal{A}}((s,a_0))=\mathcal{E}^{\dagger}_{(s,a_0)}(P_{\mathrm{even}})=\begin{cases}|0\rangle\langle 0| & 若\ s=s_0\\ 0 & 若\ s=s_1\end{cases}$$

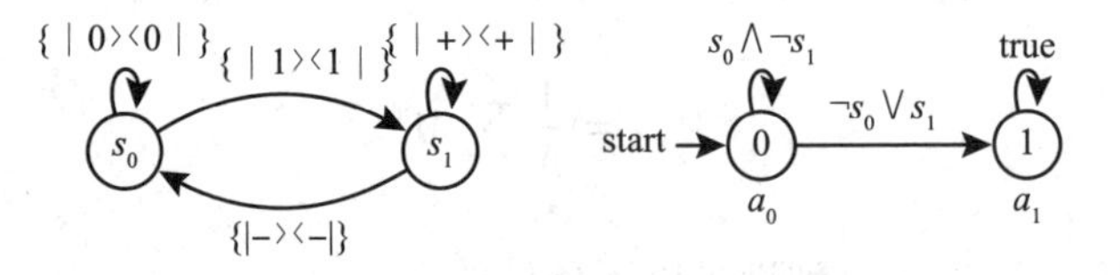

图 6.6　例 6.39 的超算子值马尔可夫链 $\mathcal{M}$ 和奇偶校验自动机 $\mathcal{A}$

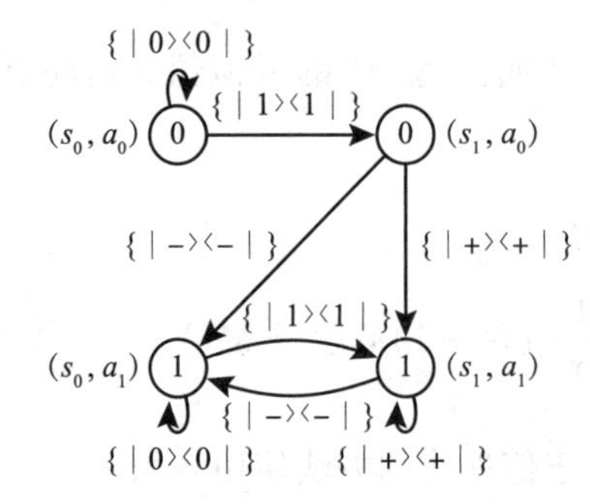

图 6.7　图 6.6 所示的 $\mathcal{M}$ 和 $\mathcal{A}$ 的乘积超算子值马尔可夫链

6.5　文献注记

本章介绍的材料主要来自［48］和［51］。但是，我们使用正算子值测度（POVM）重述了所有结果。与［48］和［51］中提出的超算子值测度相比，POVM 在概念上更加简洁且易于操作。此外，当超算子值马尔可夫链被输入初始量子态时，这两种测度在描述满足任何给定时序逻辑公式的概率方面具有相同的能力。

需要指出的是，超算子值马尔可夫链的模型也由 Gudder[62] 以稍微不同的方式提出，但没有考虑模型检测超算子值马尔可夫链的问题。

递归量子程序的分析（参见［117］的 3.4 节）仅作为本章中的一个示例。这个问题在［52］中通过引入 Etessami 和 Yannakakis 的递归马尔可夫链[46] 的量子推广，即递归超算子值马尔可夫链（RSVMC），进行了更深入的研究，并开发了一些 RSVMC 可达性分析技术。

第7章

总结与展望

本书系统地展示了模型检测量子系统的现有成果。然而，这一学科目前尚处于初期发展阶段，远未成熟。如前所述，该学科关键部分缺失，有待未来研究发展。特别是第 4 章和第 5 章只研究了量子自动机、量子马尔可夫链和决策过程的几类可达性性质的检测算法，而更复杂的动态性质则在本书中没有提及，因为目前没有相关文献提出合适的时序逻辑来描述这些性质。此外，本书给出的结果仍存在较大改进空间。

在这最后一章中，我们将简要讨论这一学科进一步发展的几个可能方向。

7.1　状态空间爆炸

众所周知，模型检测经典系统的主要实际障碍是所谓的状态空间爆炸问题——状态的组合爆炸[7,34,35]。当然，这一问题无法避免，而且在模型检测量子系统中更为严重。粗略地说，有以下对应关系：

经典系统的状态 $\Leftrightarrow$ 量子系统的(一族)基态

经典系统状态空间的大小 $\Leftrightarrow$ 量子系统状态希尔伯特空间的维度

但是在量子系统中还有一个自由：上述对应关系中基态的选择并不是唯一的。事实上，基态可以有无数种不同的选择。这种自由来自量子力学中的叠加原理：一族状态的线性组合仍是该系统的一个状态。叠加原理定义的线性性质在模型检测量子系统中是一把双刃剑：一方面，它意味着量子系统的状态空间一定是一个连续统，因此是不可数无限的。此外，正如 1.3 节中所指出的，量子系统的线性性质给我们设计其模型检测算法带来了本质上的困难：算法应该小心地保持线性性质。另一方面，如第 4 章和第 5 章所述，线性性质通常为我们提供了这样一种可能性：可以将模型检测量子系统的问题归约为仅检查其基态。这使我们能够将量子系统模型检测算法的复杂性保持在与经典系统和（或）概率系统相似的水平。

目前已经提出了许多方法来缓解模型检测经典系统中的状态空间爆炸问题，包括符号模型检测[25]、有界模型检测[20]、抽象和归约（参见例如［7］的第 7 章和第 8 章）。很显然，如何将其推广到量子系统是未来研究的一个有趣课题。

7.2　应用

经典模型检测在计算和通信行业的软硬件验证和测试中得到了成功且广泛的应

用。然而，量子系统的模型检测目前只涉及理论研究。尽管如此，本节将讨论它的一些潜在应用。

7.2.1　量子电路的验证与测试

随着近年来 Google 和 IBM 等公司在量子硬件方面取得的快速发展，硬件验证成为量子计算中的一个重要问题。的确，在过去的 15 年里，已经有一系列用于量子电路的测试和验证技术被开发出来。等价性检测可以说是经典计算硬件设计流程中最重要的形式化验证技术。量子电路的等价性检测问题已经被许多作者研究过了，例如，在 [111] 中设计了一种基于 BDD 的量子变体 QuIDD 的用于检测（组合）量子电路等价性的算法，而在 [116] 中 miter 电路的概念被推广到可逆 miter，使得量子电路的各种简化技术可用于等价性检测。

众所周知，经典的模型检测技术已经成功应用于硬件验证（相关综述可参阅 [42, 74]）。作为一个简单的例子，时序电路的等价性检测可以归约为乘积自动机的一种可达性问题（参见例如 [91] 的第 9 章）。最近，在 [114] 中定义了时序量子电路的概念。但是目前还不清楚如何将第 4 章中为量子自动机开发的可达性分析技术用于时序量子电路的等价性检测。此外，是否有可能将第 5 章中介绍的量子马尔可夫链和决策过程的可达性分析技术应用于含有噪声的量子门电路的（近似）等价性检测？

7.2.2　量子密码协议的验证与分析

经典模型检测已成功应用于安全协议的验证和分析，因为它们通常小而巧妙，并且在对手存在的情况下难以分析[13]。的确，最早的模型检测量子系统的研究是以验证量子密码协议的正确性和安全性为目标的。这一系列研究已经在 1.4 节进行了简要讨论，感兴趣的读者可查阅一篇很好的综述 [55] 以了解更多细节。在这里，我们想指出，这些早期研究中对量子通信系统进行建模和描述这些系统性质的方法与本书中阐述的方法有很大不同。探索将本书中给出的结果应用于量子密码学的可能性存在一定价值。

在量子密码协议的验证和分析中，文献中还存在两种形式化方法：

- 利用进程代数对量子密码协议进行建模，然后基于进程代数的双模拟语义定义并验证协议的正确性和安全性[1,6,37,50,73]。
- 扩展关系霍尔逻辑[11,16] 到量子情形[12,81,108]，用于论证量子密码协议的安全性。

了解模型检测、程序逻辑和进程代数的优缺点，以及如何在量子系统（特别是在量子密码协议的推理中把它们有效地结合起来）是一个非常有趣的问题。这一方向的首次尝试是［39］，它把［57］中开发的模型检测技术用于验证以进程代数为模型的量子通信过程[56]。

7.2.3 量子程序的验证与分析

与最早的以验证量子密码协议为目标的模型检测量子系统的研究不同（参见 1.4 节），本书第 4 章和第 5 章中给出的技术最初是由量子程序的终止性分析激发的。

以酉变换为循环体的量子 while-循环的终止性分析最初在［118］中进行了研究。在［123］中，［118］中的几个主要结果被推广到循环体可以是一般量子操作（即超算子）的情况，特别地，量子马尔可夫链被确定为这种量子循环的语义模型，而量子循环的终止性分析则归约为量子马尔可夫链的某个可达性问题。此外，Li 等人[83]和 Yu 等人[123]，分别研究了非确定性和并发量子程序的终止性分析，将其作为量子马尔可夫决策过程的可达性问题，例如，在 5.4.2 小节中定义的量子马尔可夫链的重复可达性及其对于量子马尔可夫决策过程的扩展，在描述由一组进程组成的（并发）量子程序的公平性条件时特别有用，它要求每个进程在使能的情况下无限经常地参与计算。实际上，［83，123］的主要结果是 Hart、Sharir 和 Pnueli 的关于（非确定性和并发）概率程序的一些结果[67,105]的量子推广。

在第 6 章中研究的超算子值马尔可夫链（SVMC）旨在对量子程序（和量子通信协议）的高级结构进行建模。此外，Etessami 和 Yannakakis 的递归马尔可夫链[46]的量子推广，即递归超算子值马尔可夫链，在［52］中得到了定义，并开发了其可达性分析技术。这些技术可用于递归量子程序的终止分析（参见［117］的 3.4 节和第 7 章）。经典递归程序的另一类分析技术基于下推自动机，参见［45］。在［58］中引入了下推量子自动机的概念，但目前还不清楚这种下推量子自动机如何用于递归量子程序的分析。

到目前为止，模型检测在量子程序的验证和分析中的应用还没有超出终止性分析。另一方面，最近出现了量子程序的测试和调试技术[69,78,84,90]。可以预期，如同经典计算，调试、测试、逻辑证明和模型检测将结合起来，以保证量子程序的正确性。

7.3 工具：量子系统的模型检测器

7.2 节讨论的所有潜在应用将在很大程度上依赖于自动化工具（量子系统的模型检测器）的实现。虽然这个区域并非一片空白，但仍处于初始阶段。

第一个量子系统的模型检测器出现在［57］中，只处理了可以这样建模的系统：能表述为稳定子形式[59]的量子电路，而且所检测的性质，是利用［8，9］中定义的量子计算树逻辑（QCTL）的一个子集来描述的。其系统的模型和所检测的性质都与本书存在根本性差异。

在［49］中描述了第6章中研究的用于超算子值马尔可夫链（SVMC）的模型检测器QPMC。读者可以在以下位置找到QPMC的命令行版本：

http://iscasmc.ios.ac.cn/tool/

目前它只能检测SVMC的CTL（计算树逻辑）性质，不过可以检查SVMC的LTL（线性时序逻辑）性质的扩展版即将推出。可实现第4章和第5章中给出的量子自动机和量子马尔可夫链及决策过程的可达性分析算法的模型检测器，正在由中国科学院软件研究所的一个团队开发中，初步版本将于近期公布在

http://qsoft.ios.ac.cn/tools/

实现高效的量子系统模型检测器有许多问题需要解决。除了7.1节中讨论的状态空间爆炸问题外，另一个对量子系统模型检测器效率有重大影响的关键因素是高维矩阵的大量计算。为了缓解这个问题，也许可以参考研究人员在多体量子物理的（经典）模拟领域中提出的想法。特别是，张量网络（相关介绍参见［94］）已被广泛应用于（经典）超级计算机上的大型量子电路模拟。可以预期，张量网络将在模型检测量子系统中发挥类似于BDD（二元决策图）数据结构在经典模型检测中所发挥的作用。

7.4 从模型检测量子系统到量子模型检测

读者应该已经注意到，本书中提出的所有原理和算法都是使用经典计算机来检测量子系统性质的。因此自然会问：量子计算机在模型检测量子系统（甚至经典系统）会表现更佳吗？这是一个很开放的问题，但量子模拟的成功表明，这可能是一个未来值得研究的方向。我们对此并不确定，但想提出以下两个稍微具体一点的问题：

- 量子模拟（或者更准确地说，使用量子计算机模拟量子系统）从一开始就被认为是量子计算最重要的应用之一（参见例如［53，85］，相关介绍还可参见［93］），之后又有几种新的量子模拟算法（参见例如［17，31］）被提出。如何将这些算法的设计思想融入模型检测量子系统中？
- 在第4、5和6章中观察到，线性代数计算（例如计算两个大向量的内积）是模型检测量子系统算法中不可或缺的组成部分。那么，解线性方程组的HHL（Harrow-Hassidim-Lloyd）算法[66]的想法（甚至将HHL本身用作子程序）能否带来模型检测量子系统的量子加速？

附录 A

第4章中技术引理的证明

为了方便读者，本章回顾第 4 章中所需的一些数学工具，并给出其中省略的证明。

A.1　引理 4.36 的证明

给定一个酉算子 U，设 $\{e^{2\pi i\phi_j}\}_{j\in J}$ 为其特征值的集合，P_j 为 U 的对应于 $e^{2\pi i\phi_j}$ 的特征空间上的投影。令

$$R=\{(j,k)\in J\times J:\phi_j-\phi_k\text{ 是有理数}\}$$

对于任意满足 $\phi_j\neq\phi_k$ 的 $(j,k)\in R$，存在互素的整数 $m_{j,k}$ 和 $n_{j,k}$，使得

$$\phi_j-\phi_k=m_{j,k}/n_{j,k}$$

令 $p=\mathrm{lcm}\{n_{j,k}:(j,k)\in R\}$，其中当 $\phi_j=\phi_k$ 时，$n_{j,k}=1$。

现在证明，对于任何子空间 K，只要 $U^nK=K$ 对于某个 $n\geq 1$ 成立，那么 $U^pK=K$。假设 $U^nK=K$，这意味着 U^n 在子空间 K 上的限制也是可对角化的酉算子。那么存在 K 的一组标准正交基，它的每个态都是 U^n 的本征态。设 $|\psi\rangle$ 为这组基中的任一态，那么存在 $\lambda\neq 0$，使得 $U^n|\psi\rangle=\lambda|\psi\rangle$。令

$$J_\psi=\{j\in J:P_j|\psi\rangle\neq 0\}$$

那么 $|\psi\rangle=\sum_{j\in J_\psi}P_j|\psi\rangle$，又由于 $U^n|\psi\rangle=\lambda|\psi\rangle$，可得

$$\sum_{j\in J_\psi}e^{2\pi in\phi_j}P_j|\psi\rangle=\lambda\sum_{j\in J_\psi}P_j|\psi\rangle$$

因此对于任意的 j，$k\in J_\psi$，

$$e^{2\pi in\phi_j}=e^{2\pi in\phi_k}$$

从而 $(j,k)\in R$。由 p 的定义，我们还知道

$$e^{2\pi ip\phi_j}=e^{2\pi ip\phi_k}$$

因此由 j 和 k 的任意性可知 $|\psi\rangle$ 是 U^p 的一个本征态。由此可得 $U^pK=K$。

注意到实际上证明了 $p \geqslant p_U$。现在证明 $p \leqslant p_U$。对于任意的 $(j,k) \in R$，令 $|\psi\rangle \in \mathcal{H}$，使得 $J_\psi = \{j,k\}$，并令 $K = \text{span}\{|\psi\rangle\}$。由

$$\mathrm{e}^{2\pi \mathrm{i} p \phi_j} = \mathrm{e}^{2\pi \mathrm{i} p \phi_k}$$

容易验证 $U^p K = K$，因此由 p_U 的定义可得 $U^{p_U} K = K$。从而也有

$$\mathrm{e}^{2\pi \mathrm{i} p_U \phi_j} = \mathrm{e}^{2\pi \mathrm{i} p_U \phi_k}$$

这意味着 p_U 是所有 $n_{j,k}$ 的公倍数，其中 $(j,k) \in R$，因此 $p \leqslant p_U$

最后，注意到 $p_U = p$ 的计算归结为计算 U 的特征值，而这可在时间 $O(d^3)$ 内完成。

A.2　引理 4.39 的证明

以下分两种情况来证明引理 4.39。

- **情况 1**：$\mathbb{X}$ 不满足定理 4.38 中的条件（i）。令

$$\mathbb{Y} = \{Y_i \in \mathbb{X} : \exists \alpha \in \text{Act}.\ U_\alpha Y_i \notin \mathbb{X}\} \tag{A.1}$$

Y_{i_0} 为 $\mathbb{Y}$ 中维度最大的子空间，并设 $U_{\alpha_0} Y_{i_0} \notin \mathbb{X}$。断言对于任意的 $Y_j \in \mathbb{X}$ 都有 $U_{\alpha_0} Y_{i_0} \not\subseteq Y_j$。假若不然，设 $U_{\alpha_0} Y_{i_0} \subseteq Y_{j_0}$。显然，$U_{\alpha_0} Y_{i_0} \neq Y_{j_0}$，因此 $\dim Y_{j_0} > \dim Y_{i_0}$，从而 $Y_{j_0} \notin \mathbb{Y}$。可以很容易地对 n 用归纳法证明所有的子空间 $U_{\alpha_0}^n Y_{j_0}, n = 0, 1, \cdots$，都在 $\mathbb{X}$ 中。所以存在 n_1 和 n_2 使得 $n_2 > n_1$，且

$$U_{\alpha_0}^{n_1} Y_{j_0} = U_{\alpha_0}^{n_2} Y_{j_0}$$

因此，Y_{i_0} 是

$$U_{\alpha_0}^{-1} Y_{j_0} = U_{\alpha_0}^{n_2 - n_1 - 1} Y_{j_0}$$

中的一个真子集，而且后者在 $\mathbb{X}$ 中。这与对于所有的 $i \neq j$ 都有 $Y_i \not\subseteq Y_j$ 的假设相矛盾。

现在对于 Y_{i_0}，令

$$W_j = Y_{i_0} \cap U_{\alpha_0}^{-1} Y_j$$

其中 $j = 1, 2, \cdots, q$，那么每个 W_j 都是 Y_{i_0} 的真子空间。另一方面，根据 $\text{Sat}(\boldsymbol{If})$ 的定义，可以很容易地验证，对于所有的 $|\psi\rangle \in \text{Sat}(\boldsymbol{If})$ 和 $\alpha \in \text{Act}$ 都有 $U_\alpha |\psi\rangle \in \text{Sat}(\boldsymbol{If})$。因此，对于任意状态 $|\psi\rangle \in \text{Sat}(\boldsymbol{If}) \cap Y_{i_0}$，可知 $U_{\alpha_0} |\psi\rangle \in$

$\mathrm{Sat}(\boldsymbol{I}f) \subseteq \bigcup \mathbb{X}$。所以$|\psi\rangle$属于某个$U_{\alpha_0}^{-1}Y_j$。此外，有

$$|\psi\rangle \in Y_{i_0} \cap U_{\alpha_0}^{-1}Y_j = \boldsymbol{W}_j$$

因此式（4.17）对于$i=i_0$成立。

- **情况 2**：$\mathbb{X}$满足定理4.38的条件（i）但不满足条件（ii）。那么可以找到一个简单回路

$$Y_{r_0} \xrightarrow{U_{\alpha_1}} Y_{r_1} \xrightarrow{U_{\alpha_2}} \cdots \xrightarrow{U_{\alpha_{k-1}}} Y_{r_{k-1}} \xrightarrow{U_{\alpha_k}} Y_{r_0} \tag{A.2}$$

使得$Y_{r_i} \nsubseteq V_t$对于所有的$i \in \{0,1,\cdots,k-1\}$和$t \in \{1,2,\cdots,m\}$都成立。对于每个i，令

$$T_i = U_{\alpha_i} \cdots U_{\alpha_1} U_{\alpha_k} \cdots U_{\alpha_{i+1}}$$

其中加法是在模k的意义下进行的。那么有

$$T_i^n Y_{r_i} = Y_{r_i} \nsubseteq V_t$$

而且$Y_{r_i} \nsubseteq T_i^n K(T_i, V_t)$对于$n \geqslant 0$都成立，其中$K(T_i, V_t)$的定义参见定理4.37（i）。设$p_i = p_{T_i}$为$T_i$的周期，对于任意的$i \in \{0,1,\cdots,k-1\}$，$n \in \{0,1,\cdots,p_i-1\}$和$t \in \{1,2,\cdots,m\}$，令

$$R_{i,t,n} = U_{\alpha_1}^{-1} U_{\alpha_2}^{-1} \cdots U_{\alpha_i}^{-1} T_i^{\ n} K(T_i, V_t)$$

那么$Y_{r_0} \nsubseteq R_{i,t,n}$，而且$R'_{i,t,n} := Y_{r_0} \cap R_{i,t,n}$是$Y_{r_0}$的一个真子空间。

现在只需证明子空间$R'_{i,t,n}$所组成的集合满足式（4.17）。对于任意的状态$|\psi_0\rangle \in \mathrm{Sat}(\boldsymbol{I}f) \cap Y_{r_0}$，设$\pi = |\psi_0\rangle|\psi_1\rangle\cdots$为$\mathcal{A}$的始于$|\psi\rangle$并重复连续地作用于$U_{\alpha_1}$，$U_{\alpha_2}$，…，$U_{\alpha_k}$而得的路径。由于$\pi \models \boldsymbol{I}f$，得到$|\psi_n\rangle \in [\![f]\!]$对于无限多的$n$都成立。这意味着存在$i \in \{0,1,\cdots,k-1\}$和$t \in \{1,2,\cdots,m\}$使得$|\psi_{kn+i}\rangle \in V_t$对于无限多的$n$都成立。因此集合$\{n : T_i^{\ n}|\psi_i\rangle \in V_t\}$是无限的。根据上一节的结果，得到$|\psi_i\rangle \in T^n K(T_i, V_t)$对于某个$n \in \{0,1,\cdots,p_i-1\}$成立。也就是说，$|\psi_0\rangle \in R_{i,t,n}$。

A.3 线性递推序列的 Skolem 问题

Skolem 问题在4.7节中被用于证明量子自动机中某些可达性的不可判定性。在本节和下一节中，为了方便读者，回顾在4.7节中所需的关于 Skolem 问题的几个结果。线性递推序列是满足如下线性递推关系的序列$\{a_n\}_{n=0}^{\infty}$：

$$a_{n+d} = c_{d-1}a_{n+d-1} + c_{d-2}a_{n+d-2} + \cdots + c_0 a_n \tag{A.3}$$

对于所有的 $n \geq 0$ 都成立，其中 $d, c_0, c_1, \cdots, c_{d-1}$ 都是固定的常数且 $c_0 \neq 0$。这里，d 被称为递推关系的阶。

对于线性递推序列 $\{a_n\}_{n=0}^{\infty}$，记

$$Z = \{n \in \mathbb{N} \mid a_n = 0\} \tag{A.4}$$

为其零元素的指标集。表征 Z 的问题通常称为 Skolem 问题，1934 年，Skolem[106] 首先展开了研究，其结果被 Mahler[86] 和 Lech[77] 推广。

定理 A.1 (Skolem-Mahler-Lech)在特征为 0 的域中，对于任意线性递推序列 $\{a_n\}_{n=0}^{\infty}$，其零元素的指标集合 Z 是半线性的；也就是说，它是有限集和有限多个等差数列的并集。

人们还在可判定性方面进一步考虑了 Skolem 问题。判断 Z 是否无限的问题被 Berstel 和 Mignotte[18] 解决，他们找到了一种算法来生成定理 A.1 中使用的所有等差数列。Salomaa 和 Soittola[103] 研究了判断 Z 的补集的有限性问题。他们的结果总结如下：

定理 A.2(Berstel-Mignotte-Salomaa-Soittola) 对于线性递推序列 $\{a_n\}_{n=0}^{\infty}$，下述三条是可判定的：

(i) Z 是无限的；

(ii) $Z = \mathbb{N}$；

(iii) Z 包含除有限多个自然数之外的所有自然数。

与定理 A.2(ii)对偶的下述空问题，在文献中也被考虑过，但仍未解决，详情可参考[64,95]。

问题 A.1 给定一个线性递推序列 $\{a_n\}_{n=0}^{\infty}$，判断 Z 是否为空。

A.4 矩阵形式的 Skolem 问题

本节继续讨论 Skolem 问题，特别是展示量子可达性问题和 Skolem 问题之间的一个有用联系。线性递推关系式(A.3)可以写成矩阵形式：

$$a_n = u^{\mathrm{T}} M^n v \tag{A.5}$$

其中 M 是 $d\times d$ 维矩阵

$$\begin{bmatrix} c_{d-1} & c_{d-2} & \cdots & c_1 & c_0 \\ 1 & 0 & \cdots & 0 & 0 \\ 0 & 1 & \cdots & 0 & 0 \\ \vdots & \vdots & & \vdots & \vdots \\ 0 & 0 & \cdots & 1 & 0 \end{bmatrix}$$

而

$$u=[1,0,\cdots,0]^{\mathrm{T}},\qquad v=[a_{d-1},a_{d-2},\cdots,a_0]^{\mathrm{T}}$$

是 d 维列向量。这里，T 代表转置。

另一方面，如果 $\{a_n\}_{n=0}^{\infty}$ 以式（A.5）的形式给出，其中 u，v 为普通的 d 维列向量，M 也为普通的 d 维矩阵，则 M 的最小多项式 $g(x)$ 的阶最多为 d，且 $g(M)=0$。因此，$\{a_n\}_{n=0}^{\infty}$ 满足阶不大于 d 的线性递推关系。所以，对于 Skolem 问题，可以等价地考虑对应的矩阵形式（A.5）。

现在回到 4.6 节中检测可达性的问题。我们只考虑一种非常特殊的情况：①$|\mathrm{Act}|=1$，即 $\mathcal{A}$ 只有一个酉算子 U_α，②$f=V$ 是 $\mathcal{H}$ 的一个子空间，以及③$\dim\mathcal{H}_{ini}=\dim V^{\perp}=1$。设 $|\psi_0\rangle\in\mathcal{H}_{ini}$ 和 $|\varphi\rangle\in V^{\perp}$。那么有

$$\mathcal{L}(\mathcal{A},f)=\{n\in\mathbb{N}\mid\langle\varphi|U_\alpha^n|\psi_0\rangle=0\}$$

如果将 U_α、$|\varphi\rangle$ 和 $|\psi_0\rangle$ 分别视为式（A.5）中的 M、u 和 v，它其实就是式（A.4）中的集合 Z。根据引理 4.32，Z 的空性（问题 A.1）以及定理 A.2 中 Z 的性质（i）、（ii）和（iii）分别等价于下述满足关系：

$$\mathcal{A}\models \boldsymbol{F}V,\qquad \mathcal{A}\models \boldsymbol{I}V,\qquad \mathcal{A}\models \boldsymbol{G}V,\qquad \mathcal{A}\models \boldsymbol{U}V$$

从这个角度来看，对一般的 f 的可判定性（定理 4.35）在某种程度上是 Skolem 问题的可判定结果（定理 A.2）的推广，其中 f 为一个子空间。

我们进一步考虑与 Skolem 问题相关的一个不可判定的结果。不同于式（A.5）中的 $\{M^n\mid n\in\mathbb{N}\}$，有限个矩阵 M_1，M_2，…，M_k 生成一个半群，记作 $\langle M_1, M_2, \cdots, M_k\rangle$。那么空问题可以进行如下推广：

问题 A.2　给定 $d\times d$ 维矩阵 M_1，M_2，…，M_k 和 d 维向量 u 和 v，判断是否存在 $M\in\langle M_1,M_2,\cdots,M_k\rangle$ 使得 $u^{\mathrm{T}}Mv=0$。

上述问题在［29］和［97］中，通过对波斯特对应问题（Post's Correspondence

Problem，PCP）[99] 的归约，被证明是不可判定的。与上一节的讨论类似，可以选择 M_i 作为酉算子，u 和 v 作为量子态，那么对于 $f=V$，$\dim\mathcal{H}_{\text{ini}}=\dim V^{\perp}=1$ 但是允许 $|\text{Act}|>1$ 情况下的 $\mathcal{L}(\mathcal{A},f)$ 的空问题，就可以视为问题 A. 2 的特例。事实上，这个问题也被 Blondel 等人[21] 证明是不可判定的。

定理 A. 3 （Blondel-Jeandel-Koiran-Portier）给定一个量子自动机 $\mathcal{A}$ 和一个满足 $\dim\mathcal{H}_{\text{ini}}=\dim V^{\perp}=1$ 的子空间 V，判断 $\mathcal{L}(\mathcal{A},V)$ 是否为空是不可判定的。

A. 5 由 Minsky Machines 构造量子自动机

本节将给出 4. 7. 2 小节中简要描述的量子自动机 $\mathcal{A}$ 以及式（4. 21）中原子命题 V 和 W 的详细构造，来完成定理 4. 42 的证明。

A. 5. 1 将经典状态编码成量子态

本小节是构造量子自动机 $\mathcal{A}$ 的第一步。我们证明如何将 $\mathcal{M}$ 的状态编码为有限维希尔伯特空间中的量子态。

首先，使用 2 维希尔伯特空间 $\mathcal{H}_2=\text{span}\{|0\rangle,|1\rangle\}$ 中量子比特的状态来编码自然数。考虑下述作用于 $\mathcal{H}_2$ 的酉算子：

$$G=|+\rangle\langle+|+e^{i\theta}|-\rangle\langle-|$$

其中

$$|\pm\rangle=(|0\rangle\pm|1\rangle)/\sqrt{2} \quad \text{且} \quad e^{i\theta}=(3+4i)/5$$

容易看出，对于任意整数 n，

$$G^n|0\rangle=|0\rangle\Leftrightarrow n=0$$

所以对于每个整数 n，可以使用 $G^n|0\rangle$ 对 n 进行编码。此外，运算符 G 可以被认为是后继函数 $g(n)=n+1$。

现在，令 $\mathcal{H}_a=\mathcal{H}_b=\mathcal{H}_2$ 并使用 $\mathcal{H}_a$ 和 $\mathcal{H}_b$ 中的状态分别对计数器 a 和 b 进行编码。具体来说，对于 $c\in\{a,b\}$ 的每个值 n，对应的状态为 $|\phi_n\rangle=G_c^n|0\rangle\in\mathcal{H}_c$。

简单地将指令标签 l 编码为标准正交的量子态 $|l\rangle$，并构建希尔伯特空间 $\mathcal{H}_L=\text{span}\{|l\rangle|l\in L\}$。那么 $\mathcal{M}$ 的状态（a，b，x）可以编码为量子态

$$|\phi_a\rangle|\phi_b\rangle|x\rangle\in\mathcal{H}_a\otimes hs_b\otimes\mathcal{H}_L$$

此外，$\mathcal{M}$ 的计算 $\sigma_{\mathcal{M}}$ 被编码为量子态的序列 σ_0。注意到 $\mathcal{M}$ 终止，当且仅当 $x_i=l_m$ 对于 $\sigma_{\mathcal{M}}$ 中的某个状态（a_i，b_i，x_i）成立。这个条件等价于 $|\psi_i\rangle \in V_0$，其中

$$V_0 = \mathcal{H}_a \otimes \mathcal{H}_b \otimes \text{span}\{|l_m\rangle\} \tag{A.6}$$

所以 $\mathcal{M}$ 的终止性归约为 σ_0 的可达性，如下所示。

引理 A.4 $\mathcal{M}$ 终止，当且仅当 $\sigma_0 \models \boldsymbol{F} V_0$。

练习 A.1 证明上述引理。

A.5.2 通过酉算子模拟经典迁移

本小节构造量子自动机 $\mathcal{A}$ 的酉算子来编码 $\mathcal{M}$ 的状态迁移。对于 $\mathcal{M}$ 的任意状态（a，b，x），考虑从该状态到其后继状态的迁移。需要分别考虑以下两种情况：

（i）$x \in L_{1a} \cup L_{1b} \cup L'_{2a} \cup L'_{2b} \cup L''_{2a} \cup L''_{2b} \cup \{l_m\}$。那么由 L 的定义，x 形如

$$x:\quad c \leftarrow c + e; \text{goto } y$$

其中 $c \in \{a,b\}$，$y \in L$，而且对于 $l \in L_{1c}, L'_{2c} \cup \{l_n\}$ 和 L''_{2c} 分别有 $e=1$，0，-1。因此（a，b，x）的后继形如（$\tilde{a}$，$\tilde{b}$，y），其中对于 $c=a$，有 $\tilde{a}=a+e$，$\tilde{b}=b$；而对于 $c=b$，有 $\tilde{a}=a$，$\tilde{b}=b+e$。构造一个对应于 x 的酉算子：

$$U_x = O_c^e \otimes O_{xy}$$

其中 $O_a = G_a \otimes I_b$ 和 $O_b = I_a \otimes G_b$ 为 $\mathcal{H}_a \otimes \mathcal{H}_b$ 上的酉算子，而 O_{xy} 是 $\mathcal{H}_L$ 上满足 $O_{xy}|x\rangle = |y\rangle$ 的酉算子。显然，有

$$|\phi_{\tilde{a}}\rangle |\phi_{\tilde{b}}\rangle |y\rangle = U_x |\phi_a\rangle |\phi_b\rangle |x\rangle$$

对于任意 a，b 成立。因此 U_x 就是我们想要的。

（ii）$x \in L_{2a} \cup L_{2b}$。那么 x 形如

$$x:\qquad c = 0 \quad \text{goto } y; \qquad \text{goto } z$$

其中 $c \in \{a, b\}$，$y \in L'_{2c}$ 而 $z \in L''_{2c}$。（a，b，x）的后继对于 $c=0$ 是（a，b，y）；而对于 $c \neq 0$ 是（a，b，z）。构造两个对应于 x 的酉算子

$$U_{x0} = I_a \otimes I_b \otimes O_{xy} \text{ 和 } U_{x1} = I_a \otimes I_b \otimes O_{xz}$$

其中 $O_{xy}|x\rangle = |y\rangle$ 而 $O_{xz}|x\rangle = |z\rangle$。因此，当 $c=0$ 时，使用 U_{x0}；当 $c \neq 0$ 时，使

用 U_{x1}。

现在只需要为给定的 x，$y\in L$ 具体地构造酉算子 O_{xy}。为此，为每个 $l\in L$ 构建一个新的量子态 $|\hat{l}\rangle$ 作为 $O_{xy}|l\rangle$ 的结果（对于 $x\neq l$）。正式地，构建一个新的状态空间 $\hat{\mathcal{H}}_L=\text{span}\{|\hat{l}\rangle:x\in L\}$，并把 $\mathcal{H}_L$ 扩展成

$$\mathcal{H}_{2L}=\mathcal{H}_L\oplus\hat{\mathcal{H}}_L=\text{span}\{|l\rangle,|\hat{l}\rangle\,|\,l\in L\}$$

那么 O_{xy} 在 $\mathcal{H}_{2L}$ 中定义为

$$O_{xy}|x\rangle=|y\rangle,O_{xy}|l\rangle=|\hat{l}\rangle(\forall l\in L,l\neq x)$$
$$O_{xy}|\hat{y}\rangle=|\hat{x}\rangle,O_{xy}|\hat{l}\rangle=|l\rangle(\forall l\in L,l\neq y)\tag{A.7}$$

值得注意的是,O_{xy} 满足以下性质：

$$O_{xy}|z\rangle\in\hat{\mathcal{H}}_L,\forall z\in L\quad z\neq x\tag{A.8}$$

现在可以把上一节所做的准备和这一部分组合起来定义量子自动机 $\mathcal{A}$ 如下：

- 状态空间为 $\mathcal{H}=\mathcal{H}_a\otimes\mathcal{H}_b\otimes hs_{2L}$；
- 酉算子为 $\{U_\alpha|\alpha\in\text{Act}\}$,其中

$$\text{Act}=\{x0,x1\,|\,x\in L_{2a}\cup L_{2b}\}\cup L\backslash(L_{2a}\cup L_{2b})$$

- 初始状态为 $|\psi_0\rangle=|0\rangle|0\rangle|l_0\rangle$。

从酉算子的构造能看到由式(4.23)定义的量子态的序列 σ_0 可在 $\mathcal{A}$ 中实现。

A.5.3　*V* 和 *W* 的构造

本小节是实现式(4.21)的最后一步。也就是说,将定义 V 和 W 这两个原子命题(量子自动机 $\mathcal{A}$ 的状态希尔伯特空间的子空间)。

首先寻找一种方法将 σ_0 与 $\mathcal{A}$ 的其他路径区分开来。具体来说,考虑 σ_0 中的将要被 $\{U_\alpha|\alpha\in\text{Act}\}$ 里一个“不匹配的”酉算子转换的状态 $|\psi_n\rangle=|\phi_{a_n}\rangle|\phi_{b_n}\rangle|x_n\rangle$,换句话说,这个酉算子将 $|\psi_n\rangle$ 转换为 $|\psi_{n+1}\rangle$ 以外的状态 $|\psi'\rangle$。$\mathcal{A}$ 中每个酉算子都具有 U_y,U_{y0} 或 U_{y1} 的形式,其中 y 是相应的指令。如果 $y\neq x_n$,那么肯定是不匹配的。由式(A.8)可得 $|\psi'\rangle\in\hat{V}$,其中 $\hat{V}=\mathcal{H}_a\otimes\mathcal{H}_b\otimes\hat{\mathcal{H}}_L$。

现在只需要考虑 $y=x_n$ 的情况。有 $x_n\in L_{2a}\cup L_{2b}$,这是因为有两个酉算子对应于 x_n：一个不匹配,一个匹配。对于 $x_n\in L_{2a}$,有两种情况：

(i) $a_n=0$ 而且不匹配的酉算子是 U_{x_n1}。根据 U_{x_n1} 的定义,有

$$|\psi'\rangle=U_{x_n1}|0\rangle|\phi_{b_n}\rangle|x_n\rangle=|0\rangle|\phi_{b_n}\rangle|z\rangle$$

其中 $z\in L''_{2a}$。记

$$V_{2a}=\text{span}\{|0\rangle\}\otimes\mathcal{H}_b\otimes\text{span}\{|l\rangle:l\in L''_{2a}\}$$

那么 $|\psi'\rangle\in V_{2a}$。

（ⅱ）$a_n>0$ 而且不匹配的是 U_{x_n0}。根据 U_{x_n0} 的定义，有

$$|\psi'\rangle=U_{x_n0}|\phi_{a_n}\rangle|\phi_{b_n}\rangle|x_n\rangle=|\phi_{a_n}\rangle|\phi_{b_n}\rangle|y\rangle$$

其中 $y\in L'_{2a}$。记

$$V_{1a}=\mathcal{H}_a\otimes\mathcal{H}_b\otimes\text{span}\{|l\rangle:l\in L'_{2a}\},$$
$$W_a=\text{span}\{|0\rangle\}\otimes\mathcal{H}_b\otimes\text{span}\{|l\rangle:l\in L'_{2a}\}$$

那么 $|\psi'\rangle\in V_{1a}\backslash W_a$。

类似地，对于 $x_n\in L_{2b}$，可以证明对于 $b_n=0$，有 $|\psi'\rangle\in V_{2b}$；而对于 $b_n>0$，有 $|\psi'\rangle\in V_{1b}\backslash W_b$，其中

$$V_{1b}=\mathcal{H}_a\otimes\mathcal{H}_b\otimes\text{span}\{|l\rangle:l\in L'_{2b}\}$$
$$V_{2b}=\mathcal{H}_a\otimes\text{span}\{|0\rangle\}\otimes\text{span}\{|l\rangle:l\in L''_{2b}\}$$
$$W_b=\mathcal{H}_a\otimes\text{span}\{|0\rangle\}\otimes\text{span}\{|l\rangle:l\in L'_{2b}\}$$

至此实际上证明了对于状态

$$|\psi'\rangle\in\hat{V}\cup(V_{1a}\backslash W_a)\cup(V_{1b}\backslash W_b)\cup V_{2a}\cup V_{2b}\tag{A.9}$$

它在 σ_0 以外的 $\mathcal{A}$ 的计算路径中始终是可达的。另一方面，也很容易验证这样的状态不可能在 σ_0 中。所以 σ_0 可以通过这个可达性性质来区分。

现在令

$$V=V_0+\hat{V}+V_{1a}+V_{1b}+V_{2a}+V_{2b}$$
$$W=W_a+W_b$$

其中 V_0 由式（A.6）定义。那么有：

引理 A.5 对于 $\mathcal{A}$ 中所有状态序列满足 $\sigma(p)\neq\sigma_0$ 的路径 p，有 $\sigma(p)\models\boldsymbol{F}(V\wedge\neg W)$。

证明 只需要注意式（A.9）中五个集合的并集包含在 $\{0\}\cup(V\backslash W)$ 中，那么这个结果可以直接从上面的讨论中得到。 □

此外，有：

引理 A. 6　$\sigma_0 \models \boldsymbol{F}(V \wedge \neg W)$，当且仅当 $\sigma_0 \models \boldsymbol{F} V_0$。

证明　只需证明对于 σ_0 中的任意状态 $|\psi_n\rangle$，

$$|\psi_n\rangle \in V \backslash W, \text{当且仅当} |\psi_n\rangle \in V_0$$

充分性显而易见，因为 $V_0 \subseteq V$ 以及 $V_0 \cap W = \{0\}$。现在证明必要性。由于 $|\psi_n\rangle = |\phi_{a_n}\rangle |\phi_{b_n}\rangle |x_n\rangle$ 是 σ_0 中的一个状态，(a_n, b_n, x_n) 是 $\sigma_{\mathcal{M}}$ 中的一个状态，因此 $x_n \in L$。根据 L 的定义以及式（4. 20），在 x_n 的以下情况考察 $|\psi_n\rangle$：

$$
\begin{aligned}
& x_n \in L_{1a} \cup L_{1b} \cup L_{2a} \cup L_{2b}, \text{因此} |\psi_n\rangle \notin V \\
& x_n \in L'_{1a} \Rightarrow a_n = 0, \text{因此} |\psi_n\rangle \in W_a \\
& x_n \in L'_{1b} \Rightarrow b_n = 0, \text{因此} |\psi_n\rangle \in W_b \\
& x_n \in L''_{2a} \Rightarrow a_n \neq 0, \text{因此} |\psi_n\rangle \notin V \\
& x_n \in L''_{2b} \Rightarrow b_n \neq 0, \text{因此} |\psi_n\rangle \notin V
\end{aligned}
$$

都不满足 $|\psi_n\rangle \in V \backslash W$。因此只可能是 $x_n = l_m$，所以 $|\psi_n\rangle \in V_0$。　□

最后，通过简单地结合引理 A. 4，引理 A. 5 和引理 A. 6 来得到式（4. 21）。$\mathcal{A} \models \boldsymbol{F} f$ 的不可判定性由此得证，即使对于 $f = V \wedge \neg W$ 的简单形式也是如此。

附录 B

第5章中技术引理的证明

本章给出在第 5 章中省略的几个技术引理的证明。

B.1 引理 5.25（ii）的证明

下面将证明量子马尔可夫链的任意两个底部强连通分量 X、Y，在 $\dim X\neq\dim Y$ 的条件下是正交的。这个证明需要一些技术准备。下述引理表明每个复矩阵都可以用四个正矩阵表示。

引理 B.1 对于任意的矩阵 A，存在正矩阵 B_1，B_2，B_3，B_4 使得

（i）$A=(B_1-B_2)+i(B_3-B_4)$；

（ii）$\mathrm{tr}B_i^2\leqslant\mathrm{tr}(A^\dagger A)\,(i=1,2,3,4)$。

证明 可以取厄米算子

$$(A+A^\dagger)/2=B_1-B_2,\quad -i(A-A^\dagger)/2=B_3-B_4$$

其中 B_1，B_2 为支集相互正交的正算子，而 B_3，B_4 也为支集相互正交的正算子。那么有

$$\begin{aligned}\sqrt{\mathrm{tr}B_1^2}&=\sqrt{\mathrm{tr}(B_1^\dagger B_1)}\\&\leqslant\sqrt{\mathrm{tr}(B_1^\dagger B_1+B_2^\dagger B_2)}\\&=\|((A+A^\dagger)/2\otimes I)|\Phi\rangle\|\\&\leqslant(\|(A\otimes I)|\Phi\rangle\|+\|(A^\dagger\otimes I)|\Phi\rangle\|)/2\\&=\sqrt{\mathrm{tr}(A^\dagger A)}\end{aligned}$$

可以类似地证明 $\mathrm{tr}B_i^2\leqslant\mathrm{tr}(A^\dagger A)$ 对于 $i=2$，3，4 成立。 □

对于 $\mathcal{H}$ 中的算子 A（不一定是定义 5.22（i）中的部分密度算子），如果 $\mathcal{E}(A)=A$，则称 A 为量子操作 $\mathcal{E}$ 的一个不动点。下面的引理表明不动点在引理 B.1 中给出的正矩阵分解下仍被保留。

引理 B.2 设 $\mathcal{E}$ 是 $\mathcal{H}$ 中的量子操作，A 是 $\mathcal{E}$ 的一个不动点。如果有：

(i) $A=(X_+-X_-)+i(Y_+-Y_-)$；

(ii) X_+，X_-，Y_+，Y_-全都是正矩阵；

(iii) $\mathrm{supp}(X_+)\perp\mathrm{supp}(X_-)$并且$\mathrm{supp}(Y_+)\perp\mathrm{supp}(Y_-)$。

那么X_+，X_-，Y_+，Y_-都是$\mathcal{E}$的不动点。

练习 B.1　证明引理 B.2。

现在我们已经准备好证明引理 5.25 (ii)。不失一般性，假设$\dim X<\dim Y$。由定理 5.24 可知，有两个最小不动点状态ρ和σ，且满足$\mathrm{supp}(\rho)=X$和$\mathrm{supp}(\sigma)=Y$。注意到对于任意的$\lambda>0$，$\rho-\lambda\sigma$也是$\mathcal{E}$的不动点。可以令λ足够大使得

$$\rho-\lambda\sigma=\Delta_+-\Delta_-$$

且满足$\Delta_\pm$是正的，$\mathrm{supp}(\Delta_-)=\mathrm{supp}(\sigma)$，以及$\mathrm{supp}(\Delta_+)\perp\mathrm{supp}(\Delta_-)$。令$P$为$Y$上的投影。根据引理 B.2，$\Delta_+$和$\Delta_-$都是$\mathcal{E}$的不动点。那么

$$P\rho P=\lambda P\sigma P+P\Delta_+P-P\Delta_-P=\lambda\sigma-\Delta_-$$

也是$\mathcal{E}$的一个不动点。注意到$\mathrm{supp}(P\rho P)\subseteq Y$，$\sigma$是最小不动点状态，以及$\mathrm{supp}(\sigma)=Y$。因此，存在$p\geqslant 0$使得$P\rho P=p\sigma$。现在如果$p>0$，那么由命题 5.4 (iii) 得到：

$$Y=\mathrm{supp}(\sigma)=\mathrm{supp}(P\rho P)=\mathrm{span}\{P|\psi\rangle:|\psi\rangle\in X\}$$

这意味着$\dim Y\leqslant\dim X$，与假设矛盾。因此有$P\rho P=0$，这意味着$X\perp Y$。

B.2　引理 5.30 的证明

粗略地说，这个引理断言$\mathcal{E}$的一个不动点状态可以分解为两个正交的不动点状态。引理 5.25 (ii) 中用来证明两个底部强连通分量是正交的技术可用于该引理的证明。首先注意到对于任意的$\lambda>0$，$\rho-\lambda\sigma$也是$\mathcal{E}$的不动点，因此可以取λ足够大，使得

$$\rho-\lambda\sigma=\Delta_+-\Delta_-$$

且满足$\Delta_\pm$是正的，$\mathrm{supp}(\Delta_-)=\mathrm{supp}(\sigma)$，以及$\mathrm{supp}(\Delta_+)$是$\mathrm{supp}(\Delta_-)$在$\mathrm{supp}(\rho)$中的正交补。由引理 B.2，$\Delta_+$和$\Delta_-$都是$\mathcal{E}$的不动点。令$\eta=\Delta_+$，有：

$$\mathrm{supp}(\rho)=\mathrm{supp}(\rho-\lambda\sigma)=\mathrm{supp}(\Delta_+)\oplus\mathrm{supp}(\Delta_-)=\mathrm{supp}(\eta)\oplus\mathrm{supp}(\sigma)$$

B.3 引理 5.34 的证明

对于（i）部分，需要弄清计算密度算子 ρ 的渐近平均值 $\mathcal{E}_\infty(\rho)$ 的复杂性。为此，首先给出一个关于量子操作的渐近平均值的矩阵表示的引理。

引理 B.3 设 $M=SJS^{-1}$ 为 M 的 Jordan 分解，其中

$$J=\bigoplus_{k=1}^{K}J_k(\lambda_k)=\mathrm{diag}(J_1(\lambda_1),\cdots,J_K(\lambda_K))$$

而 $J_k(\lambda_k)$ 是对应于特征值 λ_k 的 Jordan 块。定义

$$J_\infty=\bigoplus_{k\ \mathrm{s.t.}\ \lambda_k=1}J_k(\lambda_k)$$

以及 $M_\infty=SJ_\infty S^{-1}$，那么 M_∞ 为 $\mathcal{E}_\infty$ 的矩阵表示。

练习 B.2 证明引理 B.3。

现在可以证明引理 5.34 的（i）部分。由［36］可知，$d\times d$ 维矩阵的 Jordan 分解的时间复杂性是 $O(d^4)$。因此，可以在时间 $O(d^8)$ 内计算出 $\mathcal{E}_\infty$ 的矩阵表示 M_∞。此外，可以使用以下对应关系计算 $\mathcal{E}_\infty(\rho)$：

$$(\mathcal{E}_\infty(\rho)\otimes I_{\mathcal{H}})|\Psi\rangle=M_\infty(\rho\otimes I_{\mathcal{H}})|\Psi\rangle$$

其中 $|\Psi\rangle=\sum_{i=1}^{d}|i\rangle|i\rangle$ 是 $\mathcal{H}\otimes\mathcal{H}$ 中的（未归一化的）最大纠缠态。

对于（ii）部分，需要解决寻找 $\mathcal{E}$ 不动点集合，即 $\{$矩阵 A：$\mathcal{E}(A)=A\}$ 的密度算子基的复杂性。首先注意到这个密度算子基可以通过以下三个步骤来计算：

1）计算 $\mathcal{E}$ 的矩阵表示 M。时间复杂性为 $O(md^4)$，其中 $m\leqslant d^2$ 是 Kraus 表示 $\mathcal{E}=\sum_i E_i\circ E_i^\dagger$ 中算子 E_i 的个数。

2）寻找矩阵 $M-I_{\mathcal{H}\otimes\mathcal{H}}$ 的零空间的一组基 $\mathcal{B}$，并将其转换为矩阵形式。这可以通过高斯消元来完成，复杂性为 $O((d^2)^3)=O(d^6)$。

3）对于 $\mathcal{B}$ 中的每个基矩阵 A，计算正矩阵 X_+，X_-，Y_+，Y_- 使得 $\mathrm{supp}(X_+)\perp\mathrm{supp}(X_-)$、$\mathrm{supp}(Y_+)\perp\mathrm{supp}(Y_-)$，以及

$$A=X_+-X_-+i(Y_+-Y_-)$$

令 Q 为 $\{X_+,X_-,Y_+,Y_-\}$ 中非零元素的集合。那么由引理 B.2，Q 的每个元素

都是 $\mathcal{E}$ 的不动点状态。用 Q 归一后的元素替换 A，那么得到的 $\mathcal{B}$ 就是所需的密度算子基。最后，使 $\mathcal{B}$ 中的元素线性无关。这可以通过使用高斯消元去除 $\mathcal{B}$ 中的冗余元素来完成。这一步的计算复杂性是 $O(d^6)$。

因此，计算 $\{$矩阵 $A:\mathcal{E}(A)=A\}$ 的密度算子基的总复杂性为 $O(d^6)$。

B.4 引理 5.58 的证明

首先证明下述技术引理。

引理 B.4 设 S 为 $\mathcal{E}_\infty(\mathcal{H})$ 在 $\mathcal{E}$ 下的一个不变子空间。那么对于任意满足 $\mathrm{supp}(\rho)\subseteq\mathcal{E}_\infty(\mathcal{H})$ 的密度算子 ρ，以及任意整数 k，有

$$\mathrm{tr}(P_S\mathcal{E}^k(\rho))=\mathrm{tr}(P_S\rho)$$

其中 P_S 是 S 上的投影。

证明 由引理 5.30，存在不变子空间 T 使得 $\mathcal{E}_\infty(\mathcal{H})=S\oplus T$，其中 S 和 T 是正交的。那么由定理 5.17，有

$$\mathrm{tr}(P_S\mathcal{E}^k(\rho))\geqslant\mathrm{tr}(P_S\rho)\ \text{以及}\ \mathrm{tr}(P_T\mathcal{E}^k(\rho))\geqslant\mathrm{tr}(P_T\rho)$$

此外，可以得到

$$\begin{aligned}1&\geqslant\mathrm{tr}(P_S\mathcal{E}^k(\rho))+\mathrm{tr}(P_T\mathcal{E}^k(\rho))\\&\geqslant\mathrm{tr}(P_S\rho)+\mathrm{tr}(P_T\rho)=\mathrm{tr}(\rho)=1\end{aligned}$$

因此有：

$$\mathrm{tr}(P_S\mathcal{E}^k(\rho))=\mathrm{tr}(P_S\rho)$$ □

现在可以来证明引理 5.58。对于任意纯态 $|\varphi\rangle$，记对应的密度算子 $\varphi=|\varphi\rangle\langle\varphi|$。首先，证明 $\mathcal{Y}(X)$ 是一个子空间。设 $|\psi_i\rangle\in\mathcal{Y}(X)$，并且 α_i 为复数，$i=1,2$。那么，由 $\mathcal{Y}(X)$ 的定义可知，存在 N_i 使得对于任意的 $j\geqslant N_i$，$\mathrm{supp}(\mathcal{E}^j(\psi_i))\subseteq X$，令

$$|\psi\rangle=\alpha_1|\psi_1\rangle+\alpha_2|\psi_2\rangle\ \text{以及}\ \rho=|\psi_1\rangle\langle\psi_1|+|\psi_2\rangle\langle\psi_2|$$

那么 $|\psi\rangle\in\mathrm{supp}(\rho)$，而且由命题 5.4（i）、（ii）和（iv）有

$$\mathrm{supp}(\mathcal{E}^j(\psi))\subseteq\mathrm{supp}(\mathcal{E}^j(\rho))=\mathrm{supp}(\mathcal{E}^j(\psi_1))\vee\mathrm{supp}(\mathcal{E}^j(\psi_2))$$

对于任意 $j\geqslant0$ 都成立。因此有 $\mathrm{supp}(\mathcal{E}^j(\psi))\subseteq X$，对于任意 $j\geqslant N\triangleq\max\{N_1,N_2\}$ 都成立，从而 $|\psi\rangle\in\mathcal{Y}(X)$。

将其余的证明分为以下六个断言：

- **断言1**：$\mathcal{Y}(X)\supseteq\bigvee\{B\subseteq X: B$ 是一个底部强连通分量$\}$。

　　对于任意的底部强连通分量 $B\subseteq X$，由引理5.28（ii）和5.23有 $B\subseteq\mathcal{E}_\infty(\mathcal{H})$。此外，因为 B 是一个底部强连通分量，故

$$\mathrm{supp}(\mathcal{E}^i(\psi))\subseteq B\subseteq X$$

对于任意的 $|\psi\rangle\in B$ 和任意的 i 都成立。因此 $B\subseteq\mathcal{Y}(X)$，那么断言可以由 $\mathcal{Y}(X)$ 是一个子空间的事实得证。

- **断言2**：$\mathcal{Y}(X)\subseteq\bigvee\{B\subseteq X: B$ 是一个底部强连通分量$\}$。

　　对于任意的 $|\psi\rangle\in\mathcal{Y}(X)$，注意到 $\rho_\psi\triangleq\mathcal{E}_\infty(\psi)$ 是一个不动点状态。令 $Z=\mathrm{supp}(\rho_\psi)$，我们断言 $|\psi\rangle\in Z$。如果 $Z=\mathcal{E}_\infty(\mathcal{H})$，这是显然的。否则，由于 $\mathcal{E}_\infty\left(\frac{I_\mathcal{H}}{d}\right)$ 是一个不动点状态，而且

$$\mathcal{E}_\infty(\mathcal{H})=\mathrm{supp}\left(\mathcal{E}_\infty\left(\frac{I_\mathcal{H}}{d}\right)\right)$$

由引理5.30，我们有 $\mathcal{E}_\infty(\mathcal{H})=Z\oplus Z^\perp$，其中 $Z^\perp$（Z 在 $\mathcal{E}_\infty(\mathcal{H})$ 中的正交补）也是不变的。因为 Z 也是一些正交的底部强连通分量的直和，由引理5.50有

$$\lim_{i\to\infty}\mathrm{tr}(P_Z\mathcal{E}^i(\psi))=\mathrm{tr}(P_Z\mathcal{E}_\infty(\psi))=1$$

也就是说，

$$\lim_{i\to\infty}\mathrm{tr}(P_{Z^\perp}\mathcal{E}^i(\psi))=0$$

结合定理5.17，这意味着 $\mathrm{tr}(P_{Z^\perp}\psi)=0$，因此 $|\psi\rangle\in Z$。

　　根据 $\mathcal{Y}(X)$ 的定义，存在 $M\geqslant 0$，使得 $\mathrm{supp}(\mathcal{E}^i(\psi))\subseteq X$ 对于任意 $i\geqslant M$ 成立。因此

$$\begin{aligned}Z&=\mathrm{supp}\left(\lim_{N\to\infty}\frac{1}{N}\sum_{i=1}^{N}\mathcal{E}^i(\psi)\right)\\&=\mathrm{supp}\left(\lim_{N\to\infty}\frac{1}{N}\sum_{i=M}^{N}\mathcal{E}^i(\psi)\right)\subseteq X\end{aligned}$$

此外，由于 Z 可以被分解为一些底部强连通分量的直和，有

$$|\psi\rangle\in Z\subseteq\bigvee\{B\subseteq X: B\text{ 是底部强连通分量}\}$$

因此，断言2得证。

- **断言 3**：$\mathcal{Y}(X^\perp)^\perp \subseteq \mathcal{X}(X)$。

  首先，由上述断言 1 和断言 2，有 $\mathcal{Y}(X^\perp) \subseteq X^\perp$，以及

$$X' \triangleq \mathcal{Y}(X^\perp)^\perp$$

是不变的。因此 $X \subseteq \mathcal{Y}(X^\perp)^\perp$，而且 $\mathcal{E}$ 也是子空间 X' 中的一个量子操作。现在考虑量子马尔可夫链 $\langle X', \mathcal{E}\rangle$。断言 1 蕴涵任何 $X^\perp$ 中的底部强连通分量也包含于 $\mathcal{Y}(X^\perp)$，因此，在 $X' \cap X^\perp$ 中不存在底部强连通分量。由定理 5.54 可知，对于任意的 $|\psi\rangle \in X'$，

$$\lim_{i\to\infty} \mathrm{tr}[(P_{X^\perp} \circ \mathcal{E})^i(\psi)] = 0.$$

因此根据定义 $|\psi\rangle \in \mathcal{X}(X)$，从而断言得证。

- **断言 4**：$\mathcal{X}(\mathrm{X}) \subseteq \mathcal{Y}(X^\perp)^\perp$。

  类似于断言 3，有 $\mathcal{Y}(X^\perp) \subseteq X^\perp$ 而且 $\mathcal{Y}(X^\perp)$ 是不变的。令 P 为 $\mathcal{Y}(X^\perp)$ 上的投影，那么 $P_{X^\perp} P P_{X^\perp} = P$。对于任意的 $|\psi\rangle \in \mathcal{X}(X)$，有：

$$\begin{aligned}\mathrm{tr}(P(P_{X^\perp} \circ \mathcal{E})(\psi)) &= \mathrm{tr}(P_{X^\perp} P P_{X^\perp} \mathcal{E}(\psi)) \\ &= \mathrm{tr}(P\mathcal{E}(\psi)) \geqslant \mathrm{tr}(P\psi)\end{aligned}$$

其中最后的不等式可以由定理 5.17 推得。因此

$$\begin{aligned}0 &= \lim_{i\to\infty} \mathrm{tr}((P_{X^\perp} \circ \mathcal{E})^i(\psi)) \\ &\geqslant \lim_{i\to\infty} \mathrm{tr}(P(P_{X^\perp} \circ \mathcal{E})^i(\psi)) \geqslant \mathrm{tr}(P\psi)\end{aligned}$$

所以 $|\psi\rangle \in \mathcal{Y}(X^\perp)^\perp$。

- **断言 5**：$\bigvee\{B \subseteq X : B \text{ 是一个底部强连通分量}\} \subseteq \mathcal{E}_\infty(X^\perp)^\perp$。

  假设 $B \subseteq X$ 是一个底部强连通分量，那么有 $\mathrm{tr}(P_B I_{X^\perp}) = 0$。由引理 B.4 可以得到

$$\mathrm{tr}(P_B \mathcal{E}^i(I_{X^\perp})) = 0$$

对于任意 $i \geqslant 0$ 成立。因此

$$\mathrm{tr}(P_B \mathcal{E}_\infty(I_{X^\perp})) = 0$$

这意味着 $B \perp \mathcal{E}_\infty(X^\perp)$。因此，$B \subseteq \mathcal{E}_\infty(X^\perp)^\perp$。那么断言可以由 $\mathcal{E}_\infty(X^\perp)^\perp$ 是一个子空间的事实得证。

- **断言 6**：$\mathcal{E}_\infty(X^\perp)^\perp \subseteq \bigvee\{B \subseteq X : B \text{ 是一个底部强连通分量}\}$。

  首先注意到 $\mathcal{E}_\infty(X^\perp)^\perp$ 可以分解为底部强连通分量 B_i 的直和。对于任一

B_i，有

$$\mathrm{tr}(P_{B_i}\mathcal{E}_\infty(I_{X^\perp}))=0$$

所以，$\mathrm{tr}(P_{B_i}I_{X^\perp})=0$ 而且 $B_i\perp X^\perp$。因此，$B_i\subseteq X$，从而断言得证。

最后，观察到 $\mathcal{X}(X)$ 和 $\mathcal{Y}(X)$ 的不变性已经包含在断言 1 和断言 2 中。这样就完成了证明。

附录 C

第6章中技术引理的证明

本章提供第 6 章中省略的证明。

C.1 定理 6.21（iii）的证明

首先回顾一下线性代数的一些基本结果。令 M 是一个方阵，$M=SJS^{-1}$ 是其 Jordan 分解，其中 S 是一个非奇异矩阵，

$$J=\mathrm{diag}(J_{n_1}(\lambda_1),J_{n_2}(\lambda_2),\cdots,J_{n_k}(\lambda_k))$$

每个 $J_{n_i}(\lambda_i)$ 都是一个 $n_i\times n_i$ 的 Jordan 块，其特征值为 λ_i。令

$$\widetilde{M}=S\tilde{J}S^{-1}$$

其中，$\tilde{J}$ 是在 J 中通过用相同大小的零块替换其关联特征值绝对值大于或等于 1 的每个 Jordan 块获得的，即 $\tilde{J}=\mathrm{diag}(\tilde{J}_1,\tilde{J}_2,\cdots,\tilde{J}_k)$ 其中

$$\tilde{J}_i=\begin{cases}0_{n_i\times n_i}, & 若\ |\lambda_i|\geqslant 1\\ J_{n_i}(\lambda_i), & 否则\end{cases}$$

引理 C.1　令 $J=J_n(\lambda)$ 是一个 $n\times n$ 的 Jordan 块，特征值为 λ 且 $|\lambda|\geqslant 1$，y 是 n 维（列）向量。如果 $\sum\limits_{m=0}^{\infty}J^m y=0$，则 $y=0$。

证明　注意到对于任意 $m\geqslant 0$，

$$J^m=\begin{pmatrix}\lambda^m & \binom{m}{1}\lambda^{m-1} & \cdots & \binom{m}{n-1}\lambda^{m-n+1}\\ 0 & \lambda^m & \cdots & \binom{m}{n-2}\lambda^{m-n+2}\\ \vdots & & \vdots & \vdots\\ 0 & \cdots & 0 & \lambda^m\end{pmatrix}$$

结果易得。 □

引理 C.2　令 M 是 $d\times d$ 复矩阵，x 是 d 维向量。如果 $\sum\limits_{m=0}^{\infty}M^m x$ 存在，那么对于每个

$m\geqslant 0$，$M^m x=\widetilde{M}^m x$。

证明　假设 $\sum_{m=0}^{\infty} M^m x$ 存在。则 $\lim_{m\to\infty} M^m x=0$。由于 $M^m=SJ^mS^{-1}$，有

$$\lim_{m\to\infty} SJ^m x = 0$$

根据 J 的块将 Sx 分解为 $Sx=(y_1,\ \cdots,\ y_k)^{\mathrm{T}}$ 其中 y_i 的维度为 n_i。则

$$SJ^m x = (J_{n_1}^m(\lambda_1)\cdot y_1,\cdots,J_{n_k}^m(\lambda_k)\cdot y_k)$$

并且对于每个 i，

$$\lim_{m\to\infty} J_{n_i}^m(\lambda_i)\cdot y_i = 0$$

从引理 C.1 推导出，每当 $|\lambda_i|\geqslant 1$ 时，每个 i 的 $y_i=0$。因此 $SJ^m x=S\widetilde{J}^m x$，且 $M^m x=\widetilde{M}^m x$。 □

推论 C.3　对于任何 x 和 M，

$$\sum_{m=0}^{\infty} M^m x = (I-\widetilde{M})^{-1}x$$

前提是极限存在。

证明　注意到 $\widetilde{M}$ 的谱半径严格小于 1。然后从引理 C.2 得出结果。 □

回想一下式（3.13）给出了单个超算子的矩阵表示。进一步将此定义扩展到超算子矩阵。令 $\boldsymbol{Q}=(\mathcal{E}_{i,j})$ 是一个 $m\times n$ 超算子矩阵。那么 $\boldsymbol{Q}$ 的矩阵表示记为 $M_{\boldsymbol{Q}}$，被定义为分块矩阵

$$M_{\boldsymbol{Q}} = \begin{pmatrix} M_{\mathcal{E}_{1,1}} & \cdots & M_{\mathcal{E}_{1,n}} \\ \vdots & & \vdots \\ M_{\mathcal{E}_{m,1}} & \cdots & M_{\mathcal{E}_{m,n}} \end{pmatrix}$$

其中对于每个 i 和 j，$M_{\mathcal{E}_{i,j}}$ 是 $\mathcal{E}_{i,j}$ 的矩阵表示。此外，令 $|\Psi\rangle=\sum_{k\in K}|kk\rangle$ 是 $\mathcal{H}\otimes\mathcal{H}$ 中的（非标准化的）最大纠缠态。那么线性算子 $A\in\mathcal{L}(\mathcal{H})$ 的向量表示被定义为

$$\mathrm{vec}(A) = (A\otimes I_{\mathcal{H}})|\Psi\rangle$$

很容易验证

$$A = \sum_{k \in K} (I \otimes \langle k|) \cdot \mathrm{vec}(A) \cdot \langle k| \tag{C.1}$$

然后以类似的方式将这个概念扩展到线性算子的向量。

引理 C.4　令 $M_{\mathcal{E}}$ 是 $\mathcal{E} \in \mathcal{SO}(\mathcal{H})$ 的矩阵表示。那么对于任意 $A \in \mathcal{L}(\mathcal{H})$，有

$$\mathrm{vec}(\mathcal{E}(A)) = M_{\mathcal{E}} \cdot \mathrm{vec}(A)$$

练习 C.1　证明引理 C.4。

现在我们准备证明定理 6.21（iii）。令 $\boldsymbol{A} \in \mathcal{L}(\mathcal{H})^{S^?}$ 使得 $\boldsymbol{A}_s = \sum_{t \in \mathrm{Sat}(\Psi)} \boldsymbol{Q}[s,t]^{\dagger}(I)$。令 $\boldsymbol{T}$ 是一个超算子矩阵，使得 $\boldsymbol{T}[s,t] = \boldsymbol{Q}[s,t]^{\dagger}$ 对于所有 s，$t \in S^?$ 成立。根据引理 C.4，很容易通过归纳证明对于任意 $k \geqslant 1$，

$$\mathrm{vec}(f^k(\vec{0})) = \sum_{m=0}^{k-1} M_{\boldsymbol{T}}^m \cdot \mathrm{vec}(\boldsymbol{A})$$

因此由推论 C.3 可得

$$\mathrm{vec}(\mu f) = \sum_{m=0}^{\infty} M_{\boldsymbol{T}}^m \cdot \mathrm{vec}(\boldsymbol{A}) = (I - \widetilde{M}_{\boldsymbol{T}})^{-1} \cdot \mathrm{vec}(\boldsymbol{A}) \tag{C.2}$$

有了 μf 的向量表示，可以通过式（C.1）恢复 $(\mu f)_s$，然后轻松判断 $M \sim (\mu f)_s$ 是否成立。请注意，$n \times n$ 矩阵的 Jordan 分解的时间复杂度为 n^4。上述决策过程需要时间 $O(|S|^4 d^8)$，其中 $d = \dim(\mathcal{H})$ 是 $\mathcal{H}$ 的维度。

C.2　引理 6.31 的证明

假设 $C(X) \neq C(Y)$，并且不失一般性，令 $s \in C(Y) \setminus C(X)$。设 ρ_X 和 ρ_Y 分别为 X 和 Y 对应的不动点状态。由于

$$\mathcal{E}_{\mathcal{M}}(\rho_X + \rho_Y) = \rho_X + \rho_Y$$

可知 $(\rho_X + \rho_Y)/2$ 是对应于 $Z := X \vee Y$ 的不动点状态。因此 Z 可以分解为一些正交底部强连通分量的直和：

$$Z = X \oplus Z_1 \oplus \cdots \oplus Z_n$$

我们断言 $n = 1$。否则，对于任意 i，$\dim Z_i < \dim Y$，因为

$$\sum_i \dim Z_i + \dim X = \dim Z \leqslant \dim X + \dim Y$$

因此，由引理5.25，有$Y\perp Z_i$。这意味着$Y=X$，出现矛盾。现在令$|s\rangle|\psi\rangle\in Y$，由于$s\notin C(X)$，有$|s\rangle|\psi\rangle\perp X$，因此$|s\rangle|\psi\rangle\in Z_1$。另一方面，由于$Y$和$Z_1$都是底部强连通分量，因此

$$Y=Z_1=\mathcal{R}(|s\rangle\langle s|\otimes|\psi\rangle\langle\psi|)$$

这里$\mathcal{R}(\cdot)$表示可达空间，见定义5.10，因此$X\perp Y$。

C.3 引理6.32的证明

第一个子句很容易用归纳法证明。对于（ii），注意到$\mathrm{pri}(\pi)=\mathrm{pri}(\pi')$对于$\pi$的任意后缀$\pi'$成立。令

$$E_k=\{\pi\in\mathrm{Path}^{\mathcal{M}}\mid\mathrm{pri}(\pi)=k\}$$

然后对于任意$n\geqslant0$，

$$E_k=\biguplus_{\hat{\pi}\in S^n}\hat{\pi}^\frown E_k$$

现在从（i）可得，

$$\begin{aligned}R_k&=\sum_{s_0,\cdots,s_n\in S}\mathcal{P}_{s_0}\mathcal{E}_{\mathcal{M}}^{\dagger}\cdots\mathcal{P}_{s_{n-1}}\mathcal{E}_{\mathcal{M}}^{\dagger}(|s_n\rangle\langle s_n|\otimes\Delta_{s_n}^{\mathcal{M}}(E_k))\\&=(\mathcal{E}_{\mathcal{M}}^{\dagger})^n(\sum_{s_n\in S}|s_n\rangle\langle s_n|\otimes\Delta_{s_n}^{\mathcal{M}}(E_k))=\mathcal{E}_{\mathcal{M}}^{n\dagger}(R_k)\end{aligned}$$

C.4 引理6.33的证明

对于子句（i），注意到

$$\Box\neg S_x=\bigcap_{n\geqslant0}\biguplus_{\hat{\pi}\in(S\backslash S_x)^{n+1}}\mathrm{Cyl}(\hat{\pi})$$

因此从引理6.32可知，对于任意$n\geqslant0$，

$$\begin{aligned}\Delta^{\mathcal{M}}(\Box\neg S_x)&\sqsubseteq\sum_{s_0,\cdots,s_n\notin S_x}\mathcal{P}_{s_0}\mathcal{E}_{\mathcal{M}}^{\dagger}\cdots\mathcal{P}_{s_{n-1}}\mathcal{E}_{\mathcal{M}}^{\dagger}(P_{s_n})\\&=(\mathcal{P}_{S_x^c}\mathcal{E}_{\mathcal{M}}^{\dagger})^n(P_{S_x^c})\end{aligned}$$

其中$P_{S_x^c}=\sum_{s\notin S_x}P_s$且$\mathcal{P}_{S_x^c}=\{P_{S_x^c}\}$。请注意，对于每个底部强连通分量$B\subseteq\mathcal{B}SCC_x$，存在

一个状态 $|s\rangle|\psi\rangle\in B$ 和 $s\in S_x$ 使得

$$\mathrm{supp}(\mathcal{E}_{\mathcal{M}}^{\infty}(|s\rangle\langle s|\otimes|\psi\rangle\langle\psi|))=\mathcal{R}(|s\rangle\langle s|\otimes|\psi\rangle\langle\psi|)=B$$

因此，$\mathcal{E}_{\mathcal{M}}^{\infty}(G)\supseteq\mathcal{BSCC}_x$，其中 $G:=\mathcal{H}_{S_x}\otimes\mathcal{H}\cap\mathcal{BSCC}_x$ 且 $\mathcal{H}_{S_x}=\mathrm{span}\{|s\rangle|s\in S_x\}$。根据定理 5.29 可知，对于任意 $\rho\in\mathcal{D}(\mathcal{H}_c\otimes\mathcal{H})$ 和 $\mathrm{supp}(\rho)\subseteq\mathcal{BSCC}_x$，

$$\lim_{n\to\infty}\mathrm{tr}((\mathcal{P}_{G^{\perp}}\mathcal{E}_{\mathcal{M}})^n(\rho))=0$$

注意到 $G^{\perp}\subseteq\mathcal{H}_{S_x}^{\perp}\otimes\mathcal{H}$。因此有：

$$\lim_{n\to\infty}P_x(\mathcal{P}_{S_x^c}\mathcal{E}_{\mathcal{M}}^{\dagger})^n(P_{S_x^c})P_x=0,$$

所以

$$P_x\cdot\Delta^{\mathcal{M}}(\Diamond S_x)\cdot P_x=P_x-P_x\cdot\Delta^{\mathcal{M}}(\Box\neg S_x)\cdot P_x=P_x$$

如预期那样。

对于子句（ii），注意到

$$\Diamond S_y=\bigcup_{n\geqslant 0}\bigcup\{\mathrm{Cyl}(\hat{\pi})\mid|\hat{\pi}|=n+1\wedge\hat{\pi}(n)\in S_y\}$$

因此通过引理 6.32，

$$\begin{aligned}\Delta^{\mathcal{M}}(\Diamond S_y)&\sqsubseteq\sum_{n\geqslant 0}\sum_{s_0,\cdots,s_{n-1}\in S}\sum_{s_n\in S_y}\mathcal{P}_{s_0}\mathcal{E}_{\mathcal{M}}^{\dagger}\cdots\mathcal{P}_{s_{n-1}}\mathcal{E}_{\mathcal{M}}^{\dagger}(P_{s_n})\\&=\sum_{n\geqslant 0}\mathcal{E}_{\mathcal{M}}^{\dagger n}(P_{S_y})\end{aligned}$$

其中 $P_{S_y}=\sum_{s\in S_y}P_s$。由于$\mathcal{BSCC}_x$是 $\mathcal{E}_{\mathcal{M}}$ 的不变空间，所以对于任意 $n\geqslant 0$，

$$\mathcal{E}_{\mathcal{M}}^{n}(\mathcal{BSCC}_x)\subseteq\mathcal{BSCC}_x$$

只要 $y<x$，其与 P_{S_y} 正交。因此 $P_x\cdot\Delta^{\mathcal{M}}(\Diamond S_y)\cdot P_x=0$。

C.5 引理 6.34 的证明

注意到

$$\Diamond\Box\neg S_x=\bigcup_{n\geqslant 0}\biguplus_{\hat{\pi}\in S^{n+1}}\hat{\pi}^{\frown}\Box\neg S_x$$

因此从引理 6.32 可得，

$$\Delta^{\mathcal{M}}(\Diamond\Box\neg S_x)\sqsubseteq\sum_{n\geqslant 0}\sum_{t'\in S}\mathcal{E}_{\mathcal{M}}^{\dagger n}(|t'\rangle\langle t'|\otimes\Delta_{t'}^{\mathcal{M}}(\Box\neg S_x)) \tag{C.3}$$

由于$\mathcal{BSCC}_x$是 $\mathcal{E}_{\mathcal{M}}$ 的不变空间,对任意 $n\geqslant 0$,有

$$\mathcal{E}_{\mathcal{M}}^{n}(\mathcal{BSCC}_x)\subseteq\mathcal{BSCC}_x$$

此外，由引理 6.33，有

$$P_x\cdot\Delta^{\mathcal{M}}(\Box\neg S_x)\cdot P_x=0$$

因此

$$P_x\cdot\Delta^{\mathcal{M}}(\Diamond\Box\neg S_x)\cdot P_x=0$$

这样就完成了引理的证明。

C.6　引理 6.35 的证明

当 $x=k$ 时，注意到对于任意路径 π，$\text{pri}(\pi)<k$ 意味着 $\pi\models\Diamond S_{k^-}$，而 $\text{pri}(pi)>k$ 意味着 $\pi\models\neg\Box\Diamond S_k$。因此

$$\begin{aligned}R_k&=\Delta^{\mathcal{M}}(\{\pi\in\text{Path}^{\mathcal{M}}(t)\mid\text{pri}(\pi)=k\})\\&\sqsupseteq I-\Delta^{\mathcal{M}}(\Diamond S_{k-})-\Delta^{\mathcal{M}}(\neg\Box\Diamond S_k)\end{aligned}$$

且由引理 6.33 和引理 6.34 可知 $P_kR_kP_k=P_k$。对于 $x\neq k$，注意到 $\text{pri}(\pi)=k$ 意味着 $\pi\models\Diamond S_k$ 和 $\pi\models\neg\Box\Diamond S_{k-}$。那么有:

$$R_k\sqsubseteq I-\Delta^{\mathcal{M}}(\Box\Diamond S_{k-})$$

所以由引理 6.34 可得 $P_{k^-}R_kP_{k^-}=0$。类似地，从 $R_k\sqsubseteq\Delta^{\mathcal{M}}(\Diamond S_k)$和引理 6.33，可推导出 $P_{k^+}R_kP_{k^+}=0$。

参考文献

[1] P. Adao and P. Mateus. A process algebra for reasoning about quantum security. *Electronic Notes in Theoretical Computer Science*, 170:3–21, 2007.

[2] A. V. Aho and J. E. Hopcroft. *The Design and Analysis of Computer Algorithms*, 1st ed. Addison-Wesley Longman, 1974.

[3] V. V. Albert. Asymptotics of quantum channels: Conserved quantities, an adiabatic limit, and matrix product states. *Quantum*, 3:151, 2019.

[4] A. Ambainis and A. Yakaryılmaz. Automata and quantum computing. arXiv:1507.01988, 2015.

[5] E. Ardeshir-Larijani, S. J. Gay and R. Nagarajan. Equivalence checking of quantum protocols. In *International Conference on Tools and Algorithms for the Construction and Analysis of Systems*, pp. 478–92. Springer, 2013.

[6] E. Ardeshir-Larijani, S. J. Gay and R. Nagarajan. Verification of concurrent quantum protocols by equivalence checking. In *International Conference on Tools and Algorithms for the Construction and Analysis of Systems*, pp. 500–14. Springer, 2014.

[7] C. Baier and J.-P. Katoen. *Principles of Model Checking*. MIT Press, 2008.

[8] P. Baltazar, R. Chadha and P. Mateus. Quantum computation tree logic: Model checking and complete calculus. *International Journal of Quantum Information*, 6(02):219–36, 2008.

[9] P. Baltazar, R. Chadha, P. Mateus and A. Sernadas. Towards model-checking quantum security protocols. In *2007 First International Conference on Quantum, Nano, and Micro Technologies (ICQNM'07)*, p. 14. IEEE, 2007.

[10] J. Barry, D. T. Barry and S. Aaronson. Quantum partially observable Markov decision processes. *Physical Review A*, 90(3):032311, 2014.

[11] G. Barthe, B. Grégoire and S. Zanella Béguelin. Formal certification of code-based cryptographic proofs. In *Proceedings of POPL*, vol. 44, pp. 90–101. ACM, 2009.

[12] G. Barthe, J. Hsu, M. Ying, N. Yu and L. Zhou. Relational reasoning for quantum programs. In *Proceedings of POPL*. ACM, 2020.

[13] D. Basin, C. Cremers and C. Meadows. Model checking security protocols. In E. M. Clarke, T. A. Henzinger, H. Veith, and B. Bloem, eds., *Handbook of Model Checking*, pp. 727–62. Springer, 2011.

[14] B. Baumgartner and H. Narnhofer. The structures of state space concerning quantum dynamical semigroups. *Reviews in Mathematical Physics*, 24(2):1250001, 2012.

[15] C. H. Bennett and G. Brassard. Quantum cryptography: Public key distribution and coin tossing. In *Proceedings of IEEE International Conference on Computers, Systems, and Signal Processing*, pp. 175–79, 1984.

[16] N. Benton. Simple relational correctness proofs for static analyses and program transformations. In *Proceedings of POPL*, vol. 39, pp. 14–25. ACM, 2004.

[17] D. W. Berry, G. Ahokas, R. Cleve and B. C. Sanders. Efficient quantum algorithms for simulating sparse hamiltonians. *Communications in Mathematical Physics*, 270(2):359–71, 2007.

[18] J. Berstel and M. Mignotte. Deux propriétés décidables des suites récurrentes linéaires. *Bulletin de la Société Mathématique de France*, 104:175–84, 1976.

[19] A. Biere, A. Cimatti, E. M. Clarke, O. Strichman, Y. Zhu, et al. Bounded model checking. *Advances in Computers*, 58(11):117–48, 2003.

[20] G. Birkhoff and J. Von Neumann. The logic of quantum mechanics. *Annals of Mathematics*, pp. 823–43, 1936.

[21] V. D. Blondel, E. Jeandel, P. Koiran and N. Portier. Decidable and undecidable problems about quantum automata. *SIAM Journal on Computing*, 34(6):1464–73, 2005.

[22] H.-P. Breuer and F. Petruccione. *The Theory of Open Quantum Systems*. Oxford University Press on Demand, 2002.

[23] T. A. Brun. A simple model of quantum trajectories. *American Journal of Physics*, 70(7):719–37, 2002.

[24] G. Bruns and J. Harding. Algebraic aspects of orthomodular lattices. In B. Coecke, D. Moore, and A. Wilce, eds., *Current Research in Operational Quantum Logic*, pp. 37–65. Springer, 2000.

[25] J. R. Burch, E. M. Clarke, K. L. McMillan, D. L. Dill and L.-J. Hwang. Symbolic model checking: 1020 states and beyond. *Information and Computation*, 98(2):142–70, 1992.

[26] D. Burgarth, G. Chiribella, V. Giovannetti, P. Perinotti and K. Yuasa. Ergodic and mixing quantum channels in finite dimensions. *New Journal of Physics*, 15(7):073045, 2013.

[27] R. Carbone and Y. Pautrat. Irreducible decompositions and stationary states of quantum channels. *Reports on Mathematical Physics*, 77(3):293–313, 2016.

[28] R. Carbone and Y. Pautrat. Open quantum random walks: reducibility, period, ergodic properties. In *Annales Henri Poincaré*, vol. 17, pp. 99–135. Springer, 2016.

[29] J. Cassaigne and J. Karhumäki. Examples of undecidable problems for 2-generator matrix semigroups. *Theoretical Computer Science*, 204(1-2):29–34, 1998.

[30] K. Chatterjee and T. Henzinger. Probabilistic automata on infinite words: Decidability and undecidability results. In A. Bouajjani and W.-N. Chin, eds., *Automated Technology for Verification and Analysis*, vol. 6252 of *Lecture Notes in Computer Science*, pp. 1–16. Springer, 2010.

[31] A. M. Childs. On the relationship between continuous-and discrete-time quantum walk. *Communications in Mathematical Physics*, 294(2):581–603, 2010.

[32] J. I. Cirac and P. Zoller. Goals and opportunities in quantum simulation. *Nature Physics*, 8(4):264, 2012.

[33] E. M. Clarke and E. A. Emerson. Design and synthesis of synchronization skeletons using branching time temporal logic. In *Workshop on Logic of Programs*, pp. 52–71. Springer, 1981.

[34] E. M. Clarke, T. A. Henzinger, H. Veith and R. Bloem. *Handbook of Model Checking*, vol. 10. Springer, 2018.

[35] E. M. Clarke Jr, O. Grumberg, D. Kroening, D. Peled and H. Veith. *Model Checking*. MIT Press, 2018.

[36] T. H. Cormen, C. E. Leiserson, R. L. Rivest and C. Stein. *Introduction to Algorithms*. MIT Press, 2009.

[37] T. Davidson, S. Gay, R. Nagarajan and I. Puthoor. Analysis of a quantum error correcting code using quantum process calculus. *Electronic Proceedings in Theoretical Computer Science*, 95:67–80, 2012.

[38] T. A. Davidson. *Formal Verification Techniques Using Quantum Process Calculus*. PhD thesis, University of Warwick, 2012.

[39] T. A. Davidson, S. J. Gay, H. Mlnarik, R. Nagarajan and N. Papanikolaou. Model checking for communicating quantum processes. *IJUC*, 8(1):73–98, 2012.

[40] J. Diestel and J. Uhl. *Vector Measures*. American Mathematical Society, 1977.

[41] J. P. Dowling and G. J. Milburn. Quantum technology: The second quantum revolution. *Philosophical Transactions of the Royal Society of London. Series A: Mathematical, Physical and Engineering Sciences*, 361(1809):1655–74, 2003.

[42] C. Eisner and D. Fisman. Functional specification of hardware via temporal logic. In *Handbook of Model Checking*, pp. 795–829. Springer, 2018.

[43] E. A. Emerson. Temporal and modal logic. In *Formal Models and Semantics*, pp. 995–1072. Elsevier, 1990.

[44] K. Engesser, D. M. Gabbay and D. Lehmann. *Handbook of Quantum Logic and Quantum Structures: Quantum Structures*. Elsevier, 2007.

[45] J. Esparza and S. Schwoon. A bdd-based model checker for recursive programs. In *International Conference on Computer Aided Verification*, pp. 324–36. Springer, 2001.

[46] K. Etessami and M. Yannakakis. Recursive Markov chains, stochastic grammars, and monotone systems of nonlinear equations. *Journal of the ACM (JACM)*, 56(1):1, 2009.

[47] F. Fagnola and R. Rebolledo. On the existence of stationary states for quantum dynamical semigroups. *Journal of Mathematical Physics*, 42(3):1296–1308, 2001.

[48] Y. Feng, E. M. Hahn, A. Turrini, and S. Ying. Model checking omega-regular properties for quantum markov chains. In *28th International Conference on Concurrency Theory (CONCUR 2017)*, pp. 35:1–35:16. Schloss Dagstuhl-Leibniz-Zentrum fuer Informatik, 2017.

[49] Y. Feng, E. M. Hahn, A. Turrini and L. Zhang. Qpmc: A model checker for quantum programs and protocols. In *International Symposium on Formal Methods*, pp. 265–72. Springer, 2015.

[50] Y. Feng and M. Ying. Toward automatic verification of quantum cryptographic protocols. In *26th International Conference on Concurrency Theory (CONCUR 2015)*, pp. 441–55, 2015.

[51] Y. Feng, N. Yu and M. Ying. Model checking quantum markov chains. *Journal of Computer and System Sciences*, 79(7):1181–98, 2013.

[52] Y. Feng, N. Yu and M. Ying. Reachability analysis of recursive quantum Markov chains. In *International Symposium on Mathematical Foundations of Computer Science*, pp. 385–96. Springer, 2013.

[53] R. P. Feynman. Simulating physics with computers. *International Journal of Theoretical Physics*, 21(6):467–88, 1982.

[54] S. Gay, R. Nagarajan and N. Papanikolaou. Probabilistic model–checking of quantum protocols. arXiv preprint quant-ph/0504007, 2005.

[55] S. Gay, R. Nagarajan and N. Papanikolaou. Specification and verification of quantum protocols. In I. Mackie and S. Gay, eds., *Semantic Techniques in Quantum Computation*, pp. 414–72. Cambridge University Press, 2010.

[56] S. J. Gay and R. Nagarajan. Communicating quantum processes. In *Proceedings of the 32Nd ACM SIGPLAN-SIGACT Symposium on Principles of Programming Languages*, POPL'05, pp. 145–57. ACM, 2005.

[57] S. J. Gay, R. Nagarajan and N. Papanikolaou. Qmc: A model checker for quantum systems. In *International Conference on Computer Aided Verification*, pp. 543–47. Springer, 2008.

[58] M. Golovkins. Quantum pushdown automata. In *International Conference on Current Trends in Theory and Practice of Computer Science*, pp. 336–46. Springer, 2000.

[59] D. E. Gottesman. *Stabilizer Codes and Quantum Error Correction*. PhD thesis, California Institute of Technology, 1997.

[60] R. B. Griffiths. Consistent histories and quantum reasoning. *Physical Review A*, 54(4):2759, 1996.

[61] J. Guan, Y. Feng and M. Ying. Decomposition of quantum Markov chains and its applications. *Journal of Computer and System Sciences*, 95:55–68, 2018.

[62] S. Gudder. Quantum Markov chains. *Journal of Mathematical Physics*, 49(7):072105, 2008.

[63] V. Halava. Decidable and undecidable problems in matrix theory. Technical Report, Turku Centre for Computer Science, 1997.

[64] V. Halava, T. Harju, M. Hirvensalo and J. Karhumäki. Skolem's problem: On the border between decidability and undecidability. Technical Report 683, Turku Centre for Computer Science, 2005.

[65] H. Hansson and B. Jonsson. A logic for reasoning about time and reliability. *Formal Aspects of Computing*, 6(5):512–35, 1994.

[66] A. W. Harrow, A. Hassidim and S. Lloyd. Quantum algorithm for linear systems of equations. *Physical Review Letters*, 103(15):150502, 2009.

[67] S. Hart, M. Sharir and A. Pnueli. Termination of probabilistic concurrent programs. In *Proceedings of the 9th ACM SIGPLAN-SIGACT Symposium on Principles of programming languages*, pp. 1-6. ACM, 1982.

[68] J. Heath, M. Kwiatkowska, G. Norman, D. Parker and O. Tymchyshyn. Probabilistic model checking of complex biological pathways. In *International Conference on Computational Methods in Systems Biology*, pp. 32–47. Springer, 2006.

[69] Y. Huang and M. Martonosi. Statistical assertions for validating patterns and finding bugs in quantum programs. In *Proceedings of the 46th International Symposium on Computer Architecture*, pp. 541–53. ACM, 2019.

[70] C. J. Isham and N. Linden. Quantum temporal logic and decoherence functionals in the histories approach to generalized quantum theory. *Journal of Mathematical Physics*, 35(10):5452–476, 1994.

[71] G. Kalmbach. *Orthomodular Lattices*. Academic Press, 1983.

[72] A. Kondacs and J. Watrous. On the power of quantum finite state automata. In *Proceedings 38th Annual Symposium on Foundations of Computer Science*, pp. 66–75. IEEE, 1997.

[73] T. Kubota, Y. Kakutani, G. Kato, Y. Kawano and H. Sakurada. Semi-automated verification of security proofs of quantum cryptographic protocols. *Journal of Symbolic Computation*, 73:192–220, 2016.

[74] R. P. Kurshan. Transfer of model checking to industrial practice. In *Handbook of Model Checking*, pp. 763–93. Springer, 2018.

[75] M. Kwiatkowska, G. Norman and D. Parker. Probabilistic symbolic model checking with PRISM: A hybrid approach. *International Journal on Software Tools for Technology Transfer*, 6(2):128–42, 2004.

[76] M. Kwiatkowska, G. Norman and D. Parker. Stochastic model checking. In *International School on Formal Methods for the Design of Computer, Communication and Software Systems*, pp. 220–70. Springer, 2007.

[77] C. Lech. A note on recurring series. *Arkiv för Matematik*, 2(5):417–21, 1953.

[78] G. Li, L. Zhou, N. Yu, Y. Ding, M. Ying and Y. Xie. Poq: Projection-based runtime assertions for debugging on a quantum computer. arXiv preprint arXiv:1911.12855, 2019.

[79] L. Li and D. Qiu. Determination of equivalence between quantum sequential machines. *Theoretical Computer Science*, 358(1):65–74, 2006.

[80] L. Li and D. Qiu. Determining the equivalence for one-way quantum finite automata. *Theoretical Computer Science*, 403(1):42–51, 2008.

[81] Y. Li and D. Unruh. Quantum relational hoare logic with expectations. arXiv:1903.08357, 2019.

[82] Y. Li and M. Ying. (Un)decidable problems about reachability of quantum systems. In *International Conference on Concurrency Theory*, pp. 482–96. Springer, 2014.

[83] Y. Li, N. Yu and M. Ying. Termination of nondeterministic quantum programs. *Acta informatica*, 51(1):1–24, 2014.

[84] J. Liu, G. Byrd and H. Zhou. Quantum circuits for dynamic runtime assertions in quantum computation. In *25th International Conference on Architectural Support for Programming Languages and Operating Systems (ASPLOS 2020)*. ACM, 2020.

[85] S. Lloyd. Universal quantum simulators. *Science*, 273(5278):1073–78, 1996.

[86] K. Mahler. *Eine arithmetische Eigenschaft der Taylor-koeffizienten rationaler Funktionen*. Noord-Hollandsche Uitgevers Mij, 1935.

[87] P. Mateus, J. Ramos, A. Sernadas and C. Sernadas. Temporal logics for reasoning about quantum systems. In I. Mackie and S. Gay, eds., *Semantic Techniques in quantum computation*, pp. 389–413. Cambridge University Press, 2010.

[88] P. Mateus and A. Sernadas. Weakly complete axiomatization of exogenous quantum propositional logic. *Information and Computation*, 204(5):771–94, 2006.

[89] M. L. Minsky. *Computation: Finite and Infinite Machines*. Prentice-Hall, 1967.

[90] A. Miranskyy and L. Zhang. On testing quantum programs. In *2019 IEEE/ACM 41st International Conference on Software Engineering: New Ideas and Emerging Results (ICSE-NIER)*, pp. 57–60. IEEE, 2019.

[91] P. Molitor and J. Mohnke. *Equivalence Checking of Digital Circuits: Fundamentals, Principles, Methods*. Springer Science+Business Media, 2007.

[92] C. Moore and J. P. Crutchfield. Quantum automata and quantum grammars. *Theoretical Computer Science*, 237(1-2):275–306, 2000.

[93] M. A. Nielsen and I. Chuang. *Quantum Computation and Quantum Information*. Cambridge University Press, 2000.

[94] R. Orús. A practical introduction to tensor networks: Matrix product states and projected entangled pair states. *Annals of Physics*, 349:117–58, 2014.

[95] J. Ouaknine and J. Worrell. Decision problems for linear recurrence sequences. In *International Workshop on Reachability Problems*, pp. 21–8. Springer, 2012.

[96] N. K. Papanikolaou. *Model Checking Quantum Protocols*. PhD thesis, University of Warwick, 2009.

[97] A. Paz. *Introduction to Probabilistic Automata*. Academic Press, 2014.

[98] N. Piterman. From nondeterministic Büchi and Streett automata to deterministic parity automata. In *21st Annual IEEE Symposium on Logic in Computer Science (LICS'06)*, pp. 255–64. IEEE, 2006.

[99] E. L. Post. A variant of a recursively unsolvable problem. *Journal of Symbolic Logic*, 12(2):55–6, 1947.

[100] D. Qiu, L. Li, X. Zou, P. Mateus and J. Gruska. Multi-letter quantum finite automata: Decidability of the equivalence and minimization of states. *Acta Informatica*, 48(5-6):271, 2011.

[101] J.-P. Queille and J. Sifakis. Specification and verification of concurrent systems in cesar. In *International Symposium on programming*, pp. 337–51. Springer, 1982.

[102] S. Safra. On the complexity of omega-automata. In *29th Annual Symposium on Foundations of Computer Science*, pp. 319–27. IEEE, 1988.

[103] A. Salomaa and M. Soittola. Automata-theoretic aspects of formal power series. *Bulletin of the American Mathematical Society*, 1:675–78, 1979.

[104] S. Schewe. Tighter bounds for the determinisation of Büchi automata. In *International Conference on Foundations of Software Science and Computational Structures*, pp. 167–81. Springer, 2009.

[105] M. Sharir, A. Pnueli and S. Hart. Verification of probabilistic programs. *SIAM Journal on Computing*, 13(2):292–314, 1984.

[106] T. Skolem. Ein Verfahren zur Behandlung gewisser exponentialer Gleichungen und diophantischer Gleichungen. In *Proceedings of the 8th Congress of Scandinavian Mathematicians*, pp. 163–88. Stockholm, 1934.

[107] V. Umanità. Classification and decomposition of quantum Markov semigroups. *Probability Theory and Related Fields*, 134(4):603–23, 2006.

[108] D. Unruh. Quantum relational hoare logic. In *Proceedings of POPL*, vol. 33, pp. 1–31. ACM, 2019.

[109] M. Y. Vardi. Automatic verification of probabilistic concurrent finite state programs. In *26th Annual Symposium on Foundations of Computer Science*, pp. 327–38. IEEE, 1985.

[110] M. Y. Vardi and P. Wolper. An automata-theoretic approach to automatic program verification. In *Proceedings of the First Symposium on Logic in Computer Science*, pp. 322–31. IEEE Computer Society, 1986.

[111] G. F. Viamontes, I. L. Markov and J. P. Hayes. Checking equivalence of quantum circuits and states. In *2007 IEEE/ACM International Conference on Computer-Aided Design*, pp. 69–74. IEEE, 2007.

[112] L. Vigano, M. Volpe and M. Zorzi. A branching distributed temporal logic for reasoning about entanglement-free quantum state transformations. *Information and Computation*, 255:311–33, 2017.

[113] Q. Wang, J. Liu and M. Ying. Equivalence checking of quantum finite-state machines. arXiv preprint arXiv:1901.02173, 2019.

[114] Q. Wang and M. Ying. Equivalence checking of sequential quantum circuits. arXiv preprint arXiv:1811.07722, 2018.

[115] M. M. Wolf. Quantum channels & operations: Guided tour. Lecture notes available at www-m5.ma.tum.de/foswiki/pub/M5/Allgemeines/MichaelWolf/QChannelLecture.pdf, 5, 2012.

[116] S. Yamashita and I. L. Markov. Fast equivalence-checking for quantum circuits. In *Proceedings of the 2010 IEEE/ACM International Symposium on Nanoscale Architectures*, pp. 23–8. IEEE Press, 2010.

[117] M. Ying. *Foundations of Quantum Programming*. Morgan Kaufmann, 2016.

[118] M. Ying and Y. Feng. Quantum loop programs. *Acta Informatica*, 47(4):221–50, 2010.

[119] M. Ying, Y. Li, N. Yu and Y. Feng. Model-checking linear-time properties of quantum systems. *ACM Transactions on Computational Logic (TOCL)*, 15(3):22, 2014.

[120] S. Ying, Y. Feng, N. Yu and M. Ying. Reachability probabilities of quantum markov chains. In *International Conference on Concurrency Theory*, pp. 334–48. Springer, 2013.

[121] S. Ying and M. Ying. Reachability analysis of quantum Markov decision processes. *Information and Computation*, 263:31–51, 2018.

[122] N. Yu. Quantum temporal logic. arXiv preprint arXiv:1908.00158, 2019.

[123] N. Yu and M. Ying. Reachability and termination analysis of concurrent quantum programs. In M. Koutny and I. Ulidowski, eds., *CONCUR 2012: Concurrency Theory*, vol. 7454 of *Lecture Notes in Computer Science*, pp. 69–83. Springer, 2012.